Linienführung elektrischer Bahnen

Von

Oberingenieur **Karl Trautvetter**
Hilfsarbeiter im Ministerium der öffentlichen Arbeiten

Berlin
Verlag von Julius Springer
1920

ISBN-13: 978-3-642-47309-8 e-ISBN-13: 978-3-642-47760-7
DOI: 10.1007/978-3-642-47760-7

Vorwort.

Vorliegende Arbeit stellt eine Ergänzung meiner 1913 im gleichen Verlag erschienenen Schrift „Elektrische Straßenbahnen und straßenbahnähnliche Vorort- und Überlandbahnen“ dar. Wie dort im Vorwort gesagt, war die Absicht, in gedrängter Form einen kurzen Leitfaden zu geben. Manche interessante Frage konnte deshalb nicht in der wünschenswerten Weise behandelt werden. Solche Fragen sind inzwischen in Fachkreisen lebhaft erörtert worden; es sei hier nur erwähnt die Elektrisierung der Staatsbahnen, der Ausbau der großstädtischen Schnellbahnen, der Vorschlag von Schnellstraßenbahnen, die Wechselbeziehungen von Großstadtentwicklung und Bahnverkehr, die durch den Krieg entstandenen Tarifnöte u. a.

Infolge der Gemeinsamkeit vieler Fragen, z. B. der Stromversorgung oder der Linienverbindungen, für alle Bahnarten, Fernbahnen, Städtebahnen, Vorort- und städtische Bahnen, habe ich es für richtig gehalten, diese Grenzgebiete in vorliegender Arbeit mit zu behandeln. Ich habe ihm deshalb den Titel „Linienführung elektrischer Bahnen“ gegeben, obwohl den breitesten Raum die Abhandlungen über Straßenbahnen einnehmen. Aus dem Titel dürfte hervorgehen, daß keine erschöpfende Darstellung aller Bau- und Betriebsanlagen gegeben werden soll, sondern nur ein sachlicher Überblick, wie er für das Gesamtverständnis erforderlich ist. Ich habe dabei besonders an Kommunen gedacht, die sich über diese Fragen unterrichten wollen, ehe sie die Errichtung eines Bahnunternehmens beschließen. Aber auch allen Verkehrstechnikern dürfte ein derartiger handlicher und übersichtlicher Leitfaden neben Sonderschriften recht willkommen sein.

Die Zahl elektrisch betriebener Fernbahnneubauten ist so gering, daß über Linienführung allein nicht sehr viel Besonderes zu berichten ist (dies soll vielleicht einer späteren Schrift vorbehalten bleiben), und über Linienführung der Dampffernbahnen gibt es eine umfangreiche

Literatur. Es ist aber nicht meine Absicht gewesen, alles Vorhandene hier nochmals wiederzugeben. In einem starken Quellenverzeichnis ist die einschlägliche Literatur angegeben.

Auch Tertiärbahnen (Grubenbahnen, Waldbahnen, Seilbahnen, Zahnstangenbahnen usw.) habe ich hier ausgeschieden. Wer Abbildungen zu meiner neuen Schrift vermißt, benutze dazu mein erstes Werk. Die gute Aufnahme, die dieses gefunden hat, erhoffe ich auch für vorliegende Arbeit.

Berlin - Südende, im August 1919

Karl Trautvetter.

Inhaltsverzeichnis.

A. Geschichtliches.

Das elektrische Bahnwesen ist noch jung an Jahren. Bis zum Jahre 1880 gab es nur Pferde- und Dampfstraßenbahnen. 1882 wurde die erste Umwandlung einer Pferdebahn in eine elektrische Straßenbahn vorgenommen, von Charlottenburg nach dem Spandauer Bock. 1879 hatte zum erstenmal Werner v. Siemens eine elektrische Bahn auf der Gewerbe- und Industrieausstellung in Berlin vorgeführt. 1881 wurde der Betrieb der ersten, dem öffentlichen Personenverkehr dienenden elektrischen Bahn in Lichterfelde vom Bahnhof nach der Kadettenanstalt eröffnet.

Der Bau elektrischer Bahnen, zunächst innerstädtischer Straßenbahnen, nahm einen unvergleichlichen Entwicklungsgang. 1884 erhielt Frankfurt a. M. elektrischen Betrieb, 1891 Halle, 1892 Gera, Bremen, 1893 Hannover, Dresden, Breslau, Essen, Chemnitz u. a. Die Stockung zwischen den Jahren 1884 und 1892 ist auf die mangelnde Erfahrung, falsche Spekulationen, ungünstige wirtschaftliche Lage und auf die ungeklärten gesetzlichen Verhältnisse zurückzuführen.

Der bedeutende, mit den Jahren 1892 einsetzende Aufschwung ist zum großen Teil durch die Einführung des Kleinbahngesetzes (1. Okt. 1892) veranlaßt worden.

Die Zwischenzeit wurde in Amerika zu umfangreichen Anlagen nicht nur innerstädtischer Straßenbahnen, sondern auch von Vorort- und Überlandbahnen benutzt.

Von dort mußten sich deutsche Unternehmungen zunächst die Lehren holen.

Heute weist Deutschland elektrische Bahnen jeder Art auf, die den besten ausländischen an die Seite gestellt werden können.

Die Entwicklung des Straßenbahnbaues hält zunächst in Deutschland noch an, während in Amerika in den letzten Jahren ein Rückgang festzustellen ist, der hauptsächlich auf die immer höher werdenden Abgaben zurückgeführt werden muß. Wir werden später sehen, daß diese Gefahr auch dem deutschen Straßenbahnwesen droht.

Die neueste Entwicklungsstufe der Straßenbahnen stellen die elektrischen Überlandstraßenbahnen dar. Nachdem alle Groß- und Mittelstädte mit innerstädtischen Straßenbahnen zum großen Teil versorgt sind, haben sich für die Anlage von Vorort- und Überlandbahnen, begünstigt durch die neuzeitlichen Überlandzentralen-Bauten mit ihrer überallhin reichenden Stromversorgung zu niedrigen Preisen, neue Wirkungsgebiete aufgetan.

Mit der Einführung des elektrischen Betriebes auf den Londoner Untergrund-Stadtbahnen im Jahre 1897 beginnt die Entwicklung der modernen Stadtschnellbahnen.

Das nächste noch zu erobernde Feld für elektrische Bahnen sind die Vollbahnen. Es könnte zunächst wundernehmen, daß die Elektrisierung der Vollbahnen so außerordentlich langsam vor sich geht. Dies ist einmal dadurch begründet, daß der Umbau außerordentlich umfangreicher Dampfanlagen hohe Kosten, viel Zeit, viel Erfahrung und viel Umsicht erfordert, um Störungen im Betrieb, Fehlschläge und finanzielle Verluste zu vermeiden, wogegen es wesentlich einfacher ist, neue Bahnen, insbesondere Kleinbahnen, gleich von vornherein elektrisch einzurichten, das andere Mal durch die vielen Stromsysteme, die für Vollbahnbetrieb in Betracht kommen, von denen noch keines die Alleinherrschaft errungen hat.

B. Einteilung der elektrischen Bahnen.

Nach ihrer öffentlich-rechtlichen Stellung unterscheidet man in Preußen:

Hauptbahnen (Vollbahnen, Primärbahnen),

Nebenbahnen (Sekundärbahnen, Vizinalbahnen, Bahnen untergeordneter Bedeutung) und

Kleinbahnen (Tertiärbahnen, Lokalbahnen).

Zu den Kleinbahnen gehören auch nebenbahnähnliche Kleinbahnen, Straßenbahnen und Privatanschlußbahnen.

Die Bezeichnungen „Hauptbahn“ und „Nebenbahn“ sind für ganz Deutschland durch Vereinbarung einheitlich geregelt. Für „Kleinbahnen“ haben die Einzelstaaten besondere Bestimmungen getroffen. So unterstehen sie in Bayern den Gesetzen und Verordnungen, die für Eisenbahnen erlassen sind, in Sachsen der Vollbahnverordnung vom 26. Juni 1851, in Württemberg dem Eisenbahngesetz vom 18. April 1843, in Baden dem Eisenbahngesetz vom 23. Juni 1900, in Hessen dem Eisenbahngesetz vom 29. Mai 1884. In außerdeutschen Staaten gibt es ähnliche Gesetze und Verordnungen, wenn auch die Bezeichungen der Bahnarten oder ihre gesetzlichen Grenzen häufig andere sind.

Nach Besitzverhältnissen kann man unterscheiden:

Staatsbahnen, Reichseisenbahnen,

Kommunalbahnen (Provinzialbahnen, Kreisbahnen),

städtische Bahnen und

Privatbahnen (Industriebahnen, Grubenbahnen, Forstbahnen).

Viele Bahnen sind im Besitz von gemischten Verbänden. Die genauen Verhältnisse lassen sich in der Regel nicht ohne weiteres aus dem Namen des Unternehmens erkennen.

Nach dem Verkehrszweck trennt man:

Personenbahnen,
Güterbahnen,
Bahnen mit Personen- und Güterverkehr.

Nach dem Verkehrsgebiet können wir unterscheiden:

Weltverkehrslinien, Inlandslinien und örtliche Bahnen.

Unterklassen dieser sind:

Stadtbahnen (innerstädtische Bahnen, Straßenbahnen, Lokalbahnen),
Vorortbahnen,
Überlandbahnen (Kreisbahnen, Städtebahnen [interurbane Bahnen], Fernbahnen),
Touristenbahnen.

Nach der Linienführung bezeichnet man Bahnlinien als:

Radial- und Diagonalbahnen,
Ringbahnen,
Strandbahnen,
Waldbahnen, Feldbahnen.

Nach den Geländeverhältnissen als:

Flachlandbahnen,
Hügellandbahnen,
Gebirgsbahnen (Bergbahnen, Steilbahnen).

Nach der Spurweite als:

Normalspurbahnen (Vollspurbahnen),
Breitspurbahnen,
Schmalspurbahnen.

Nach der Lage zur Straßenhöhe als:

Straßenbahnen,
Unterpflasterbahnen, Untergrundbahnen, Tunnelbahnen,
Hochbahnen, Schwebebahnen.

Nach der Kraftquelle als:

Rollbahnen (Handbahnen),
Pferdebahnen,
Dampfbahnen,
Elektrische Bahnen und andere (Gas, Benzol, Benzol-elektrisch, Preßluft, Schwerkraft).

Nach der Stromart als:

Gleichstrombahnen,
Wechselstrombahnen (einphasiger oder einfacher Wechselstrom, Einphasenbahnen),

Drehstrombahnen (dreiphasiger Wechselstrom),
Bahnen mit gemischter Stromart.

Nach der Stromübertragungsart als:
Bahnen mit Oberleitung (oder dritter Schiene),
Bahnen mit unterirdischer Stromzuführung,
Akkumulatorenbahnen,
Bahnen mit gemischtem Strombezug.

Nach den Betriebsmitteln als:
Bahnen mit Triebwagen (Motorwagen),
Bahnen mit Lokomotivbetrieb,
Bahnen mit gemischten Betriebsmitteln.

C. Die öffentlich-rechtliche Stellung der elektrischen Bahnen.

Man hat zu unterscheiden zwischen Bahnen, für die maßgebend ist das Eisenbahngesetz vom 3. November 1838 und solchen, für die das Kleinbahngesetz gilt.

Die städtischen Straßenbahnen bilden in Preußen eine Klasse der Kleinbahnen. Für ihre rechtliche Stellung ist maßgebend „das Gesetz über Kleinbahnen und Privatanschlußbahnen vom 28. Juli 1892“.

§ 1 des Gesetzes lautet: „Kleinbahnen sind die dem öffentlichen Verkehr dienenden Eisenbahnen, welche wegen ihrer geringen Bedeutung für den allgemeinen Eisenbahnverkehr dem Gesetz über die Eisenbahnunternehmungen vom 3. November 1838 nicht unterliegen. Insbesondere sind Kleinbahnen der Regel nach solche Bahnen, welche hauptsächlich den örtlichen Verkehr innerhalb eines Gemeindebezirkes oder benachbarter Gemeindebezirke vermitteln, sowie Bahnen, welche nicht mit Lokomotiven betrieben werden. Ob die Voraussetzung für die Anwendbarkeit des Gesetzes vom 3. November 1838 vorliegt, entscheidet auf Anrufen der Beteiligten das Staatsministerium.“

Weiter heißt es in der Ausführungsanweisung vom 13. August 1898: „Unter den zum Betrieb mit Maschinenkraft eingerichteten Kleinbahnen sind nach ihrer Zweckbestimmung und Ausdehnung zwei Klassen zu unterscheiden. Die eine umfaßt die städtischen Straßenbahnen und solche Unternehmungen, welche trotz der Verbindung von Nachbarorten infolge ihrer hauptsächlichen Bestimmung für den Personenverkehr und ihrer baulichen und Betriebseinrichtungen einen den städtischen Straßenbahnen ähnlichen Charakter haben.“

Es gehören hierher also zunächst die rein städtischen Straßenbahnen und die straßenbahnähnlichen Vorortbahnen.

Die Stellung der straßenbahnähnlichen Überlandbahnen ist nicht so eindeutig bestimmt.

Dieselbe Ausführungsanweisung besagt ferner: „Der zweiten Klasse sind diejenigen Kleinbahnen zuzurechnen, welche darüber hinaus den Personen- und Güterverkehr von Ort zu Ort vermitteln und sich nach ihrer Ausdehnung, Anlage und Einrichtung der Bedeutung der nach dem Gesetze über die Eisenbahnunternehmungen vom 3. November 1838 konzessionierten Nebeneisenbahnen nähern (nebenbahnähnliche Kleinbahnen).“

Straßenbahnen und nebenbahnähnliche Kleinbahnen unterscheiden sich wesentlich voneinander durch ihre Teilnahme am Güterverkehr. Während im Jahre 1912 von den deutschen Straßenbahnen 76% ausschließlich der Personenbeförderung dienten, hatten nahezu 98% der nebenbahnähnlichen Kleinbahnen zugleich (zum Teil ausschließlich) Güterverkehr. Doch ist auch dies nur ein Merkmal und nicht ein grundsätzlicher Klassenunterschied.

Eine straßenbahnähnliche Überlandbahn, die in der Regel auf hohe Geschwindigkeit und dementsprechende Bau- und Betriebseinrichtungen angewiesen ist, wird sehr häufig als nebenbahnähnliche Kleinbahn zu genehmigen sein, sie kann jedoch auch zu den Nebenbahnen (Nebeneisenbahnen) gehören.

Über diese Klasse sagen die „technischen Vereinbarungen über den Bau und die Betriebseinrichtungen der Haupt- und Nebenbahnen" (T. V.): „Unter Nebenbahnen sind vollspurige, dem öffentlichen Verkehr dienende Eisenbahnen zu verstehen, auf welche Fahrzeuge der Hauptbahn übergehen können, bei denen aber die Geschwindigkeit von 50 km in der Stunde nicht überschritten werden darf." (Ausnahmsweise werden jedoch Geschwindigkeiten bis 70 km gestattet.)

Es ist zu bemerken, daß wohl zur Genehmigung als Nebenbahn Normalspur Bedingung ist, daß aber nicht die Spurweite ein Unterscheidungsmerkmal für die verschiedenen Bahnklassen ist. Es können vielmehr auch Kleinbahnen und Straßenbahnen in Normalspur ausgeführt werden. Wichtig ist jedoch als Unterscheidungsmerkmal die Fahrgeschwindigkeit, die überhaupt, wie wir später noch sehen werden, einen ausschlaggebenden Faktor bei allen Bahnanlagen bildet.

Hauptbahnen sind immer normalspurig. Sie müssen den größten Ansprüchen an Bauausführung, Sicherungsanlagen und Fahrgeschwindigkeit genügen und alle in der Eisenbahn-Bau -und -Betriebsordnung vom 4. November 1904 und den Techn. Vereinbarungen vom 3./5. September 1908 aufgeführten Vorschriften erfüllen.

Bei der Entscheidung der Genehmigungsbehörde über die Klassenzuteilung eines Bahnunternehmens werden also in Betracht gezogen: Verkehrswirtschaftliche Bedeutung, räumliche Ausdehnung, Bau- und Betriebsverhältnisse (Spurweite, Abmessungen des Bahnkörpers, Streckenverhältnisse, Fahrgeschwindigkeit, Verkehrsart).

Dabei ist verschiedene Beurteilung ähnlicher Bahnanlagen durch verschiedene Behörden sehr wohl möglich und auch öfter eingetreten. So zählen die Straßenbahnen in Hannover, die weit über Land führen (z. B. nach Hildesheim) zur Klasse der „Straßenbahnen", während Strecken der Aachener Kleinbahnen mit gleichen Verhältnissen als „nebenbahnähnliche Kleinbahnen" genehmigt sind. Nebenbei sei bemerkt, daß auch unter den Aachener Strecken einzelne zu den „Straßenbahnen" zählen.

Diese Unklarheiten treten auch in der Kleinbahnstatistik auf. Zu vermeiden wäre das durch Einführung klarer Bezeichnungen, wie „städtische Straßenbahnen", „straßenbahnähnliche Vorortbahnen", „straßenbahnähnliche Überlandbahnen" und „Nebenbahnen", oder „Stadtstraßenbahnen" (einschl. Vororte), „Überlandstraßenbahnen" und „Überlandnebenbahnen".

Für die Bauausführung und die Betriebseinrichtungen genannter Bahnen sind in Preußen maßgebend:

„Bau- und Betriebsvorschriften für nebenbahnähnliche Kleinbahnen mit Maschinenbetrieb sowie für Straßenbahnen mit Maschinenbetrieb vom 15. Januar 1914."

„Eisenbahn-Bau- und Betriebsordnung vom 4. November 1904 mit Änderungen vom 13. Januar 1913 (B.-O.)."

„Technische Vereinbarungen über den Bau und die Betriebseinrichtungen der Haupt- und Nebenbahnen (T. V.)."

In den übrigen deutschen Bundesstaaten bestehen meist keine besonderen Gesetze für Klein- und Straßenbahnen.

In Bayern sind eine Reihe von Gesetzen und Verordnungen für Eisenbahnen erlassen, die auch auf Kleinbahnen Anwendung finden. Unter anderem darf das Postregal nicht verletzt werden. Die Tarife bedürfen der Genehmigung des Staatsministeriums des Handels und der öffentlichen Arbeiten.

In Sachsen unterstehen die Straßenbahnen nach der Verordnung vom 29. Dezember 1892 der Vollbahnverordnung vom 26. Juni 1851. Nach den Bestimmungen vom 26. Mai 1894 soll über jedem Betrieb ein Regierungsvertreter stehen. In den Jahren 1913/14 wurde dem Landtag ein Entwurf für ein neues sächsisches Eisenbahngesetzt vorgelegt.

In Württemberg fallen die Straßenbahnen unter das Eisenbahngesetz vom 18. April 1843. Ferner sind die Rechte und Pflichten von Kleinbahnunternehmungen durch die Wegegesetzgebung begrenzt. Es ist ein Entwurf zu einem neuen Wegegesetz 1915 vorgelegt, das auch eine Regelung des Kleinbahnrechtes bringen soll.

In Hessen ist maßgebend das Gesetz vom 29. Mai 1884, in Baden das Gesetz vom 23. Juni 1900.

D. Entwurfsfragen.

1. Dampf oder Elektrizität.

Für großstädtische Bahnen ist die Frage nach der besten Betriebsart längst zugunsten der Elektrizität entschieden. Bei sonstigen Klein- und Nebenbahnen wird Dampf- oder Verbrennungsmotorbetrieb bisweilen dem elektrischen noch vorgezogen, wenn Überlandzentralen nicht vorhanden, andere Betriebsstoffe aber in nächster Nähe zu außergewöhnlich günstigen Bedingungen zu haben sind. Am wenigsten verbreitet ist noch die elektrische Betriebskraft bei Vollbahnen. Die große, im Weltkrieg entstandene Kohlennot mit unglaublicher Preissteigerung läßt aber auch auf diesem Gebiet eine umfangreiche Einführung der Elektrizität erwarten. Zum Vergleich von Dampf- und elektrischer Betriebskraft seien kurz Vor- und Nachteile beider Arten aufgezählt.

Vorteile des Dampfbetriebes:

1. Einfacherer, billigerer Bahnbau als bei elektrischem Betrieb, Fortfall der Kraftwerke, Unterstationen und elektrischen Leitungsanlagen.
2. Gute Durchbildung und schnelle, zuverlässige Lieferung von Dampflokomotiven auf Grund jahrzehntelanger Erfahrungen.
3. Unabhängigkeit der Dampflokomotiven von einem Kraftwerk.
4. Zusammenstellbarkeit unbegrenzt vieler und verschieden gebauter Lokomotiven in einem Zuge.
5. Freiheit in der Beschaffung von Lokomotiven verschiedener Systeme.
6. Verwendbarkeit von in stärkerem Dienst abgenutzten Lokomotiven in schwächerem Dienst.
7. Einfachere Streckeneinrichtungen in Tunnels, auf Pontonbrücken usw. (keine elektrische Leitungen).
8. Keine Lahmlegung aller Strecken bei Störungen in einem Kraftwerk.
9. Unmöglichkeit der Lahmlegung des Gesamtbetriebes durch feindliche Einzeleingriffe.
10. Möglichkeit der Umlenkung des Verkehrs auf Umgehungsstrecken, während bei elektrischem Betrieb nur bei gleichem Stromsystem möglich.

Nachteile des Dampfbetriebes:

1. Notwendigkeit von Kohlen- und Wasserstationen.
2. Höhere Kosten für die Pferdekraftstunde.
3. Notwendigkeit besserer Kohlen für die Dampflokomotiven als für elektrische Kraftwerke.
4. Feuergefährlichkeit des Dampfbetriebes für Gebäude, Wälder usw.
5. Gefährlichkeit des unter hohem Dampfdrucke stehenden Lokomotivkessels.
6. Feuer- und Lebensgefährlichkeit der Heiz- und Gasbeleuchtungseinrichtungen der Dampfzüge.
7. Rußplage.
8. Die hohen Reparatur- und Reinigungskosten der Dampflokomotiven.
9. Die häufige Reparaturbedürftigkeit der Dampflokomotiven und die lange Zeitdauer der Außerdienststellungen.
10. Abhängigkeit der Leistungen von der Beschaffenheit der Kohle und den Leistungen des Heizers.

11. Große Beanspruchung und starke Gesundheitsschädigung des Lokomotivpersonals.
12. Lange Vorbereitungszeit der Dampflokomotiven vor Inbetriebnahme.
13. Schlechte Ausnutzung der Zugkraft bei schwerem Tender und viel Betriebsstoff.
14. Geringe Überlastbarkeit der Dampflokomotive.
15. Geringe Jahresleistung der Dampflokomotive gegenüber gleichen elektrischen Betriebsmitteln.
16. Verlorene Energieen bei Aufenthalten.
17. Geringe Anfahrbeschleunigung.
18. Unzuverlässigere Bremsung und Vernichtung (keine Rückgewinnung von Energieen).
19. Notwendigkeit besonderer Einrichtungen gegen Rauchplage und Feuersgefahr.
20. Notwendigkeit von Drehscheiben.

Vorteile des elektrischen Betriebes:

1. Bis zu gewissen Grenzen Unabhängigkeit in der Wahl der Lage des Kraftwerkes.
2. Keine Mitführung von Kohle und Wasser.
3. Ausnutzung billiger Naturkräfte (Wasser, Torf usw.)
4. Ersparnisse für das Volksvermögen.
5. Günstiger Nutzeffekt im Betriebsstoffverbrauch.
6. Durchführbarkeit in Fällen, wo Dampfbetrieb unmöglich.
7. Ersparung von Weg und Zeit bei Einführung in Straßen.
8. Größere Betriebssicherheit infolge Unabhängigkeit von Lokomotivheizer, Kohle und Wasser an der Strecke.
9. Geringere Anlagekosten im Bergland infolge Zulässigkeit stärkerer Steigungen.
10. Geringere Streckenlänge infolge Zulässigkeit stärkerer Steigungen und Ersparung vieler Kunstbauten.
11. Leichtere Ausgestaltung von Übergangsbahnhöfen infolge Möglichkeit steiler Unter- und Überfahrungen.
12. Ersparnisse an Grunderwerbskosten bei unter- oder überirdischer Linienführung.
13. Möglichkeit höherer Reisegeschwindigkeit.
14. Wegfall der Rußplage und vieler, starker Geräusche.
15. Wegfall der Gefahren der Kohlenheizung und Gasbeleuchtung.
16. Verwendbarkeit der Betriebsmittel ohne Umkehrung auf Drehscheiben.
17. Verwendbarkeit des Betriebsstromes für Signal- und Sicherungsanlagen.
18. Verhütung von Eisenbahnunfällen durch elektrisches Anhalten von Zügen.

19. Erhöhung der Ertragsfähigkeit der Kraftwerke durch Abgabe von Strom und Betrieb von Nebenanlagen.
20. Stete Betriebsbereitschaft der Betriebsmittel.
21. Schonung der Betriebsmittel und des Oberbaues infolge Fehlens pulsierender Bewegungen.
22. Große Ersparnisse an Unterhaltungskosten an Bahnanlage und Betriebsmitteln gegenüber Dampfbahnen.
23. Verringerung von Unfällen bei Entgleisungen (keine Explosionen).
24. Größere Zugkraft elektrischer Betriebsmittel als gleicher Dampfbetriebsmittel.
25. Große Anfahrtsbeschleunigung.
26. Große Bremsverzögerung.
27. In besonderen Fällen Rückgewinnung von Energie bei Talfahrten.
28. Größere Jahresleistung elektrischer Betriebsmittel als Dampfbetriebsmittel.
29. Möglichkeit dichterer Zugfolge bei elektrischem Betrieb und deshalb bessere Ausnutzung der Betriebsmittel und des Personals.
30. Günstigeres Verhältnis zwischen treibender und toter Last.
31. Größere Schonung der Betriebsmittel bei Talfahrten als bei Dampflokomotiven.
32. Wegfall künstlicher Tunnellüftung.
33. Längere Instandhaltung der Betriebsmittel und Bauwerke.
34. Verbilligung des Betriebes.
35. Schnelle und leichte Anlernung des Betriebspersonals.

Nachteile des elektrischen Betriebes:

1. Größere Anlagekosten als Dampfbahnen.
2. Leichte Zerstörungsmöglichkeit.
3. Schwierigkeit des Kraftwerk- und Leitungsbaues.
4. Störende Besetzung der Strecke mit Masten oder Jochen.
5. Schwierige Stromleitung in Tunnels und auf Brücken.
6. Gefahren des Stromes für Menschen und fremde Leitungsanlagen.
7. Möglichkeit der Lahmlegung langer Strecken durch Störung an einer Stelle (z. B. im Kraftwerk).
8. Keine Möglichkeit gemeinsamen Betriebes mehrerer Strecken bei verschiedenem Stromsystem.
9. Keine Möglichkeit des Überganges elektrischer Betriebsmittel auf feindliche Dampfbahnen.
10. Unabgeschlossene Entwicklung der elektrischen Bahnsysteme.

2. Wahl der Verkehrsart.

Es sind zu unterscheiden:

Bahnen mit Personenverkehr,

Bahnen mit Güterverkehr,

Bahnen mit gemischtem (Personen- und Güter-)Verkehr.

Bei Bahnen mit Güterverkehr kann man noch unterscheiden Massengüterbahnen und Stückgüterbahnen.

Bahnen mit reinem Personenverkehr sind die meisten Schnellbahnen und die dem Ausflugverkehr dienenden Bahnen. Die preußischen Staatsbahnen führen in der Regel getrennte Schnellzüge, Personenzüge und Güterzüge, doch kommen auf Nebenbahnen auch gemischte (Personen- und Güter-) Züge vor. Gepäck und Postbeförderung ist auf fast allen Bahnen und in allen Zügen zugelassen, sie rechnet nicht unter Güterbeförderung.

Reinen Personenverkehr haben noch viele städtische Straßenbahnen, Vorort- und Überlandbahnen; vor dem Weltkrieg war Güterverkehr auf solchen Bahnen sehr selten, viele Bahnen gaben diese Verkehrsart auf, die meisten erzielten aus ihm keine Gewinne. Der Krieg hat hier eine außerordentliche Umwälzung gebracht. Zuerst die Anforderungen der Kriegsindustrie, dann die der Volksernährung, hat zu umfangreicher Einführung des Güterverkehrs auf Straßenbahnen geführt. Es entstanden zahlreiche Anschlußgleisanlagen an Fabriken, Bahnhöfe, Postämter, Markthallen usw. Der Güterverkehr, anfangs nur in Nachtstunden ausgeführt, wurde auch tagsüber (besonders die Paketbeförderung) durchgeführt; er erlangte solche Bedeutung, daß ohne ihn zeitweise Hungersnot in Großstädten wahrscheinlich eingetreten wäre. Die Große Berliner Straßenbahn beförderte schon zu Kriegsbeginn in einer Nacht 20 000 Pakete, in $1^1/_2$ Monaten 1 Million.

In der Regel werden als Triebfahrzeuge für angehängte Paketwagen, Güterwagen oder Straßenfuhrwerke ohne weiteres die Straßenbahnmotorwagen verwendet, einige Bahnverwaltungen haben auch Lokomotiven eingestellt, ausnahmsweise werden besondere Gütertriebwagen benutzt. Die beförderten Güter sind: Kohlen, Asche, Müll, Lebensmittel (besonders Kartoffeln und Milch), Postpakete, Briefsäcke. Das Abholen einzelner Frachtstücke von den Versendern läßt sich nicht durchführen. Die Einrichtung eines Gütersammeldienstes durch Vereinigung der Firmen für Güterbeförderung hat sich bewährt. Der Güterverkehr kann in den fahrplanmäßigen Personenverkehr eingefügt werden, wenn der Fahrplan nicht zu dichte Wagenfolge aufweist. Über die Beibehaltung des Güterverkehrs im Straßenbahn-Personenverkehr zu normalen Zeiten sind die Meinungen noch geteilt. Die Neigung dazu ist jedoch groß, nachdem viel Sondergleisanlagen geschaffen worden sind.

Reine Güterbahnen außerhalb des Stadtbahnbetriebes werden von der Genehmigungsbehörde nur da zugelassen, wo sie keinen Wettbewerb darstellen oder wo es der Staat nicht für seine Aufgabe hält, die gewünschten Bahnen zu bauen oder wo er aus besonderen Gründen darauf verzichtet. Sie sind möglich zur Verbindung von Hüttenwerken, Gruben usw. untereinander und als Zubringer zur Staatsbahn.

Stückgüterverkehr findet man besonders häufig bei Überlandbahnen in ländlichen Gegenden (Milchversand). Er ist als zulässig zu betrachten, solange er keine besonderen Bahnanlagen und kein besonderes Personal erfordert und der Bahnbetrieb nicht unter Verzögerungen leidet. Es sei jedoch davor gewarnt, wegen geringen Stückgutverkehrs die Linienführung einer Überlandbahn zu verschlechtern.

Überlandbahnen haben häufig gemischten Verkehr mit Massengüterbeförderung, z. B. Holz, Wein, Rüben oder andere landwirtschaftliche Produkte.

Massengüterbahnen findet man besonders in Industriebezirken zur Beförderung von Kohlen und Erzen.

Es gibt schmalspurige Bahnen mit Anschluß an fremde Schmalspurbahnen, schmalspurige Bahnen mit Anschluß an Normalspurbahnen und normalspurige mit Anschluß an Normalspurbahnen.

Bei der Wahl der Verkehrsart und vor der Entscheidung über die Einführung des Güterverkehrs ist unter Berücksichtigung der Bahnverhältnisse, der Linienführung und der zu erwartenden Mehraufwendungen ein genauer Kostenanschlag aufzustellen.

Elektrische Schmalspurbahnen mit Anschluß an andere Schmalspurbahnen werden in Deutschland sehr selten gebaut. Schmalspurbahnen mit Anschluß an Staatsbahnnormalspur sind jedoch recht häufig.

Während dem Güterverkehr auf elektrischen Straßenbahnen vor dem Weltkrieg keine große Bedeutung zukam, er nur in seltenen Fällen ertragreich war und die Streckenlängen der Gütergleise ab- statt zunahmen, hat sich durch die Kriegsnotwendigkeiten eine Wandlung vollzogen. Auf Anfordern des Kriegsamtes übernahmen viele Straßenbahnen einen ausgedehnten Paketverkehr, Lebensmittel-, Kohlentransport usw. Es entstanden zahlreiche Gleisanschlüsse an Bahnhöfe, Zechen, Häfen, Markthallen, vor allem Verbindungen der großstädtischen Paketpostämter untereinander und mit den Bahnhöfen. Die Wirtschaftlichkeit trat vor den Forderungen des Allgemeinwohles zurück; wieweit diese Kriegsanlagen beibehalten, ausgebaut oder zurückgebaut werden, müssen erst die nächsten Kriegsjahre zeigen. Man kann wohl sagen, daß der Paketpostverkehr im großen zu empfehlen, bei anderen Güteranlagen aber in jedem Falle genaue Erhebungen, im allgemeinen aber Zurückhaltung geboten erscheinen.

In England und Frankreich ist auch während des Krieges sehr wenig Gebrauch von der Güterbeförderung auf Straßenbahnen gemacht worden.

Sollen die beladenen Wagen nicht unmittelbar auf die Staatsbahn übergehen, vielmehr umgeladen werden, dann sind hierfür besondere Vorrichtungen auf dem Anschlußbahnhof vorzusehen: Aufstellgleise, Überladerampe, Lagerschuppen, Abfertigungsgebäude, Umladekrane u.a. Das Umladen erschwert und verteuert natürlich den Verkehr, so daß meistens davon abgesehen wird. Bei kurzen Strecken werden es auch die Verfrachter vorziehen, ihre Güter auf der Landstraße mit Fuhrwerk zum Bahnhof bringen zu lassen und die Umladekosten und Beschädigungen ihrer Güter zu vermeiden. Die Umladekosten sind verschieden, je nach den Zeit- und den Bahnhofsverhältnissen. Im Jahrbuch der Deutschen Landwirtschafts-Gesellschaft von 1893 sind z. B. folgende Zahlen von Köpke angegeben:

Umladen von Erzen, Kalk, Kohlen durch Schaufeln mit der Hand auf der Bröhltalbahn 15 Pf./t.

Umladen von Wagenladungsgütern auf den sächsischen Schmalspurbahnen, ausschließlich Verschiebekosten 15,3—17,2 Pf./t.

Umladen auf der Bolna-Bahn in Bosnisch-Brod 20 Pf./t, auf der Fuldabahn in Salzungen 12—30 Pf./t.

Bei der Kreis-Eisenbahn Flensburg—Cappeln wird ein Wagen mit 5 t Inhalt bei Gütern der allgemeinen Wagenladungsklasse gegen eine Gebühr von 1,5 M., bei Gütern der Sondertarife gegen eine solche von 1 M. umgeladen.

Launhardt legt seinen Berechnungen eine durchschnittliche Umladegebühr von 20 Pf./t. zugrunde. (Eisenbahntechnik der Gegenwart.)

Sollen die Güterwagen der Schmalspur ohne Umladung auf eine Normalspurbahn übergehen, so erfordert dies besondere Einrichtungen. In den Betriebsmittelpark werden normalspurige Güterwagen und zu ihrer Beförderung auf der Schmalspur besondere schmalspurige Untergestelle (Rollböcke, Rollschemel, Rollwagen, Plateauwagen, Truks, Transporteure) eingestellt. Das Aufbocken der Güterwagen geschieht in besonders dazu angelegten Rollbockgruben. (Vgl. Trautvetter, Elektr. Straßenbahnen usw., S. 43, 44 u. 166.)

Der „Rollbockverkehr" hat manche Nachteile. Die Mängel des Güterverkehrs mit normalspurigen Wagen, Beeinträchtigung des Personenverkehrs, Unpünktlichkeit, Abfertigungsschwierigkeiten, besondere Bahnhofs- und Betriebsmittelanlagen, stärkere Gleisabnutzung, treten hier verschärft in Erscheinung. Es kommt noch hinzu die Unterhaltung besonderer Betriebsmittel (Rollböcke), Lokomotiven und wegen der Betriebsgefährlichkeit der aufgeladenen Wagen die Notwendigkeit besonderer Verlangsamung der Fahrgeschwindigkeit und möglichster Vermeidung enger Krümmungen und starker Steigungen.

Für die erhöhten Aufwendungen (die z. T. auch für Güterverkehr auf Normalspur gelten) seien beispielsweise folgende Zahlen (Friedenspreise) genannt:

a) Anlagekosten.

I. Betriebsmittel.

1.	... elektrische Lokomotiven	je M.	15—20000.—
2.	... normalspurige Güterwagen zur Einstellung in den Staatsbahnbetrieb	„	3000.—
3.	... schmalspurige offene Güterwagen mit elektr. Bremsen	„	2500.—
4.	... „ gedeckte „ „ „ „	„	3200.—
5.	... Rollböcke mit Kuppelstangen und elektr. Bremsen	„	4000.—
6.	... Reserveteile		4—8000.—

II. Bahnhofsanlagen.

7.	... St. Weichen	je M.	1200.—
8.	... lfd. m normalspuriges Ladegleis (Vignolesschienen)	„	25.—
9.	... „ „ schmalspuriges „ (Vignoles- oder Rillenschienen	„	22—26.—
10.	... Rollbockgruben	„	800.—
11.	... lfd. m Oberleitung	„	10.—
12.	... Umladekrane	„	2500.—
13.	... Abfertigungsgebäude	„	3000.—
14.	... Ausrüstung der Abfertigungsgebäude	„	1000.—
15.	... qm Ladestraßen- und Verladeplatzanlagen	„	4.—
16.	Prellböcke, Gleissperren, Distanzzeichen, Signalanlagen und Unvorhergesehenes		....,..

III. Verwaltungskosten
(Vorarbeiten, Bauleitung, Bauzinsen, Stempelkosten usw.).

b) Jährliche Betriebsausgaben.

1. Unmittelbare:
   a) Anteilige Verwaltungskosten.
   b) Zugpersonal (Lokomotivführer, Bremser, Hilfsarbeiter).
   c) Stromkosten.
   d) Unterhaltung der Betriebsmittel einschl. Löhne für Werkstattarbeiter.
   e) Unterhaltung der Anlagen (Oberbau, Stromleitungen, Fahrleitung, Hochbauten).
2. Mittelbare:
   a) Zinsen.
   b) Amortisation.
   c) Rücklagen in den Erneuerungsfonds.

Auf die Linienführung ist die Wahl der Verkehrsart, auch wenn man nicht jeden kleinen Anschluß mitzunehmen versucht und deshalb viel Umwege macht, oft von bedeutendem Einfluß.

Eine Bahn mit Güterverkehr, die sich nach der Lage der Fabriken, Güter und Bahnhöfe richtet, kann nie solch gerade, kurze Linienführung aufweisen wie eine Personenbahn oder Schnellbahn. Die Lage der Haltestellen und ihr Ausbau wird wesentlich von einer Personenbahn abweichen, die bauliche Ausrüstung der Strecke muß anderen Anforderungen entsprechen, viele für Personenverkehr freien Straßen müssen für Bahnen mit Güterverkehr gesperrt werden, Krümmungen und Steigungen der Strecke können nicht bis zu den für Personenverkehr zulässigen Grenzen ausgeführt werden.

Ganze Ortschaften mit engen Straßen werden zu umgehen sein. Durch das Bemühen, dadurch keine Einbuße am Personenverkehr und nicht besonders hohe Grunderwerbs- und Anlagekosten für einen eigenen Bahnkörper entstehen zu lassen, werden neue Schwierigkeiten geschaffen.

Bemerkenswert sind hier einzelne amerikanische Überlandbahnen mit Güterverkehr, die ihre Güter bis zur Stadtgrenze bringen und von da auf anderen Verkehrsmitteln in die Stadt schaffen lassen. Die Bahn führt dann mit einem Zweig, einer Güterumgehungsbahn um die Stadt, während ein zweiter Zweig für reinen Personenverkehr die Straßen befährt. Natürlich verteuern derartige Anlagen Bau- und Betrieb außerordentlich. Erwähnt sei noch, daß einige Verwaltungen die Güterzüge nur nachts verkehren lassen.

Bei unmittelbarem Wagenübergang von einer normalspurigen Straßenbahn auf eine Staatsbahn und umgekehrt ist noch die Verwendung von Rillenschienen mit besonders breiter und tiefer Rille, passend für die Radkränze der Staatsbahnfahrzeuge, zu beachten.

Die **Postbeförderung** wird von den Straßenbahnen verschieden gehandhabt. Eine Verpflichtung zur Beförderung besteht nur in bestimmten, gesetzlich geregelten Fällen und Grenzen. Maßgebend ist

§ 42 des Kleinbahngesetzes: „Die Kleinbahnen unterliegen nachfolgenden Verpflichtungen gegenüber der Postverwaltung: 1. Die Unternehmer haben auf Verlangen der Postverwaltung mit jeder für den regelmäßigen Beförderungsdienst bestimmten Fahrt einen Postunterbeamten mit einem Briefsack und, soweit der Platz reicht, auch andere zur Mitfahrt erscheinende Unterbeamte im Dienst gegen Zahlung der Abonnementsgebühr oder, falls eine solche nicht besteht, der Hälfte des tarifmäßigen Personengeldes zu befördern. 2. Die Unternehmer solcher Bahnen, welche sich nicht ausschließlich mit Personenbeförderung befassen, sind außerdem verpflichtet, auf Verlangen der Postverwaltung mit jeder für den regelmäßigen Beförderungsdienst bestimmten Fahrt: a) Postsendungen jeder Art durch Vermittlung des Zugpersonals zu befördern, und zwar Briefbeutel, Brief- und Zeitungspakete gegen eine Vergütung von 50 Pfennig für jede Fahrt, die anderen Sendungen gegen Zahlung des Stückguttarifsatzes der betreffenden Bahn oder, sofern dieser Betrag höher ist, gegen eine Vergütung von 2 Pfennig für je 50 Kilogramm und der Kilometer der Beförderungsstrecke nach dem monatlichen Gesamtgewicht der von Station zu Station beförderten Poststücke; b) in Zügen, mit welchen in der Regel mehr als ein Wagen befördert wird, eine Abteilung eines Wagens für die Postsendungen, das Begleitpersonal und die erforderlichen Postdienstgeräte, gegen Zahlung der in Artikel 3 und 6 des Reichsgesetzes vom 20. Dezember 1875 und den dazu gehörigen Vollzugsbestimmungen festgesetzten Vergütung, sowie gegen Entrichtung des halben Stückguttarifsatzes der betreffenden Bahn einzuräumen. 3. Die Postverwaltung ist berechtigt, auf ihre Kosten an den Bahnwagen einen Briefkasten anzubringen und dessen Auswechselung oder Leerung an bestimmten Haltestellen bewirken zu lassen."

Aus diesen Bestimmungen ist zu ersehen, daß dem Bahnunternehmen durch Postbeförderung in keinem Falle ein Vorteil, häufig aber eine Erschwernis erwächst. Man wird, wo möglich, diesen Verpflichtungen gern entgehen. Dieser Fall kann eintreten, wenn § 9 des Kleinbahngesetzes von der Postbehörde nicht rechtzeitig beachtet und für Aufnahme der gewünschten Verpflichtungen in die Genehmigungsurkunde gesorgt wird. § 9 lautet:

„Außer den durch die polizeilichen Rücksichten gebotenen Verpflichtungen sind in der Genehmigung zugleich diejenigen zu bestimmen, welchen der Unternehmer im Interesse der Landesverteidigung und der Reichspostverwaltung in Gemäßheit des § 42 zu genügen hat."

Weitere Einrichtungen für den Postdienst (besonders durch Postbeamte auf den Straßenbahngleisen geführte Post-Motorwagen, Mitnahme von Postanhängewagen u. a.) sind in einzelnen Städten im Wege freier Vereinbarung getroffen worden.

3. Wahl der Reisegeschwindigkeit.

An die Reisegeschwindigkeit (Fahrgeschwindigkeit abzüglich Aufenthalte) wird von vielen wohl erst dann gedacht, wenn es an die Ausarbeitung des Fahrplanes, Festlegung der Ausweichen, Haltestellen usw. geht. Andere wieder — die Bauherren — sind schnell da mit ihrem Ruf nach „Schnellverkehr". So leicht und einfach nun oft die Entscheidung dünkt, so bedeutungsvoll und folgenschwer ist sie für Ausführung und Wirtschaftlichkeit einer Bahnanlage. Von ihr hängen ab: öffentlichrechtliche Stellung der Bahn, Anlage- und Betriebskosten.

Eine hohe Reisegeschwindigkeit hat natürlich große Vorzüge. Nach den Untersuchungen Mattersdorffs ergaben sich folgende Leistungen verschiedener Verkehrsmittel:

Pferde-Omnibusse mit einer Reisegeschwindigkeit von etwa 8 km für die Stunde im Höchstfalle 500 000 Personen jährlich für das Kilometer Streckenlänge; Straßenbahnen mit 10—12 km/St.-Reisegeschwindigkeit 100 000—800 000 Personen; Schnellbahnen mit 20—30 km/St.-Reisegeschwindigkeit 1—4 Mill. Personen.

Es betrug z. B. der Verkehr für das Kilometer Doppelgleis im Jahre 1902/1903 auf der Hoch- und Untergrundbahn in Berlin 2,6 Mill. Personen; auf der Großen Berliner Straßenbahn 780 000 Personen; auf den Berliner Pferde-Omnibusstrecken 500 000 Personen.

Nicht unerwähnt darf bleiben, daß außer der Reisegeschwindigkeit noch andere Faktoren die Frequenzziffern beeinflussen, z. B. Platzangebot, Zustand der Betriebsmittel, Linienführung, Witterungsverhältnisse, wirtschaftliche Lage. Dadurch wird jedoch der Wert genannter Zahlen nicht vermindert.

Die gesetzlichen Bestimmungen für die Fahrgeschwindigkeiten lauten:

§ 47 der „Bau- und Betriebsvorschriften für Straßenbahnen mit Maschinenbetrieb" vom 1. Januar 1907:

„1. Die Fahrgeschwindigkeit für Züge darf in der Regel bei Bahnen mit

1435 mm	Spurweite	30 km
1000 „	„	30 „
750 „	„	25 „
600 „	„	20 „

und bei Zahnradbahnen 15 km in der Stunde nicht übersteigen."

„2. Größere Fahrgeschwindigkeiten können mit Genehmigung des Ministers für öffentliche Arbeiten zugelassen werden, sofern ein Verkehrsbedürfnis dafür vorhanden ist. Über die in solchen Fällen vorzunehmende Ergänzung der Sicherheitsvorschriften bleibt die Entscheidung dem Minister der öffentlichen Arbeiten vorbehalten."

„3. Es bleibt vorbehalten, soweit die Sicherheit des Verkehrs es erfordert, geringere Fahrgeschwindigkeit für sehr verkehrsreiche, unübersichtliche und starke Gefällstrecken, sowie auch nötigenfalls für bestimmte Zeiten vorzuschreiben."

„4. Die festgesetzten höchsten Geschwindigkeiten sind angemessen zu ermäßigen an besonders kenntlich gemachten Stellen, in Gleiskrümmungen, sofern Überhöhungen nicht vorhanden sind, wenn Menschen, Tiere oder andere Verkehrshindernisse auf der Bahnstrecke sich befinden und bei besonders lebhaftem Verkehr."

§ 40. der „Bau- und Betriebsvorschriften für nebenbahnähnliche Kleinbahnen mit Maschinenbetrieb vom 1. April 1914:

„1. Die Fahrgeschwindigkeit darf bei Vollspurbahnen im allgemeinen 30 km in der Stunde nicht überschreiten. Eine höhere Geschwindigkeit bis zu 40 km können die Aufsichtsbehörden für Personenzüge mit durchgehender Bremse zulassen, wenn die Bahn eigenen Bahnkörper besitzt. Bei Schmalspurbahnen darf die größte zulässige Geschwindigkeit im allgemeinen

bei 1,00 m	Spurweite	30 km
„ 0,75 „	„	25 „
„ 0,60 „	„	20 „
„ Zahnstangenbahnen		15 km

in der Stunde nicht übersteigen.

„2. Größere Fahrgeschwindigkeiten bei Vollspurbahnen bis zu 50 km können mit Genehmigung des Ministers der öffentlichen Arbeiten zugelassen werden, sofern ein Verkehrsbedürfnis dafür nachweisbar ist. Über die in solchen Fällen zu treffenden besonderen Sicherheitsmaßnahmen bleibt die Entscheidung dem Minister der öffentlichen Arbeiten vorbehalten" usw. 3—8.

§ 66 der „Eisenbahn-Bau- und Betriebs-Ordnung" vom 1. Mai 1905:

„Die größte zulässige Geschwindigkeit für Nebenbahnen soll betragen in der Stunde:

a) im allgemeinen 30 km,

b) auf vollspurigen Bahnen mit eigenem Bahnkörper für Personenzüge mit durchgehender Bremse 40 km und mit Genehmigung der Landesaufsichtsbehörde 50 km."

Für Hauptbahnen soll die Fahrgeschwindigkeit im allgemeinen 100 km nicht übersteigen. Unter besonders günstigen Verhältnissen kann die Landesaufsichtsbehörde höhere Geschwindigkeiten zulassen. Dies wird für elektrische Hauptbahnen im Flachlande häufig zutreffen. Über weitere Einzelbestimmungen für Hauptbahnen s. B.-O. § 66.

Ohne besonderes Gesuch genehmigt werden in der Regel für alle drei Bahngattungen: 30 km auf freier Strecke, 15—20 km in breiten, 8 km in engen Straßen.

Die Hauptbedingungen für die Anwendung hoher Fahrgeschwindigkeit (über 30 km/St.) sind, unter der selbstverständlichen Voraussetzung, daß überhaupt ein Verkehrsbedürfnis nach Schnellverkehr vorhanden ist; günstige Geländeverhältnisse und große Streckenlänge.

Unter günstigen Geländeverhältnissen sind zu verstehen: 1. unbebautes Gelände, 2. möglichst flaches, allenfalls noch schwach hügeliges, niemals aber gebirgiges Gelände, also wenige, schwache Steigungen, 3. möglichst lange, gerade Strecken, also wenige, flache Krümmungen, nicht unter 300 m Halbmesser, große Entfernungen zwischen Ortschaften, 4. Feilheit des Grund und Bodens zur Anlegung eigenen Bahnkörpers, 5. Fehlen von örtlichen Hindernissen, z. B. Gleiskreuzungen in Schienenhöhe, zahlreiche Wegekreuzungen, Wasserläufe, Kunstbauten.

Gegenüber Bahnen mit niedriger Fahrgeschwindigkeit ergeben sich Mehraufwendungen bzw. Änderungen: Eigener Bahnkörper an der ganzen Strecke mit Ausnahme enger Ortschaften ist die erste Bedingung, Anwendung der Normalspur die zweite, Ausbau als Nebenbahn oder wenigstens nebenbahnähnliche Kleinbahn die dritte.

Die Erdarbeiten werden durch die Notwendigkeit des Ausgleichs von Höhenunterschieden, möglichster Vermeidung von verlorenen Steigungen, Begradigung der Strecke, besonders guter Dammsicherungen in Höhe (Hochwasser) und Breite, unter Umständen zweigleisigen Ausbau bedeutend umfangreicher, der Oberbau ist besonders kräftig zu gestalten — schwere Schienen, enge Schwellenlage, Unterlagsplatten, Schwellenschrauben, Spurstangen in Krümmungen, Vorrichtungen gegen Schlenkern und Schleudern —, die Anzahl und Länge der Ausweichen ist entsprechend Fahrgeschwindigkeit und Fahrplan zu vermehren, unter Umständen die ganze Strecke doppelgleisig auszubauen, der Grunderwerb erfordert große Mehraufwendungen — die zukünftige Verschlechterung der Anbaumöglichkeiten auf den durch die Bahnanlage von der Straße getrennten Grundstücken ist zu beachten —, Gleiskreuzungen in Schienenhöhe sind durch Anlage von Unter- oder Überführungen zu vermeiden, eine größere Anzahl Überwege ist durch Anlage von Seitenwegen zu ermäßigen, Schutzanlagen sind reichlich zu verwenden, Signalanlagen, Warnungstafeln, Streckenzeichen und Bahnwärterhäuser werden notwendig, Betriebsmittel und Oberleitungsanlagen sind entsprechend der hohen Fahrgeschwindigkeit besonders auszustatten. — Drehgestelle, starke Motoren, Vielfach- (Ketten-) Aufhängung.

Die genauen Mehrkosten bei Wahl einer Fahrgeschwindigkeit über 30 km lassen sich nur durch vergleichende Berechnungen feststellen. Sie können unter ungünstigen Umständen 50% der sonst üblichen Anlagekosten ausmachen.

4. Wahl der Spurweite.

Im Jahre 1856 wurde im englischen Parlament die Stephensonsche Spur von 4 Fuß $8^1/_2$ Zoll zur Regelspur erklärt. Englische Bahnen abweichender Spur bauten diese bald um. Die ersten deutschen Bahnen in Sachsen, Bayern, Österreich und Preußen wählten die Regelspur, weil sie mit der Lieferung von Lokomotiven und Wagen auf England angewiesen waren. Baden, das 1853 die Rheintalbahn mit einer Spurweite von 1,60 m baute, baute bereits 1855 auf Regelspur um.

Zur Zeit besteht im Spurwesen Deutschlands noch keine Einheitlichkeit. Es haben z. B.:

0,500 m Spur verschiedene elektrische Gruben- und Industriebahnen,
0,600 „ „ die Pyrmonter Bergbahn,
0,720 „ „ „ Fespertalbahn,
0,750 „ „ „ Kleinbahn Rogau—Stradau,
0,780 „ „ „ „ Gr. Ilsede—Langede.
0,785 „ „ „ Bahnen der Schles. Kleinbahn-A.-G. (Umbau beschlossen),
0,915 „ „ „ Chemnitzer Straßenbahn,
1,000 „ „ „ Neuwieder Kreisbahnen,
1,435 „ „ „ Große Berliner Straßenbahn,
1,440 „ „ „ Rostocker Straßenbahn,
1,445 „ „ „ Straßenbahn Hannover,
1,450 „ „ „ Dresdener Straßenbahn,
1,458 „ „ „ Große Leipziger Straßenbahn.

Einzelne Bahnen haben Teilstrecken verschiedener Spurweiten, z. B. Danziger elektrische Straßenbahnen 1,435 m und 1,440 m, Dortmunder Straßenbahnen 1,435 und 1,000 m.

Auch dreischienige Bahnen (eine Spur für Güterverkehr zwecks unmittelbaren Wagenübergangs und eine andere für Personenverkehr) sind vorhanden, z. B. Albtalbahn.

Für Neuanlagen werden in Preußen nach B.-O. § 9 und B.-B.-V. § 1 in der Regel nur Spurweiten von 1,435—1,000—0,750—0,60 m zugelassen. „Die Zulassung anderer Spurweiten in Ausnahmefällen regelt sich nach der Ausführungsanweisung zu § 9 A, Ziffer 5 der B.-O.“ Diese sagt:

„Falls ausnahmsweise aus besonderen Gründen eine Abweichung von den vorstehenden Bestimmungen für notwendig erachtet werden sollte, ist an das Ministerium der öffentlichen Arbeiten behufs der im Einverständnis mit dem Herrn Kriegsminister zu treffenden Entscheidung Bericht zu erstatten.“

Die Spurweiten von 0,60 und 0,75 m scheiden für neuzeitliche elektrische Straßenbahnen und ähnliche Bahnen ganz aus.

Die Frage, ob Normalspur oder Meterspur besser ist, ist in dieser Form überhaupt nicht zu beantworten. Es sind dazu Erhebungen über das Verkehrsbedürfnis, die Verkehrsart, die Geländegestaltung, die Materialbeschaffung, die Bauverhältnisse u. a. anzustellen.

Selbst für einfache Verhältnisse, bei denen die Vorbedingungen bekannt sind, sind die Ansichten über die zweckmäßigste Spur unter den Fachleuten noch geteilt. Dies gilt insbesondere für Dampfkleinbahnen mit Güterverkehr. Während in Deutschland die Anzahl der Schmalspurbahnen zurückgeht, halten andere Länder an ihr fest. So sind z. B. in Belgien 99% aller Kleinbahnen schmalspurig.

Auch in außereuropäischen Ländern ist die Schmalspur sehr verbreitet. Dies gilt besonders für Australien, Indien, Afrika. Das gesamte Bahnnetz der Erde hat zur Zeit nahezu 2 Mill. Kilometer Streckenlänge. Davon sind normalspurig etwa 71%, schmalspurig 15% und breitspurig 14%.

Für elektrische Straßenbahnen und straßenbahnähnliche Vorort- und Überlandbahnen wird in der Regel, wenn es die Geländeverhältnisse, die Geldmittel u. a. zulassen, die Normalspur gewählt. Für sie sprach sich auch der Internationale Kleinbahnkongreß 1900 in Paris aus.

Die Spurweiten der preußischen Straßenbahnen waren:

	1912	1913	1917
1,435 m bei	74 Bahnen od. 38,0%	75 Bahnen od. 37,5%	74 Bahnen od. 36,1%
1,000 „ „	112 „ „ 57,5%	116 „ „ 58,0%	120 „ „ 58,5%
0,750 „ „	2 „ „ 1,0%	2 „ „ 1,0%	2 „ „ 1,0%
0,600 „ „	1 „ „ 0,5%	1 „ „ 0,5%	1 „ „ 0,5%
gemischt „	3 „ „ 1,5%	3 „ „ 1,5%	4 „ „ 1,9%
abweichend „	3 „ „ 1,5%	3 „ „ 1,5%	4 „ „ 2,0%

Die Spurweiten der preußischen nebenbahnähnlichen Kleinbahnen (davon jedoch der größte Teil Dampfbahnen) waren:

	1912	1913	1917
1,435 m bei	186 Bahnen od. 59,8%	202 Bahnen od. 62,3%	210 Bahnen od. 63,3%
1,000 „ „	45 „ „ 14,5%	45 „ „ 13,9%	45 „ „ 13,6%
0,750 „ „	40 „ „ 12,9%	39 „ „ 12,0%	39 „ „ 11,7%
0,600 „ „	9 „ „ 2,9%	9 „ „ 2,8%	9 „ „ 2,7%
gemischt „	21 „ „ 6,7%	20 „ „ 6,2%	20 „ „ 6,0%
abweichend „	10 „ „ 3,2%	9 „ „ 2,8%	9 „ „ 2,7%

Die Schmalspur hat ihre Berechtigung bei Erweiterung schmalspuriger Bahnnetze, bei Geländeschwierigkeiten — engen Talstraßen, enggebauten Ortschaften —, im Gebirge (die Schweiz hat fast ausschließlich Schmalspurbahnen), in den Kolonien und anderen Ländern, die arm an Eisenbahnbaumaterialien sind und bei Bahnen nicht öffentlichen, sondern privaten Charakters.

Ihre Vorzüge sind: 1. Geringe Anlagekosten. Die Ersparnis besteht weniger in der Verwendung kürzerer Schwellen bzw. Spurstangen als in den geringeren Erd- bzw. Feldarbeiten und kleineren Abmessungen von Kunstbauten. Bei Rillengleis tritt eine Ersparnis ein an Straßenaufbruch, Straßenbefestigung (Pflaster) und Bettung. 2. Geringe Grunderwerbskosten. Diese werden erst bedeutend bei teurem Grund und Boden, in Bergbaugebieten und bei Benutzung von Ackerland im Gebirge.

Den Vorteilen gegenüber stehen folgende Nachteile der Schmalspur: 1. Unstabile Gleislage, 2. starker Ausschlag kleiner Fehler in der Gleislage auf die Betriebsmittel und damit zusammenhängend 3. unruhiges Fahren, 4. starke Beanspruchung von Oberbau und Betriebsmitteln, 5. erhöhte Unterhaltungskosten, 6. Beschränkung der Fahrgeschwindigkeit, 7. schwierige Unterbringung der Motoren, Unmöglichkeit unmittelbaren Güterwagenüberganges auf Normalspurbahnen, also Notwendigkeit von Umladungen, 9. Erfordernis besonderer Betriebsmittel und Bahnhofsanlagen bei Güterverkehr mit Anschluß an Normalspurbahnen (Rollböcke), 10. Unmöglichkeit der Umwandlung einer Kleinbahnanlage in eine Nebenbahnanlage bei zunehmendem Verkehr.

Der Unterschied in den zulässigen stärksten Krümmungs- und Neigungsverhältnissen bei Normalspur und Schmalspur ist nicht eine Eigentümlichkeit der Spur, sondern bedingt durch die auf Grund der Verkehrsbedeutung und der gesamten Bau- und Betriebseinrichtungen gesetzlich erlassenen Vorschriften für die verschiedenen Bahnarten.

Die Betriebsausgaben sind bei Schmalspurbahnen nicht geringer als bei Normalspurbahnen, gleiche Verkehrsverhältnisse vorausgesetzt. Wie schon angedeutet, wird die Ersparnis, die beim Ersatz von leichteren Materialien oder Ausbesserung der schmaleren Gleiszone gemacht wird, durch die häufigeren und umfangreicheren Wiederherstellungsarbeiten, die eine Folge der unstabilen Gleislage und damit zusammenhängenden stärkeren Verkehrserschütterungen sind, aufgezehrt.

Die Anlagekosten von normalspurigen Straßenbahnen verhalten sich zu denen der schmalspurigen etwa wie 3 : 2. Das lfd. Meter eingleisiger Überlandstraßenbahn-Strecke kostet in Normalspur unter einfachen Verhältnissen durchschnittlich 90 000 M. Das lfd. Meter Schmalspurbahn 60 000 M. Die durchschnittlichen Anlagekosten für normalspurige Straßenbahnen in Preußen (außer Berlin) betrugen 1912 nach der Statistik der Kleinbahnen rd. 240 000 M. für das Kilometer, für schmalspurige rd. 136 000 M (Vorkriegspreise).

Die Normalspur hat folgende Vorteile: 1. Sichere Gleislage und damit zusammenhängend 2. ruhiges Fahren, 3. Schonung von Oberbau und Betriebsmitteln, 4. Zulässigkeit hoher Fahrgeschwindigkeiten, 5. gute Ausgestaltungsmöglichkeiten für die Betriebsmittel, 6. leichter

Einbau starker Motoren, 7. Möglichkeit unmittelbarer Güterwagenüberführung auf die Staatsbahn, 8. Verwendbarkeit für Militärtransporte und andere Landesverteidigungsmaßnahmen, 9. die Möglichkeit der Erweiterung des Unternehmens bis zur Möglichkeit höchster Verkehrsleistungen, 10. beste technische Durchbildung infolge längster Anwendungszeit und daher 11. beste Vereinigung von Sparsamkeit und Leistungsfähigkeit.

Die Normalspur wird sich also für fast sämtliche neuzeitlichen Straßenbahnbauten im Flachlande empfehlen lassen. Der beste Beweis für ihre Leistungsfähigkeit wird durch die Umbauten großer schmalspuriger Bahnnetze in Normalspur erbracht. (Z. B. oberschlesische Bahnen der Schlesischen Kleinbahn A.-G.) Sie wird unbedingt nötig auch bei Gebirgsbahnen mit großen Steigungen, die von Triebwagen mit zwei Motoren unter je 50 PS nicht mehr zu bewältigen sind, da stärkere Motore sich bei meterspurigen Achsständen nicht einbauen lassen.

Die Normalspur ist die Weltspur. Drei Viertel aller Bahnen der Erde sind in ihr ausgeführt. Länder anderer Spurweite führen Umbauten in sie aus oder planen sie (Japan); wo dies in Anbetracht großer Netze schwer durchführbar, werden wenigstens Haupt- und Durchgangsstrecken normalspurig ausgebaut (Rußland, Amerika). In Westeuropa haben nur die Hauptbahnen von Irland, Spanien und Portugal ab weichende Spur. In Kolonialländern hat man in der Regel wegen der Schwierigkeit der Materialbeschaffung, der Transporte und der Bauausführung und bei geringeren Ansprüchen kleinere Spurweiten. Beliebt und bewährt ist die Kapspur (1067 mm).

5. Wahl der Gleisart.

„Eine Straßenbahn ist eine Bahn, deren Schienen in der Straßenoberfläche so eingebettet sind, daß Fußgänger- und Fuhrwerksverkehr ungehindert über sie hinweg erfolgen kann." So oder ähnlich lautet eine der ältesten Definitionen. Neuere besagen, daß die Straßenbahn „vorzugsweise die Straßen mitbenutzt". Diese Erklärungen sind falsch oder wenigstens ungenau und veraltet, wenn man unter Straßenbahnen die elektrischen Bahnen versteht, die dem städtischen und dem begrenzten Verkehr von Nachbargemeinden oder Kreisen dienen. Schon in dem Werke „Die Aachener Kleinbahnen" von Dr. Afred Haselmann, das 1909 erschien, wird angegeben, daß die Bahnnetze I und II durchweg vorhandene Straßen mitbenutzten, während vom Bahnnetz III fast der vierte Teil sich auf selbsterworbenem Gelände befand. Dieses befand sich außerhalb der Ortschaften. Heute legt man außerhalb der Ortschaften, soweit es das Gelände irgend zuläßt, durchweg eigenen Bahnkörper an und auch in Ortschaften mit einigermaßen breiten Straßen verlegt man das Gleis wo möglich in einen besonderen Straßenstreifen oder ein Bankett, über das der Fuhrverkehr dann nicht mehr ungehindert an allen Stellen möglich ist. Berühmt geworden ist die Straßenbahnanlage in mit Blumenbeeten eingefaßten Rasenstreifen in der Hardenbergstraße in Berlin-Charlottenburg. Auch andere Städte haben heute ähnliche Anlagen, die sich sehr gut bewähren und die Freude jedes Fahrgastes bilden.

Man könnte heute von einer Straßenbahn umgekehrt zu früher sagen: Eine Straßenbahn ist eine dem engeren oder weiteren örtlichen Verkehr dienende Bahn, die, wenn es nötig wird, auch die Fahrdämme vorhandener Straßen ohne äußerlich sichtbaren Umbau mitbenutzt.

Weil diese Straßenbenutzung in Vororten und an Überlandstrecken bei einer neuzeitlichen und richtig angelegten Bahn hur eine seltene Ausnahme bildet, habe ich hierfür die Bezeichnungen „straßenbahnähnliche Vorort- und Überlandbahnen" gewählt. Mehrere gewichtige Gründe führten diesen Umschwung der Ansichten herbei.

Die Vorzüge des eigenen Bahnkörpers zeigen sich zunächst bei der Bauausführung: 1. Der Bau geht flotter von statten. Er wird kaum vom übrigen Verkehr behindert und führt selbst kaum eine Behinderung oder gar Einstellung des öffentlichen Verkehrs herbei. 2. Die Anlage mit Vignolesschienengleis auf Holzschwellen wird bei kostenloser Bereitstellung von Gelände durch die Kommunen wesentlich billiger als der Rillenschienenoberbau. Bei Grundstückspreisen bis 3 M. für das Quadratmeter erfordern beide Ausführungen etwa dieselben Anlagekosten. 3. Vignolesgleis auf Holzschwellen gestattet ein ruhiges, sanftes Fahren. Dies führt zu Annehmlichkeiten für die Fahrgäste und zur Schonung der Betriebsmittel und des Oberbaues. 4. Die Standsicherheit des Gleises auf Holzschwellen ist eine erheblich größere als bei Rillengleis. Der Rillenschienenoberbau ist als eine chronische Krankheit der Straßenbahnen anzusehen. Die Rillenschiene stellt eine Langschwellenschiene dar, eine Zusammensetzung von Schiene und Schwelle. Der Langschwellenoberbau, der bei den Staatsbahnen außerordentlich umfangreiche und gewissenhafte Versuche, Untersuchungen und Berechnungen durchgemacht hat, hat sich als durchaus unbrauchbar erwiesen. Alle seine Fehler treten bei Rillenschienen in erhöhtem Maße auf. Die zum Auflager kommende Fußfläche hat in der Regel 15 cm Breite, bei sehr schweren Schienen 18 cm, ausnahmsweise auch 20 cm. Diese Fläche wird entweder mit Klarkleinschlag unterstopft, das ergibt ein noch einigermaßen erträgliches Geräusch und nicht allzu große Erschütterungen; hat man aber kein wasserdicht mit Zement oder Kitt vergossenes Pflaster, dann dringt bald Oberflächenwasser ein und spült die Unterstopfung weg, die Schiene setzt sich und zerstört die Straßendecke, oder man unterstopft mit Zement, dann ergibt sich starkes Geräusch, starke Erschütterungen mit ihren unvermeidlichen Folgen — Beschädigung der Betriebsmittel, Riffelbildung der Schienen —, in beiden Fällen aber zerhämmert die Schiene die kleine Menge Stopfmaterial und erfordert immer wieder Straßenaufbrüche und Nachheben des Gleises. Über die zweckmäßige Ausbildung der Rillenschienen sind sich die Fachleute bis heute noch nicht einig. Die einen sehen den Grund aller Schäden in der geringen Elastizität des Oberbaues und suchen diese durch weiche Unterlagen — Holz, Filz, Asphalt — oder durch entsprechende Bearbeitung der Schiene — geschlitzter Steg, gewellter Steg, zusammengesetzter Querschnitt, große Höhe — zu erreichen. Andere stehen auf dem entgegengesetzten Standpunkt: Sie wählen besonders niedrige Schienen, lagern sie auf Beton auf und verankern sie unbeweglich im Untergrund. (Dies die schlechtere Ausführung.)

5. Der eigene Bahnkörper gestattet stets eine einwandfreie, billige und leicht prüfbare Entwässerung. Bringt man auch in den Rillengleisen in gewissen Abständen Entwässerungskästen an und verrichten diese ihre Dienste einwandfrei, so ist es doch kaum zu verhindern, daß an den Schienenstößen und an den Schienenrändern Wasser eindringt, und allmählich die Festigkeit des Gleises vernichtet. Häufig arbeitet die Schienenentwässerung nicht einwandfrei. Entweder sind die Öffnungen verstopft oder es entgeht trotz häufiger und kostspieliger Nachprüfungen, daß ein Ableitungsrohr zerdrückt ist und sich das Wasser bereits unterirdisch angesammelt oder sich einen unerwünschten Weg gebahnt hat.

6. Die zahlreichen und bedenklichen Schäden, die vagabundierende Ströme häufig bei Rillengleisoberbau an benachbarten Leitungen hervorrufen, werden bei Vignolesgleisoberbau auf Holzschwellen vermieden. Das Nachsehen der Schienenrückleitungen ist bei Vignolesgleisoberbau jederzeit möglich, bei Rillengleis nur im Falle eines Straßenaufbruches.

7. Die Unterhaltung des Vignolesgleisoberbaues ist wegen steter Zugänglichkeit aller Teile viel einfacher und billiger als bei Rillengleisoberbau. Die Säuberung der Gleiszone, der Rillen, der Schienen, der Kurven u. a. sind eigentümliche Nachteile des Rillengleises.

8. Von ganz besonderem Wert ist die Möglichkeit und Zulässigkeit erhöhter Fahr- und Reisegeschwindigkeit auf eigenem Bahnkörper, die für die Rentabilität langer Überlandlinien von ausschlaggebender Bedeutung werden kann, so daß man, wenn andere Wege nicht gangbar sind, unter Umständen selbst bei hohen Grunderwerbskosten den dann teurer werdenden Vignolesgleisoberbau dem Rillengleisoberbau vorzuziehen hat.

9. Schließlich ist noch die durch einen vom übrigen Verkehr abgetrennten Straßenbahnkörper erhöhte öffentliche Sicherheit (für Fahrgäste, Fuhrwerke, Fußgänger und die eigenen Betriebsmittel und Beamte)

hervorzuheben. Diesem Umstand kommt neuerdings eine ständig wachsende Bedeutung zu, da die Rechtsprechung selbst dann eine Teilhaftung des Straßenbahnunternehmens an Unfallschäden feststellt, wenn grobe Fahrlässigkeit des Unfallverletzten vorliegt, unter der Begründung, daß derartige Fälle nicht eintreten könnten, wenn die Bahn nicht vorhanden sei.

Die Bestimmung der Abmessungen des Gleises gehört nicht in den Rahmen dieser Arbeit. Es sei nur erwähnt, daß man bei kleinen Bahnen häufig 150 mm hohe Rillenschienen mit einem Metergewicht von etwa 43 kg und bei Großstadtbahnen 180 mm hohe von etwa 58 kg wählt. Für straßenbahnähnliche Überlandbahnen sind meistens Vignolesschienen von etwa 30 kg Metergewicht geeignet. Für eigenen Bahnkörper in der Großstadt wählt man entsprechend schwerere.

6. Wahl der Betriebsmittel.

Die elektrische Zugförderung kann erfolgen durch Triebwagen, Lokomotiven oder Triebgestellen. Der Strom kann einer Oberleitung, dritter Schiene oder Unterleitung entnommen oder in Akkumulatoren mitgeführt oder durch Elektromotoren, die durch Verbrennungsmaschinen angetrieben werden, während der Fahrt erzeugt werden.

Oberleitungstriebwagen stellen die kleinste Zugeinheit dar. Man kann mit ihnen beliebig lange Züge bilden (abgesehen von der Beschränkung der Bahnanlage) und ist nicht durch eine bestimmte Zugkraft wie bei Lokomotiven beschränkt. Triebwagen gestatten eine bessere Platzausnutzung als Lokomotiven, da sie von Fahrgästen besetzt werden. Das zur Zugförderung nötige Reibungsgewicht kann beliebig geändert und voll ausgenutzt werden. Ihre Anschaffungs-, Unterhaltungs- und Betriebskosten sind niedriger als bei Lokomotiven. Der Oberbau wird mehr geschont. Sie werden überall da gewählt, wo die Anforderungen eines gleichmäßigen, nicht übermäßig belasteten Verkehrs es erlauben, also bei städtischen Straßen- und Vorortbahnen, bei Überlandbahnen ohne starken Güterverkehr und ohne große Geländeschwierigkeiten, bei Personenschnellbahnen, bei Bahnen mit leichtem Güterverkehr. Lokomotiven sind angebracht bei schwerem und stoßweisem Verkehr, besonders bei schwerem Güterverkehr, zum Verschiebedienst auf Bahnhöfen, bei langen, schweren Zügen, bei außerordentlichen Geländeschwierigkeiten, bei stoßweisem, überstarkem Verkehrsandrang (dann unter Umständen als Aushilfe oder Vorspann) und bei Wechselstrombahnen, wo es nötig ist, schwere Transformatoren mitzuführen. Auch besondere örtliche Verhältnisse können zur Einstellung von Lokomotiven zwingen. Bei der Überlandbahn Wien—Preßburg z. B. war die Verwendung von Triebwagen nicht möglich, weil die Preßburger Donaubrücke nicht mit Achslasten über 6,5 t befahren werden durfte, andererseits behördlich Züge über 3 Wagenlängen nicht zugelassen wurden, es aber hierbei nicht möglich war, derartig leichte Triebwagen mit genügend Fassungsvermögen bei 70 km Stundengeschwindigkeit zu bauen.

Bei der elektrischen Vollbahn Murnau—Oberammergau versehen in der Regel Triebwagen den Personenverkehr und Lokomotiven den Güterverkehr, im Sommer zu Zeiten besonders starken Personenverkehrs werden jedoch auch Lokomotiven in den Personenverkehr eingestellt.

Bei der Berninabahn mit einer Höchststeigung von $70^0/_{00}$ tun Lokomotiven Vorspanndienste.

Die gleichzeitige Verwendung einer elektrischen Lokomotive in Schnell-, Personen- und Güterzügen hat sich als unwirtschaftlich erwiesen. Man ist auch hier, wie bei Dampflokomotiven, zu getrennten Maschinengattungen übergegangen.

Geh. Oberbaurat Wittfeld empfiehlt:

1. Güterzuglokomotiven (*G*):
   Grundform: $2A$, $3A$, darunter $2A$ nicht selbständig.
   Gattungen: $3A$ (3 Triebachsen), $2A + 2A$ (4 Triebachsen), $2A + 3A$ (5 Triebachsen), $3A + 3A$ (6 Triebachsen), $2A + 3A + 2A$ (7 Triebachsen) usw.
2. Personen- und Schnellzuglokomotiven (*P* u. *S*):
   Grundform: $1 - 2A$, $1 - 3A - 1$. Für kleinere Leistung als $1 - 2A$: Triebwagen.
   Gattungen: $1 - 2A$ (2 Triebachsen), $1 - 3A - 1$ (3 Triebachsen $1 - 2A + 2A - 1$ (4 Triebachsen).
   Bei $1 - 3A - 1$ sind die Laufachsen seitlich verschiebbar.

Triebraddurchmesser bei *G* 1350 mm, bei *P* und *P* 1600 mm; Laufraddurchmesser 1000 mm.

Höchstgeschwindigkeit bei *G* 70 km/St., bei *P* und *S* 100 km/St.

Dauerleistung eines Motors bei *G* 225 km bei 50 km/St., bei *P* und *S* 300 km bei 80 km/St.

Schienendruck der Triebachse 17 t, der Laufachse 14 t.

Die Zugkraft muß imstande sein, die Triebräder beim Anlauf — wenn dabei nicht gesandet wird — zum Schleudern zu bringen.

Triebwagen mit Verbrennungsmotor und elektrischer Triebkraftübertragung finden vielfach Verwendung bei der preußisch-hessischen Eisenbahnverwaltung. Eine Denkschrift der letzteren sagt hierüber: „Auf solchen Nebenbahnen, wo es bei der üblichen Verkehrsbedienung durch Dampflokomotiven unwirtschaftlich sein würde, für den Güter- und Personendienst anders als gemischte Züge zu verwenden, läßt sich der Personenverkehr durch Vermehrung und Beschleunigung der Personenfahrten günstiger gestalten und dadurch besser entwickeln, wenn beim Fehlen elektrischer Zugförderung Triebwagen mit eigener Kraftquelle eingestellt werden. Wenn dagegen Personen- und Güterverkehr getrennt sind, ist es unter Umständen zweckmäßig, die Personenzüge ganz oder teilweise durch Triebwagen zu ersetzen, wobei sich gleichfalls die Möglichkeit bietet, die Fahrgelegenheit im Personendienste — meist ohne Beeinträchtigung der Wirtschaftlichkeit — zu verbessern. In beiden Fällen kann es vorteilhaft sein, auch den Post- und Eilgutdienst durch Triebwagen, die hierfür ausgerüstet sind, zu bedienen. Auf Hauptbahnen sind nicht selten Triebwagen von Nutzen, um den Orten, die zwischen den Haltepunkten der Schnellzüge liegen, eine bequeme Verbindung mit diesen zu beschaffen oder um in der Nähe größerer Städte einen gewissen Vorortverkehr zu ermöglichen."

Die Versuche mit unmittelbarem Antrieb des Triebwagens durch eine Dampfmaschine oder einen Verbrennungsmotor schlugen fehl, da diese nicht die erforderliche Überlastbarkeit, die nötige Anfahrbeschleunigung und Regulierfähigkeit besitzen. Dagegen hat die elektrische Übertragung der vom Verbrennungsmotor ausgehenden Triebkraft den großen Vorzug, eine kontinuierliche und sehr wirtschaftliche Regelung der Geschwindigkeit zu ermöglichen und beim Anfahren die größte Zugkraft herzugeben. Bei elektrischer Triebkraftübertragung kann man von jeder Geschwindigkeit ohne Stoß auf jede andere übergehen und den Verbrennungsmotor während seiner ganzen Arbeitszeit mit seiner Volleistung beanspruchen. Die meisten Verbrennungsmotoren werden mit Benzol betrieben, das als Nebenprodukt bei der Steinkohlenverkokung gewonnen wird. Große Verbreitung finden auch die elektrischen Dieseltriebwagen mit Ölverbrennung.

Öllokomotiven (Diesellokomotiven od. dgl.) sollen an den elektrischen preußisch-hessischen Eisenbahnstrecken Verwendung finden in Zügen, die für die Kraftwerksbelastung ungünstig liegen. Dadurch sollen die wirtschaftlich ungünstigsten Betriebsspitzen der Kraftwerke vermindert werden. Etwa ein Fünftel aller Lokomotiven, die im übrigen elektrisch betrieben werden, sollen dadurch Freizügigkeit behalten, was bei Störungen des elektrischen Betriebes (und militärisch) Bedeutung hat. Als Brennstoff soll das bei der Kohlenvergasung fallende Treiböl benutzt werden.

Triebgestelle sind vorgesehen für die in Elektrisierung begriffenen Berliner Stadt-, Ring- und Vorortbahnen. Die Eigenart des Verkehrs auf diesen Strecken gestattet nur Ganz- oder Halbzüge, je nach dem starken oder geringen Verkehrsandrang. Die Züge aus einer größeren Zahl selbständiger Triebwagen bestehen zu lassen, wäre zwecklos. Die vorhandenen Vorortwagen können weiterbenutzt werden; es werden nicht neue Triebwagen erforderlich, sondern nur Triebgestelle, die wesentlich billiger sind.

Da auf den Berliner Stadt-, Ring- und Vorortbahnen auch starker

Güterverkehr ist, werden auch für diese Triebgestelle eingeführt. Bei dem außerordentlich starken Sonntagsverkehr in den Sommermonaten auf den Vorortbahnen können diese Triebgestelle herangezogen werden. Es werden dann bedeutende Kosten für Reservetriebwagen erspart.

Jedes Triebgestell enthält Hochspannungsapparate, Fahrschalter und alle für die Fortbewegung des Zuges notwendigen Einrichtungen, in der Hauptsache also Leistungstransformatoren, elektromagnetisch betätigte Schalter, Hilfsapparate und den Motor. Die den Triebgestellen benachbarten Führerstandwagen sind mit je zwei Scherenstromabnehmern, einem Hochspannungsölschalter und Fahrschalter, sowie den sonstigen vom Führer zu bedienenden Nebenapparaten ausgerüstet.

Vorspanntriebgestelle für elektrische Güterzuglokomotiven benutzt die Butte,- Anaconda- und Pacificbahn. Die Lokomotive hat vier Motoren, das Triebgestell zwei. Unter der Wagenbühne enthält es einen Kasten zur Aufnahme von Beton und Eisen zur Erhöhung des Reibungsgewichtes.

Der Achsstand (Radstand) soll bei Trieb- und Anhängewagen, um ruhige Fahrt zu erzielen, nicht zu klein gewählt werden. Er ist abhängig von dem kleinsten Krümmungshalbmesser der Bahnstrecke, dem zulässigen Ausschlag der Wagenkasten in Krümmungen, dem Verhältnis von Raddruck zum Oberbau, der Lagerung der Achsen im Untergestell und der Art des Antriebes. Bei Lenkachsen (mit Spiel der Achsen bis je 25 mm in senkrechtem und wagrechtem Sinne) können die Achsstände größer gewählt werden als bei starren Achsen (0—20 mm Spiel in senkrechtem und wagrechtem Sinne).

Bei Zehme, Die Betriebsmittel der elektrischen Eisenbahnen sind folgende Werte angegeben.

Achsstände für 1m-spurige und normalspurige Bahnen.

Halbmesser der kleinsten Gleiskrümmung in m		5	7	10	12	15	17	20	25	30	40
Größte Achsstände in m	bei starren Achsen $\alpha = 3°$	0,53	0,73	1,10	1,27	1,60	1,80	2,13	2,67	3,20	4,25
	bei starren Achsen $\alpha = 3° 20'$	0,60	0,86	1,20	1,40	1,75	1,93	2,30	2,85	3,40	4,50
	bei Lenkachsen	—	—	2,50	2,75	3,00	3,25	3,50	4,00	4,50	—

Bemerkungen: Die Achsstände der starren Achsen sind auf Grund gebräuchlicher Anlaufwinkel α (Winkel zwischen der Radebene und der Tangente an dem äußeren Schienenstrang im Berührungspunkte) ermittelt. Da mit diesen beträchtlich großen Winkeln erfahrungsgemäß ein großer Kraftverlust und eine starke Rad- und Schienenabnutzung in Gleiskrümmungen verknüpft sind, empfiehlt es sich, die in der Zahlentafel als äußerst zulässig aufgeführten Achsstände bei Gleiskrümmungen über 15 m zu verringern. Der Anlaufwinkel $\alpha = 3° 20'$ ist nicht als Muster, sondern nur deshalb aufgenommen, weil er bei einigen elektrischen Straßenbahnen tatsächlich zur Anwendung gekommen ist.

Eine Umfrage des Vereins Deutscher Straßenbahn- und Kleinbahn-Verwaltungen bei 103 Bahnen nach den kleinsten Gleiskrümmungen bei ihnen im Betrieb vorhandenen Achsständen und dem Verhältnis der

Achsstände zu den kleinsten Krümmungshalbmessern hatte (Okt. 1913) folgendes Ergebnis:

Die kleinsten Krümmungshalbmesser betrugen:

Bei Bahnhofsgleisen (Depotgleisen):

a) bei Schmalspur 10 m,

b) bei Normalspur 11 m.

Bei Betriebsgleisen:

a) Bei Schmalspur 12,5 m,

b) bei Normalspur 12,5 m.

Bei Wagen mit starren Achsen betrug:

der kleinste Achsstand 1,55 m,

der größte Achsstand 3,30 m.

Das Verhältnis zwischen Achsstand und Krümmungshalbmesser betrug bei Wagen mit starren Achsen höchstens 1 : 3,6 (aber nur bei Bahnhofsgleisen) und mindestens 1 : 13,8.

Die Frage: „Welches Verhältnis zwischen Achsstand und Krümmungshalbmesser wird bei Straßenbahnen und straßenbähnähnlichen Bahnen noch für zulässig gehalten?" ergab Angaben zwischen 1 : 4 bis 1 : 10, im Mittel 1 : 6,38.

Der Berichterstatter des Vereins faßte dies in seinem Vortrag auf der XIV. Vereinsversammlung 1913 dahin zusammen, daß das Verhältnis nicht größer als 1 : 5 zu wählen sei.

Alle vorstehenden Zahlen und Erörterungen zeigen schon, daß es für die Wahl des Achsstandes keine allgemeingültige Regeln gibt. Für jede neue Bahnanlage ist erneut eine Überlegung über die Frage Achsstand und Krümmungen erforderlich.

Zunächst tut man gut, die Bahnhofsgleise für sich gesondert zu betrachten. Sie werden nur von leeren Wagen und so langsam durchfahren, daß sie für die Wahl eines kleinen Achsstandes nicht bestimmend werden können. Es genügt, daß das Verhältnis von Achsstand zur Krümmung kleiner bleibt als 1 : 4.

Weisen die Betriebsgleise nur ausnahmsweise einige besonders enge Krümmungen auf, so werden auch diese Umstände noch nicht zu kleinem Achsstand zwingen. Nur in Klein- und Mittelstädten mit vielen kleinen, winkligen Straßen wird das Verhältnis 1 : 10 (bei 20 m Halbmesser, also 2,00 m Achsstand) zu empfehlen sein.

Bei allen anderen neuzeitlichen Straßen-, Vorort- und Überlandbahnen wird in der Regel mit dem Verhältnis von 1 : 8 auszukommen sein. (Bei einem kleinsten Halbmesser von 20 m also mit 2,50 m Achsstand bei starren Achsen.)

Einen großen Einfluß hat natürlich auch die Gleislage auf den Wagen, die Fahrt, den Stromverbrauch und den Materialverschleiß an Schienen und Spurkränzen. Ein Klemmen der Wagen in den Krümmungen hat oft seine Ursachen nicht in zu großem Achsstand des Wagens, sondern in mangelhafter oder falscher Gleisverlegung. Oder aber in falscher Konstruktion der Radkränze, die oft zu breit ausgeführt werden und meistens nicht scharf zulaufen.

Außerdem ist, wie schon erwähnt, die Lagerung der Achsen wichtig. Auch bei sog. „starren Achsen" gibt man neuerdings einige Millimeter Spiel. Das Maß richtet sich nach den einzelnen Konstruktionsteilen, Federung usw. und ist am besten mit der Wagenbauanstalt festzusetzen. Theoretisch müßte eine Verbesserung im Laufe der Wagen und der Schonung der Betriebsmittel und des Oberbaues durch Einführung von Lenkachsen zu erreichen sein. Die Aufstellung von Zehme zeigt die bedeutende Vergrößerung des zulässigen Achsstandes bei Lenkachsen.

Die Ausführung hat bis jetzt aber noch wenig befriedigende Ergebnisse gezeigt. Es kommt zu häufig vor, daß die Achsen, die sich in einer Krümmung radial eingestellt haben, in der geraden Strecke gar nicht oder nur teilweise in ihre normale Lage zurückkehren.

Für Drehgestelle haben alle Wagenbauanstalten bewährte Ausführungen.

Die elektrischen Schnellbahnen haben ausnahmslos Wagen mit Drehgestellen. Der kleinste Krümmungshalbmesser beträgt 27,4 m bei der Newyorker Hochbahn, die Pariser Stadtbahn hat in den Schleifen 30 m, sonst 50 m. Bei deutschen Stadtschnellbahnen betragen die kleinsten Krümmungshalbmesser 60 m in Nebengleisen (Hamburger Hochbahn) und 71 m in Hauptgleisen.

Auch über das Verhältnis von Achsstand zu Wagenlänge sind Erhebungen angestellt worden. Dazu bedarf es einer Feststellung des zulässigen Wagenüberstandes oder Kastenüberhanges.

Der Überhang ist zunächst gebunden an statische Bedingungen. Ein zu großer Überhang ergibt über den Achsen in den Längsträgern des Untergestells gefährlich große Biegungsmomente. Will man die Träger nicht unnötig stark, das Untergestell nicht unnötig schwer machen und damit Anschaffungs- und Betriebskosten erhöhen, muß man darin Maß halten. Auch kann bei plötzlichem, starkem Bremsen die Vorderbelastung so groß und die hintere Entlastung so bedeutend werden, daß der Wagen mit seinen Hinterachsen aussetzt. Ferner ergibt der Wagenüberhang bei zweiachsigen Wagen in engen Krümmungen einen bedeutenden Ausschlag, so daß unter Umständen feste Gegenstände (Bäume, Gaskandelaber), Kunstbauten, begegnende Fuhrwerke oder Fußgänger (Gedränge auf dem Bürgersteig), besonders in engen Straßen berührt werden können. Auch bei zweigleisigem Betrieb ist darauf zu achten, daß sich in Krümmungen begegnende Wagen nicht berühren können. Man hat deshalb häufig die Wagenkastenecken abgeschrägt. Aufschluß über die zulässigen Abmessungen mit Rücksicht auf die Gleiskrümmungen erhält man am besten durch Zeichnung. (Vgl. Trautvetter, Straßenbahnen usw., S. 31, „Abstand in Krümmungen".) Zu großer Wagenüberhang ruft außerdem unruhige Fahrt, Nicken und Schleudern der Wagen hervor, die sich mehr unangenehm bemerkbar machen, je schlechter die Gleislage und je älter und ausgefahrener die Betriebsmittel sind.

Das Verhältnis von Achsstand zur Wagenlänge schwankt bei Triebwagen mit zwei starren Achsen zwischen 1 : 2,8 und 1 : 4,8. Der Berichterstatter des V. D. Str.- u. Kl.-Verw. schlägt vor, das Verhältnis nicht kleiner als 1 : 4 zu wählen.

Unter Berücksichtigung des über das Verhältnis von Achsstand zu Krümmungshalbmesser Gesagten ist für gewöhnliche Fälle das Verhältnis von 1 : 3,6 zu empfehlen. Das ergibt z. B. bei 2,50 m Radstand eine Wagenlänge von 9,00 m (ohne Puffer und Kupplung). Für große Überhänge spricht nur die Erreichung eines größeren Fassungsvermögens des Wagens. In der Regel wird dieser Gewinn hauptsächlich zur Vergrößerung der Plattformen ausgenutzt.

Über eine Wagenlänge (Untergestellänge, nicht zu verwechseln mit Wagenkastenlänge, d. i. Wagenlänge abzüglich Plattformen) von 10,00 m für zweiachsige Triebwagen wird man in der Regel unter Berücksichtigung aller bisher hier besprochener Punkte nicht hinausgehen können. Es ist vielmehr eine ganze Länge von 8,00 m (ohne Puffer) wohl zu empfehlen.

Bei Anhängewagen (Beiwagen) können für Radstand und Wagenlänge größere Maße angewendet werden, einmal wegen der leichteren Bauart infolge Fehlens der Motore und Fahrschalter, dann weil sie dadurch, daß sie gezogen werden, die Krümmungen leichter durchfahren. Ein Achsstand von 2,75 m und eine Wagenlänge von 10,00 m sind mittlere Maße für Zweiachser.

Bei Größenbestimmung der Anhängewagen ist nicht nur Rücksicht zu nehmen auf die Platznachfrage und das Verkehrsbedürfnis, sondern auch auf die Länge der Ausweichen. Es wird oft angebracht sein, zwei Größen von Anhängewagen (kleine oder normale Type und anormal große Type) einzustellen.

Bei der Wahl des Achsstandes (Radstandes) müßte in statischer Beziehung die Tragfähigkeit des Oberbaues (der Schienen und der Bettung) bestimmen. Wäre rechnungsmäßig der Oberbau so schwach, daß der Raddruck eines zweiachsigen Wagens die zulässigen Werte übersteigt, dann wäre zum vierachsigen Wagen überzugehen.

In der Praxis folgern sich jedoch die Überlegungen meistens in anderer Weise. Bei der zweifellos sehr wichtigen Beziehung von Achsstand und Raddruck zum Oberbau, der starken Abnutzung der Schienen, der Hoffnung auf Verkehrszuwachs und Einführung schwererer Wagen, andererseits dem Fehlen ganz zuverlässiger statischer Untersuchungsmethoden, wählt man vor allen Dingen nach den vorliegenden Betriebserfahrungen vieler Städte ein auf lange Jahre ausreichendes Schienenprofil. Danach eine gängige Type eines zweiachsigen Motorwagens, der der zu erwartenden durchschnittlichen Platznachfrage genügt, wenn man bei verkehrsstarken Zeiten noch einen, bei außerordentlichen Anlässen zwei Anhängewagen einstellt.

Immerhin wird eine statische Nachprüfung der Werte für Raddruck, Schienenbeanspruchung und Bettungsdruck nicht uninteressant sein. Sie kann sogar wertvoll werden, wenn z. B. Lokomotivbetrieb oder Überführung von Güterzügen der Staatsbahn eingeführt werden soll.

Buchwald gibt in seiner Schrift „Die Berechnung von Straßenbahn- und anderen Schwellenschienen" folgendes Verfahren. Halbe Senkungslänge unter einer unbeeinflußten Einzellast:

$$L = \frac{P}{b \cdot p},$$

wobei P = Raddruck, b = Schienenfußbreite, p = zulässiger Bettungsdruck für Kies 1 kg/qm², gewöhnlichen Schotter 1,5 kg/qm², besten Schotter auf Packlage 2,0 kg/qm².

$$M = \frac{P\,L}{6},$$

$$M = \frac{P^2}{6\,b\,p},$$

$$\sigma = \frac{M}{W} \quad \text{oder} \quad W = \frac{P\,L}{6\,k} \quad \text{oder} \quad \frac{P^2}{6\,b\,p\,k}.$$

Da bei der hier eingeführten Senkungs- oder Belastungslänge L das Trägheitsmoment der Schiene nicht berücksichtigt ist, ergibt diese Rechnungsart zu ungünstige Ergebnisse.

Nach Zimmermann, Handb. d. Ing.-Wissensch. V, 2, wird der Oberbau berechnet unter der Annahme, daß die Schiene einen endlosen Stab auf elastischer Unterlage darstellt und daß eine einzige Last in die Rechnung eingeführt wird, da der Einfluß der anderen Lasten auf die Senkung sehr gering ist.

Es bedeuten:

y_0 = Senkung unter dem Lastangriffspunkt (in cm).

p_0 = Druck auf die Bettung (kg/cm²); Druck proportional der Senkung.

C = Bettungsziffer, d. i. Druck in kg/cm² für je 1 cm Senkung, also C = 3 für Kies; C = 8 für Schotter auf Packlage.

P = größter beweglicher Raddruck (= ruhender Raddruck × 1,25).

$2L$ = Länge eines unelastischen Stabes an Stelle des endlosen elastischen.

b = Breite des Schienenfußes.

Es ist dann:

$$p_0 = C \cdot y_0 \,,$$

$$y_0 = \frac{p_0}{C} \,,$$

$$y_0 = \frac{P}{2L \cdot C \cdot b} \,,$$

$$L = \sqrt[4]{\frac{4EJ}{C \cdot b}} \quad \text{(s. Zimmermann)},$$

$$p_0 = \frac{P}{2L \cdot b} \,,$$

$$M_0 = \frac{Pl}{4} \,,$$

$$\sigma_0 = \frac{M_0}{W} \,.$$

Triebwagen mit zwei starren Achsen.

	Städt. Straßenb. Augsburg	Städt. Straßenb. Beuthen O.-S.	Kölner Vorortbahn	Düsseldorfer Straßenbahn
Achsstand	2,20 m	2,20 m	2,40 m	2,75 m
Spurweite	1,000 m	1,435 m	1,435 m	1,435 m
Sitzplätze	18	18	20	18
Stehplätze	24	16	14	28
Wagenkastenlänge ohne Puffer m. Plattform	8,20 m	8,00 m	8,20 m	9,38 m
Wagenkastenbreite	2,08 m	2,10 m	2,10 m	2,20 m
Leergewicht mit elekt. Ausrüstung	9,23 t	10,00 t	11,4 t	11,25 t
Schienengewicht	48,15 kg/m	57,8 kg/m	60 kg/m	61 kg/m

Triebwagen mit zwei Lenkachsen.

	Städt. Straßenb. Wien	Berchtesgaden—Königssee
Achsstand	3,60 m	4,50 m
Spurweite	1,435 m	1,435 m
Sitzplätze	24	32
Stehplätze	20	16
Wagenkastenlänge mit Plattform	9,75 m	9,30 m
Wagenkastenbreite	2,27 m	2,70 m
Leergewicht mit elektrischer Ausrüstung	12,6 t	17,8 t
Schienengewicht	62 kg/m	58,5 kg/m

Anhängewagen mit zwei starren Achsen.

	Nürnberg-Fürther Straßenbahn	Städt. Straßenb. Freiburg i. Br.	Kölner Vorortbahn
Achsstand	2,00 m	2,60 m	2,80 m
Spurweite	1,435 m	1,000 m	1,435 m
Sitzplätze	16	18	22
Stehplätze	22	24	24
Wagenkastenlänge mit Plattform	7,30 m	8,70 m	9,20 m
Wagenkastenbreite	2,04 m	2,10 m	2,10 m
Leergewicht	3,9 t	7,2 t	7,7 t
Schienengewicht	57,8 kg/m	42 kg/m	60 kg/m

Anhängewagen mit zwei Lenkachsen.

	Kölner Vorortbahn	Berchtesgaden—Königssee
Achsstand	3,50 m	4,80 m
Spurweite	1,435 m	1,435 m
Sitzplätze	22	40
Stehplätze	22	16
Wagenkastenlänge mit Plattform	9,00 m	10,20 m
Wagenkastenbreite	2,10 m	2,70 m
Leergewicht	7,6 t	7,5 t
Schienengewicht	60 kg/m	58,5 kg/m

Triebwagen mit vier Achsen (zwei Drehgestellen).

	Berliner Nord-Süd-Schnellbahn	Hamburger Hochbahn	Altstetten—Berneck	Städt. Straßenbahn München	Straßenbahn Kiew	Padua—Fusina	Schnellbahnen in Philadelphia (geplante Erweiterg.)
Achsstand im Drehgestell	2,46 m	2,10 m	1,50 m	1,30 m	1,60 m	1,60 m	1,98 m
Drehzapfenentfernung	8,80 m	7,10 m	4,00 m	5,00 m	7,50 m	8,30 m	10,67 m
Spurweite	1,435 m	1,435 m	1,000 m	1,435 m	1,511 m	1,445 m	1,435 m
Sitzplätze	100	35	24	24	36	44	54
Stehplätze	100	85	24	25	50	—	69
Wagenkastenlänge mit Plattform	13,545 m	12,80 m	11,00 m	10,00 m	15,20 m	14,75 m	15,39 m
Wagenkastenbreite	2,525 m	2,56 m	2,15 m	2,10 m	2,25 m	2,70 m	2,67 m
Leergewicht mit elektr. Ausrüstung	31,2 t	24 t	14,4 t	14,2 t	22,0 t	24,2 t	36 t
Schienengewicht	—	29,0 kg/m	—	58,8 kg/m	—	—	—

Anhängewagen mit vier Achsen (zwei Drehgestellen).

	Rheinische Bahngesellschaft	Kölner Vorortbahn
Achsstand im Drehgestell	1,50 m	1,55 m
Drehzapfenentfernung	5,90 m	6,00 m
Spurweite	1,435 m	1,435 m
Sitzplätze	36	32
Stehplätze	14	26
Wagenkastenlänge mit Plattform	11,70 m	12,00 m
Wagenkastenbreite	2,40 m	2,10 m
Leergewicht	12,08 t	12,8 t
Schienengewicht	54 kg/m	60 kg/m

Erwähnt sei hier, daß auch Triebwagen mit sechs Achsen (in zwei Drehgestellen) ausgeführt worden sind, z. B. für die Studiengesellschaft für elektrische Bahnen, Berlin.

1. Lokomotiven ohne Laufachsen.

Stromart, Spannung, Perioden	Bahnlinie	Motorenleistung dauernd PS	Gewichte gesamt t	Gewichte Reibungs- t	Triebrad-Durchm. mm	Normale Fahrgeschw. km/h	Zugkraft kg	Normale Stundenleistung PS
Gleichstrom, 600 V	New York—New Haven	4×250	87	87	1575	97	—	3515
Drehstrom, 3000 V, 15 Per/sk	Simplontunnel	2×850 2×550	68	68	1250	71 26	6000	1700
Einphasenstrom, 600 u. 8000 V, 25 Per/sk	Albtalbahn	4×80	33	33	980	22	3900	—

2. Lokomotiven mit Laufachsen.

Stromart, Spannung, Perioden	Bahnlinie	Motorenleistung dauernd PS	Gewichte gesamt t	Gewichte Reibungs- t	Triebrad-Durchm. mm	Laufrad-Durchm. mm	Normale Fahrgeschw. km/h	Zugkraft kg	Normale Stundenleistung PS
Gleichstrom, 625 V	New York—Zentral	4×550	104	64	1118	914	97	21300	2585
Drehstrom, 3000 V, 16 Per/sk	Simplontunnel 1906	2×550 2×400	62	44	1640	850	70 35	3800	985
Einphasenstrom, 10000 V, $16^2/_3$ Per/sk	Dessau—Bitterfeld	1000	70	70	1600	1000	130	5000	2408
Drehstrom, 3000 V, 16 Per/sk	Ital. Staatsbahnen	2×1400	92	49,5	1630	930	100	6000	2200
Einphasenstrom, 15000 V, $16^2/_3$ Per/sk	Lauban—Königszelt	2250	108	—	1250	1000	65	14000	2250

Die Größe der Motoren hat ebenfalls Einfluß auf die Größenbestimmung der Triebwagen. Zunächst auf ihre Spurweite; Motoren von über 30 PS können meistens nur zwischen Wagenachsen für Spurweiten über 1,00 m untergebracht werden. Bei sehr starken Motoren, z. B. für Bergbahnen, Schnellbahnen, Güterbahnen, ist man zur Einführung vierachsiger oder Lenkachsenwagen gezwungen. Ein Aushilfsmittel ist bei Beibehaltung zweiachsiger Triebwagen der Einbau von Motoren in die Anhängewagen. Es wird jedoch selten angewandt und meistens da, wo unerwartet außerordentlicher Verkehrszuwachs eingetreten ist.

Von den Größenabmessungen der Betriebsmittel lassen sich am leichtesten bestimmen Breite und Höhe. Die obersten Grenzen sind gegeben für die Höhe durch die Kunstbauten an der gewählten Bahnlinie, nämlich Durchfahrtsbreite und Höhe der Unterführungen und Wagenhallen, für die Breite durch den Gleisabstand in Ausweichen und Nebengleisen, besonders in Krümmungen durch die Breite der Straßen, Wege, Alleen und meistens begrenzt durch die Prüfungs- und Aufsichtsbehörde.

Stets ist die Forderung des § 9, Abs. 1, der Preuß. Bau- und Betriebsvorschriften für Straßenbahnen vom 26. September 1906 zu erfüllen, daß zu beiden Seiten des Wagens mindestens 0,40 m lichter Raum verbleiben muß.

Die Breite der Wagen (gemessen von Außenkante bis Außenkante Wagen an der Traufrinne) beträgt bei den meisten Bahnen 2,10 m, z. B. bei der Großen Berliner Straßenbahn. Wien hat 2,274 m, New York 2,524 m und die Kölner Vorortbahn an einzelnen Strecken 2,70 m breite Wagen. Die Wagenbreite beträgt bei der Berliner Hoch- und Untergrundbahn 2,30 m, bei der Berliner Städtischen Nord-Süd-Untergrundbahn 2,65 m. Alle anderen Unterpflasterbahnen haben Wagenbreiten, die zwischen diesen beiden Maßen liegen.

Die Höhe über Schienenoberfläche beträgt bei Straßenbahnwagen durchschnittlich rund 3,30 m (z. B. bei den Kölner Vorortbahnen). In Wien laufen u. a. stockhohe Triebwagen (Decksitzwagen) von 4,40 m und 4,90 m Höhe.

Besonders niedrige Wagen werden oft in Unterführungen erforderlich. Die Wagen der Franz-Josephs-Untergrundbahn in Budapest sind 2,75 m, die der Berl. H. u. U.-B. 3,30 m, der Linie Gesundbrunnen-Neukölln der A. E. G. 3,80 m hoch.

Nach diesen rein bahntechnischen Fragen wären von Wichtigkeit, besonders für die Fahrgäste, verschiedene verkehrstechnische Einrichtungen der Wagen, nämlich: offene oder geschlossene Bauart, Plattformen, Klassenteilung, Anordnung der Sitze und Ein- und Ausstieg.

Wagen mit offenen Wagenkasten und offenen Plattformen finden in unserem rauhen Klima nur Verwendung als Sommerwagen

(Anhängewagen), z. B. bei der Großen Berliner Straßenbahn. Sie sind nur angenehm bei warmem Wetter in staubfreien Straßen, also zu verwerfen für Vorort- und Überlandbahnen. Wagen mit geschlossenen Wagenkasten und offenen Plattformen sind noch weit verbreitet, sie treten neuerdings jedoch zurück hinter den Wagen mit halb oder ganz geschlossenen Plattformen. Offene Plattformen sind angebracht bei Rollenstromabnehmern, um das Wiedereingleisen der herausgesprungenen Rolle zu vereinfachen und zu beschleunigen. Sie haben den Vorteil freier Aussicht für den Führer. Halb geschlossene Plattformen mit Glasvorbau schützen den Führer bei Unwetter, der Vorbau muß jedoch ein praktisches Glasjalousiefenster haben, das nicht leicht beschlägt und Durchsicht durch die Spalten erlaubt. Sie sind nicht angebracht bei Vorort- und Überlandstrecken wegen starker Zugluft. Hier sind ganz geschlossene Plattformen zu empfehlen. Doch auch bei Stadtstrecken haben diese große Vorteile. Sie schützen vor Unwetter und werden durch die Fahrgäste, besonders Raucher, zu allen Zeiten besser ausgenützt.

Die Größe (Länge) der Plattformen hängt ab von der Stärke des Untergestelles, dem zulässigen Raddruck, Anzahl der Achsen, der Länge des Wagens und dem zulässigen Ausschlag in Kurven. Sie wird meistens nach Erfahrungsgrundsätzen bestimmt. Die Längenmaße schwanken bei den verschiedenen Bahnen des In- und Auslandes zwischen 1,20 m und 2,15 m. Die in Deutschland bei Zweiachsern üblichen Maße liegen zwischen 1,65 und 2,00 m. Das Verhältnis von Plattformlänge zur ganzen Wagenlänge schwankt zwischen 1 : 2 und 1 : 4 (ausnahmsweise 1 : 5). Zu empfehlen ist 1 : 2,5. Es gibt jedoch auch Motorwagen ohne besondere Plattformen für die Fahrgäste, lediglich mit abgeteiltem Führerstand. Diese Einrichtung hat unleugbare Vorteile und ist deshalb der Einführung der deutschen Bahnen wert.

Die Klasseneinteilung der Wagen hat viele Anhänger, aber noch mehr Gegner.

Die Einteilung kann geschehen nach Rangklassen, nach Raucher- und Nichtraucher-, nach Personen- und Gepäck- (Post-) Abteilen. Angebracht ist sie bei Vollbahnen und weit ausgedehnten Überlandbahnen mit geringem Personenwechsel und langer Fahrtdauer, bei städtischen Straßen- und Vorortbahnen ist sie in der Regel zu verwerfen.

In Industriegebieten wird häufig eine Trennung der Arbeiter von den übrigen Fahrgästen verlangt. Sie ist z. B. durchgeführt bei der „Oberschlesischen Kleinbahn" und an Strecken der „Rheinischen Bahngesellschaft". Raucher und Nichtraucher sind getrennt bei der Köln-Bonner-Rheinuferbahn (außerdem II. und III. Klasse) und bei der Berl. H.- u. U.-B., besonderes Gepäckabteil haben Wagen der Hannoverschen Straßenbahn (für Überlandverkehr). Die Kölner Vorortbahnen haben Anhängewagen (Beiwagen) mit drei getrennten Abteilen. Das Mittelabteil hat Querbänke, die beiden Endabteile aufklappbare Längsbänke. An den Längsseiten befinden sich zweiteilige Ladetüren. Diese Einrichtung ist getroffen, um je nach Bedarf abgetrennte Räume für Stückgüter (Milchkannen, Fahrräder) zur Verfügung zu haben. Die rein städtischen Straßenbahnen haben in Deutschland nur selten Klassenteilung. Nur eine Klasse haben z. B. die Straßenbahnen Berlin, Dresden, München, Wien. Von außerdeutschen Großstädten haben Klassenteilung Paris, Brüssel, Lemberg. Die Stadtschnellbahnen (Berl. Hoch- und Untergrundbahn) haben in der Regel zwei Klassen. Die neue A.-E.-G.-Schnellbahn Gesundbrunnen—Neukölln (Berlin) soll nur eine Klasse erhalten.

Gegen die Klasseneinteilung sprechen die Mehraufwendungen beim Wagenbau, die schlechte Platzausnutzung in der höheren Klasse, die erschwerte Fahrkartenabfertigung, das zeitraubende Aufsuchen der betreffenden Abteile (besonders bei Schnellbahnen), das umständlichere Fahrscheinwesen und die unnötige soziale Trennung der Fahrgäste. (Die Straßenbahn ist das Verkehrsmittel des armen Mannes. Dem reichen stehen andere zur Verfügung.) Wo man die Klassentrennung vermeiden kann, soll man es tun (A. E. G.-Schnellbahn, Nord-Südbahn, Berlin).

Eine für die Fahrgäste wesentliche Frage ist die der Anordnung der Sitze. Sind Längs- oder Quersitze oder beide Arten zusammen vorzuziehen? Hier läßt sich das Zweckmäßige nicht immer mit dem Angenehmen verbinden. Die Längssitze lassen (gleiche Wagenbreite bei Quersitzwagen vorausgesetzt) einen breiteren Mittelgang frei als die Quersitze. Sie erleichtern das Ein- und Aussteigen und das Fahrkartenausgeben und Durchgehen des Schaffners oder Führers. Sie lassen mehr Raum für Stehgäste und gestatten also eine bessere Ausnutzung der Wagen. Bei ihnen sind die Motoren zwecks Nachsehen und Reinigen leichter zugänglich. Unter ihnen lassen sich Kabel besonders leicht anbringen. Die Quersitze haben den Vorteil, daß die sitzenden Fahrgäste nicht durch die Ein- und Aussteigenden belästigt werden. Es tritt ihnen niemand auf die Füße und nasse Kleider werden nicht an ihnen entlang geschleift; ferner bieten sie weit bessere Aussicht während der Fahrt. Sie sind deshalb beim Publikum weit beliebter als Längssitzwagen. Die Straßenbahnverwaltungen kommen deshalb neuerdings mehr diesen Wünschen nach, wenn auch viele die Quersitzwagen zunächst nur auf langen Außenstrecken und bei Vorort- und Überlandbahnen eingestellt haben.

Das Maß der behördlich genehmigten Sitzplatzbreite für die Person schwankt bei den verschiedenen deutschen Bahnen bei Längssitzen zwischen 400 und 510 mm, bei Quersitzen zwischen 400 und 500 mm;

das Maß für die Gangbreite bei Längssitzen zwischen 755 und 1000 mm und bei Quersitzen zwischen 390 und 650 mm.

Quer- und Längssitze zusammen haben z. B. Triebwagen der Köln—Bonner Rheinuferbahn und Wagen der Chikagoer Straßenbahn. Auf der Werkbundausstellung in Köln waren Triebwagen ausgestellt, die an den Stirnseiten Längs- und sonst Quersitze hatten. Bei dieser Anordnung ist auch die Zugänglichkeit der Motore erreicht. Sitze auf einem Oberdeck haben Triebwagen in Wien und in mehreren englischen Städten und Anhängewagen der Großen Berliner Straßenbahn.

Über die zweckmäßigste Form des Ein- und Aussteigens bei Straßenbahnwagen liegen noch nicht solche Erfahrungen vor, daß man ein abschließendes Urteil fällen könnte. Das Bestreben, die Reisegeschwindigkeit, insbesondere die Abfertigung der Straßenbahnen an den Haltestellen zu erhöhen — nebenbei gesagt ein zweckloses Bemühen, auf den Schnellverkehr sind andere Verkehrsmittel eingestellt —, hat zu vielen verschiedenen Anordnungen geführt.

Bis vor einigen Jahren war das Übliche, daß jede Plattform einen Zugang hatte, der zugleich zum Ein- und Aussteigen frei war. Neuerdings hat man bei einigen Bahnen die Zugänge an den Kopf- bzw. Endplattformen geteilt und durch Anschriften die eine Hälfte für den Einstieg, die andere Hälfte für den Ausstieg bestimmt. (Wagen mit Doppeleinstieg in Breslau, Düsseldorf, Frankfurt a. M., Berlin, Wien.) Bei den meisten derartigen Wagen sind die Türöffnungen zu schmal. Beim Doppeleinstieg werden die Anschriften nicht beachtet, das System ist nicht allgemein eingeführt, das Publikum nicht entsprechend unterrichtet und erzogen, Ein- und Aussteigende behindern sich und verlängern die Aufenthalte. Besser bewährt haben sich die Wagen mit breitem Mitteleinstieg (auch Doppeleinstieg), besonders bei Anordnung eines gesenkten Flures (Niederflurwagen Köln—Bonn, Nürnberg—Fürth, Wien). Den Fehler zu schmaler oder zu weniger Türöffnungen hat man neuerdings eingesehen und sucht ihn abzustellen. In New York wurden vierachsige Wagen von 20,10 m Länge für 270 Personen (90 Sitzplätze, 180 Stehplätze) eingeführt, die drei Türen in jeder Längswand haben.

Der Probewagen für die Berliner Schnellbahn Gesundbrunnen—Neukölln hat vier Schiebetüren an jeder Längsseite. Das Schließen der Wagentüren erfolgt durch eine selbsttätige, von dem Zugpersonal auszulösende Schließvorrichtung.

Die Einschränkung des Straßenbahnverkehrs im Weltkrieg bei gleichzeitig gewachsenem Verkehrsandrang infolge Ausfalles einzelner Verkehrsmittel (Kraftomnibusse) und die damit verbundene Überfüllung der Straßenbahnwagen hat die Métropolitain in Paris veranlaßt, einen Teil der Sitze aus ihren Wagen zu entfernen. In Rom hat man Straßenbahnwagen ohne Sitze in Dienst gestellt. Zum Festhalten sind

Schranken angebracht. Die Wagen sind ungefähr 10 m lang und bestehen aus einem in der Mitte gelegenen Abteil, einem Vorder- und einem Hinterflur. Das Ein- und Aussteigen erfolgt an den äußersten Wagenenden und erfolgt sehr schnell. Die Wagen befördern durchschnittlich 65 Personen, können jedoch weit mehr aufnehmen. Die Wagen dürften sich für Friedenszeiten nicht einführen, da doch die Mehrzahl der Fahrgäste einen bequemen Sitzplatz verlangt.

Die staatlichen elektrischen Vorortbahnen in Preußen haben im allgemeinen die Personenwagen der Fernbahnen beibehalten. Jedes Abteil ist durch eine Seitentür zugänglich, jedoch sind die Trennwände durchbrochen, um einen Ausgleich der Fahrgäste auch noch nach Zugabfahrt zu ermöglichen (und aus Sicherheitsgründen), außerdem wurden zwei Klassen (II. und III.) eingerichtet.

Die städtischen Schnellbahnen haben die Staatsbahnwagenform aufgegeben. Die Schnellbahnwagen ähneln im Grundriß den Straßenbahntriebwagen. Bei den kurzen Stationsaufenthalten und dem Massenandrang ist hier die Verteilung der Fahrgäste ganz besonders wichtig. Man fordert neuerdings:

1. Kurzen Weg für die Fahrgäste im Wageninnern.
2. Ausreichende Gesamtbreite aller Türöffnungen.
3. Nur soviel Sitzplätze als nötig für die Stunden mittleren Verkehrs.
4. Reichlich Raum für Stehplätze während des Stoßverkehrs.
5. Möglichst viel Rückenlehnen für Stehplätze und entsprechende Sitzplatzausgestaltung und -verteilung.
6. Möglichst viele und große Fenster zum schnellen Erkennen der Platzbesetzung vom Bahnsteig aus.

Die Abmessungen der Schnellbahnwagen sind mit der Zeit immer größer geworden. Während die Wagen der Berliner Hochbahngesellschaft 70—75 Personen fassen, würden die Wagen der Berliner Nord-Südbahn 100 und die der A. E. G.-Schnellbahn 119 Fahrgäste befördern können. Da die größte Zuglänge der genannten drei Bahnen 8, 6 bzw. 9 Wagen beträgt, können mit jedem Zug 600, 600 bzw. 1070 Fahrgäste befördert werden. Bei einer Zugfolge von $1^1/_2$ Minuten also stündlich 24 000, 24 000 bzw. 43 000.

Zur Beurteilung der Gewichtsverhältnisse der Triebwagen benutzt man eine Vergleichsziffer, die das auf jeden Sitzplatz entfallende Wagengewicht angibt. Vergleichende Schlüsse sind jedoch nur dann brauchbar, wenn man außerdem das ganze Fassungsvermögen des Wagens (Sitz- und Stehplätze), die Leistungsfähigkeit, die Stromart, die Platzart und Platzverteilung berücksichtigt.

Im allgemeinen soll man bei der Wahl der Betriebsmittel für Straßenbahnen sich vor der Einführung zu großer und schwerer Wagen und zu hoher Fahrgeschwindigkeiten hüten. Dadurch entstehen besonders bei schwachem Ober- und Unterbau derartig große, fortgesetzte, teure Instandhaltungsarbeiten, daß die Ertragsfähigkeit der Bahn, ihre Verwendbarkeit und ihre Beliebtheit bei dem Publikum leidet. Die Straßenbahn muß das bleiben, was sie ihrem Beruf und ihrer Entwicklung nach ist: die Verteilerin der großen Verkehrsströme in die kleinsten Verkehrsadern. Der andere Teil — schnelle Verkehrsverbindungen weit abliegender Hauptverkehrspunkte mit großen Wagen bei hohen Verkehrsgeschwindigkeiten — fällt den Schnellbahnen zu.

Der Wagenbau hat, wie sich hier schon gezeigt hat, noch nicht zu feststehenden Typen geführt. Besonders die großstädtischen Bahnbetriebe sind noch mit Versuchen zur Abstellung der Verkehrsnot durch Einführung besonders geräumiger Wagen beschäftigt. Dies hat, z. B. in Wien, New York, Pittsburg und anderen Städten, zur Einstellung von Decksitzwagen (stockhoher Triebwagen) geführt. Ein abschließendes Urteil läßt sich über sie noch nicht geben. Ihr unleugbarer Vorteil besteht in ihrem sehr großen Fassungsvermögen. Entgegen stehen jedoch gewichtige Bedenken: die Schwierigkeit der Bauausführung, insbesondere der Treppenanordnung, die Unmöglichkeit der Anwendung bei niedrigen Durchfahrten und Oberleitungen und bei sehr starken Steigungen (ohne besonders starke Motoren), der verlangsamte Ein- und Ausstieg, die erhöhte Schwerpunktslage, ihr hohes Gewicht und die starke Inanspruchnahme des Oberbaues.

Zu erwähnen wären hier noch verwandelbare Wagen, die im Sommer als offene (Sommer-) Wagen und zu ungünstiger Jahreszeit als geschlossene laufen. Sie sind wenig empfehlenswert, da die herausnehmbaren Teile nie ganz dicht schließen und fest sitzen und unangenehmes Klappern verursachen.

Große Schwierigkeiten bereitete beim Triebwagen- und Lokomotivbau die Ausbildung des Triebwerkes.

Der Achsmotor, der also unmittelbar auf die Triebachse aufgebaut ist, kommt nur für hohe Fahrgeschwindigkeiten in Frage und wird verhältnismäßig selten angewandt.

Der Vorlegemotor wirkt entweder durch ein Rädergetriebe oder ein Kurbelgetriebe auf die Triebräder. Bei Räderantrieb sucht man meist mit nur einem Zahnrädervorgelege auszukommen, schon um das größere Geräusch, das bei mehreren Vorgelegen entsteht, zu vermeiden. (Lokomotiven der Moselhüttenbahn, 2000 V. Gleichstrom 4 × 160 PS-Hauptstrommotoren.)

Das Kurbelgetriebe wird am meisten angewandt bei Vollbahnlokomotiven. Der Motor treibt durch eine Kurbelstange eine zwischen den Triebachsen gelagerte Blindwelle an, die ihre Drehung durch Kurbelstangen auf die Treibräder überträgt. (Lokomotiven Dessau—Bitterfeld und Lauban—Königszelt.) Wittfeld empfiehlt jedoch auch für

Lokomotiven die Anwendung des Zahnradantriebes, da einerseits durch Wegfall der Stangen die Ausführung einfacher und leichter wird, andererseits der Zahnradantrieb so verbessert worden ist, daß er auch für Lokomotiven brauchbar ist, zumal bei federnder Aufhängung der Motoren hin und her gehende Massen vermieden werden.

Triebwagen sind für leichte schnellfahrende Personenzüge auf allen Linien, besonders auf Bergstrecken, vorteilhaft, weil sie gegenüber Lokomotivbetrieb eine Verkleinerung des totalen Zuggewichtes ergeben. Falls außerdem noch hohe Anfahrtbeschleunigungen entwickelt werden müssen, die mit Rücksicht auf die benötigten Zugkräfte ein hohes Adhäsionsgewicht erfordern, so kann dieses Gewicht bei einem Minimum an totalem Zuggewicht am vorteilhaftesten durch Triebwagen erreicht werden. Triebwagen haben den Nachteil, daß ihre Triebeinrichtungen mit Personen- oder Güterräumen verbunden sind, daß also diese unausgenutzt stehen bleiben, wenn die Triebwagen außer Dienst genommen werden müssen. Lokomotiven haben demgegenüber den Vorteil schneller und vielseitiger Verwendung bei Zugbildung, was besonders bei Schnellzugs- und Güterverkehr zur Geltung kommt. Die für die Zugkraftgeschwindigkeitsregelung neben den Motoren benötigten Nebenapparate lassen sich auf Lokomotiven leichter unterbringen als in Triebwagen. Da Wechselstrommotoren schwerer sind als Gleichstrommotoren, ergibt dies für Triebwagen noch einen Grund für Verwendung des Gleichstromes.

7. Wahl der Stromart und der Stromspannung.

Die Wahl der Stromart ist abhängig von dem Aufwand an Leitungsmaterial, also der Wirtschaftlichkeit der Energieübertragung, den Forderungen des Fahrdienstes und den Rücksichten auf die Betriebssicherheit.

Um für die Energieübertragung die wirtschaftlichste Ausführungsform zu finden, muß man zunächst die notwendige Leistung errechnen. Dieser Rechnung sind zugrunde zu legen die Größe des zu bewältigenden Verkehrs, die Art des Fahrdienstes und die Linienführungsverhältnisse der Bahn.

Für die Wahl der Fahrspannung sind bestimmend die Art der Fahrleitungsanlagen und die Ausrüstung der Triebfahrzeuge, soweit die für sie zulässigen Spannungsschwankungen auf die Höhe der Fahrspannung Einfluß haben.

Für elektrischen Bahnbetrieb unterscheidet man zweckmäßig:

1. Gleichstrom niederer Spannung (bis 700 Volt),
2. Gleichstrom hoher Spannung (700—2400 Volt),
3. Drehstrom oder dreiphasigen Wechselstrom,
4. Einphasigen oder einfachen Wechselstrom, Einphasenstrom (10—15 000 Volt bei 15—25 [Preußen $16^2/_3$] Perioden.)

Die Fernleitung kann bei Gleichstrombahnen auch hochgespannten Drehstrom führen, der erst in Unterwerken herabtransformiert und umgeformt wird, ebenso bei Wechselstrombahnen.

Meistens wird kein reines Bahnwerk vorhanden sein oder erbaut werden, da die Ertragsfähigkeit kleiner Bahnen recht gering ist. Es muß die gleichzeitige Überlandversorgung mit elektrischem Strom in jedem Falle angestrebt werden.

Der Gleichstrom niederer Spannung wird hauptsächlich angewendet bei kurzen Strecken in Städten und Ortschaften, in denen die behördlichen Vorschriften höhere Spannungen nicht zulassen, und in der Nähe und bei Kreuzungen mit fremden, elektrischen Leitungen (Post), bei denen die Wahl höherer Spannungen bedeutende Auflagen und Mehrkosten im Gefolge haben würde.

(Vgl. „Allg. Vorschriften zum Schutze der Reichstelegraphen- und Fernsprechanlagen", „Bahnvorschriften des Vereins deutscher Elektrotechniker", „Telegraphengesetz", „Telegraphenwegegesetz", „Bedingungen für fremde Starkstromleitungen auf Bahngelände der Preuß.-Hess. Eisenbahndirektionen.")

Als Spannung wurden früher 500—600 Volt, neuerdings möglichst 700 Volt gewählt, da der Spannungsabfall in der Arbeitsleitung mit Zunahme der Spannung verhältnismäßig abnimmt.

Der Gleichstrom niederer Spannung hat die Nachteile, daß der Wirkungsgrad der Stromanlage sehr gering ist — nur 60—78% der im Kraftwerk erzeugten Energie werden von den Bahnmotoren nutzbringend verwandt —, daß die Stromverteilungsleitungen starke Querschnitte erfordern und damit die Anlagekosten sehr hoch sind.

Dem stehen als Vorteile gegenüber: Die große Betriebssicherheit aller Gleichstrom-Bahnmotoren, ihre starke Anzugskraft bei geringen Verlusten, ihr geringes Gewicht und damit zusammenhängend das geringe Gewicht der Betriebsmittel und ihre und des Oberbaues Schonnung, die ziemlich gleichmäßige Belastung des Kraftwerkes, die Möglichkeit der Anwendung von Akkumulatoren zum Ausgleich der Belastungsspitzen und die Gefahrlosigkeit der Leitungsanlagen für fremde Schwachstromanlagen.

Die Gleichstrombahnen höherer Spannung können an Strecken mittlerer Länge bei weiter Zugfolge angewendet werden, wo es die behördlichen Vorschriften zulassen. Sie treten dann in Wettbewerb mit Drehstrom- und Einphasen-Wechselstrombahnen. Sie haben besonders große Verbreitung in Amerika gefunden. Außerdem sind sie zahlreich vertreten in Italien und in England. In Deutschland werden hauptsächlich straßenbahnähnliche Überlandbahnen (Rheinuferbahn) und Hoch- und Untergrundbahnen (städtische Schnellbahnen) mit hochgespanntem Gleichstrom betrieben. Ihre Anzahl ist jedoch noch nicht groß. (Hoch-

und Untergrundbahn Berlin wird mit Gleichstrom, die Hamburger Hochbahn mit einfachem Wechselstrom betrieben.)

Bei Schnellbahnen mit vielen Tunneln kommt nur Gleichstrom in Betracht, weil die für Wechselstrom erforderlichen hochzulegenden Hochspannungsleitungen höheren Tunnelquerschnitt erfordern würden. Für Hochbahnen ist der Wechselstrom auch nicht zu empfehlen, da die Betriebsmittel durch die mitzuführenden Transformatoren so schwer werden würden, daß bedeutende Mehrkosten für stärkere Eisenbauten aufzuwenden wären.

Reine Gleichstrombahnen haben den Vorteil großer Ersparnisse an Unterwerken und an Stromverteilungsleitungen. Der Gleichstrom kann gespeichert werden; das Kraftwerk braucht also nur für die mittlere, nicht für die höchste Leistung bemessen zu werden. Demgegenüber steht der Nachteil größerer Verluste in den Regulierwiderständen der Motoren und unter Umständen starker Zerstörung fremder Anlagen (Rohrleitungen, Brückenteile) durch vagabundierende Ströme.

Bei starkem Betrieb mit schweren Zügen und nötig werdender dritter Schiene wird das Begehen der Bahnstrecken nicht ungefährlich, außerdem wird die Isolierung schwierig. Man hat aus diesem Grunde z. B. bei der Berliner Stadt-Ring- und Vorortbahn von dem Gleichstromsystem Abstand genommen.

Drehstrombahnen sind in Italien sehr verbreitet. Auch in Deutschland sind einzelne Drehstrombahnen ausgeführt (z. B. Diedenhofen—Fentsch). Die Bahnmotoren sind verhältnismäßig leicht und billig; bei starker Belastung laufen sie mit unverminderter Geschwindigkeit, bei Talfahrten können sie als Generatoren arbeiten und Strom ins Netz zurückliefern. Bei sorgfältiger Ausführung der Stromverteilungsanlagen und der Schienenrückleitung lassen sich große Ersparnisse an Spannungsabfall und Energieverlusten erreichen. Ein großer Nachteil des Drehstroms (dreiphasigen Wechselstroms) ist die Notwendigkeit doppelter Stromzuleitungen. (Beim Dreileitersystem ist ein Fahrdraht der eine Außenleiter, die Schienenrückleitung der Mittelleiter, ein anderer Fahrdraht der zweite Außenleiter.) Damit zusammenhängend hohe Baukosten und schwierige Instandhaltung der Stromanlagen. Außerdem nachteilig der hohe Stromverbrauch beim Anfahren. Italien hat sich schon im Dezember 1906 für Drehstrom mit 15 Per./Sek. und 3000 Volt Fahrspannung entschieden, als das Einphasensystem noch wenig entwickelt war.

Der Einphasenstrom (einphasige Wechselstrom) ist zur Zeit in Deutschland, der Schweiz, England, Norwegen, Frankreich und Österreich-Ungarn die bevorzugte und aussichtsreichste Stromart bei elektrischen Vollbahnen. Er wird meistens mit einer Spannung von 15 000 Volt bei $16^2/_3$ oder 25 Perioden für die Sekunde benutzt. (Preußische Staatsbahn $16^2/_3$ Per/sek.) Seine Vorteile sind: Verwendungsmöglichkeit sehr hoher Spannungen, große Einfachheit in der unmittelbaren Stromzuführung und -verteilung mittels einpoliger Fahrleitungen und Einfachheit der Transformatorenstationen sowie geringe Größe der vagabundierenden Ströme. (Bei Wechselstrombahnen höchstens 1% derjenigen bei Gleichstrombahnen.)

Für die Elektrisierung der Schweizerischen Bundesbahnen hat die dazu eingesetzte Studienkommission das Einphasensystem mit Kollektormotoren mit Seriencharakteristik von 15 000 (unter Umständen 10 000) Volt und 15 Perioden für das technisch und wirtschaftlich günstigste erklärt. Auch in Schweden wird es eingeführt.

Seine Nachteile sind: Hohes Gewicht der Bahnmotoren und der mitzuführenden Transformatoren und die Schwierigkeit in der Erreichung funkenfreien Anlaufes der Motoren, die Kraftverluste in den Motoren und die starken Störungen fremder Schwachstromanlagen.

Vom Standpunkte der vorteilhaftesten Energieübertragung aus betrachtet wäre eines der Wechselstromsysteme für Fernübertragung, Gleichstrom für die Fahrleitung zu bevorzugen. Den Anforderungen des Fahrdienstes entsprechen am besten Gleichstrom und Einphasenstrom, weniger der Drehstrom. In bezug auf Betriebssicherheit und Größe der zulässigen Fahrspannungen steht Einphasenstrom an erster, Drehstrom an zweiter, Gleichstrom an letzter Stelle, dieselbe Reihenfolge gilt für die Wirtschaftlichkeit der drei Stromsysteme, wenn man größere Bahnanlagen betrachtet. Für kleine Bahnanlagen mit niedrigen Fahrspannungen rückt der Gleichstrom an erste Stelle.

Für deutsche Bahnen ergibt sich im allgemeinen folgendes Bild: Gleichstrom von niedriger Spannung bei Bahnstrecken in bebauten Bezirken, also besonders bei Straßen- und Vorortbahnen, Gleichstrom von hoher Spannung bei interurbanen Bahnen an mittellangen Strecken mit gleichmäßigem, weitem Fahrplan (Hoch- und Untergrundbahnen, Vorortbahnen), Einphasenstrom bei großen Überland- und Vollbahnen, Drehstrom nur in Ausnahmefällen.

Es kommen jedoch auch Bahnen gemischten Systems und Bahnen desselben Systems mit verschiedenen Stromspannungen vor.

Zu der ersten Art gehört die elektrische Straßenbahn Wien—Baden. Sie führt auf ihren Stadtstrecken 550 Volt Gleichstrom, auf den Überlandstrecken 550 Volt Wechselstrom.

Eine Bahn der zweiten Art ist die Straßenbahn Frankfurt a. M.—Homburg. Sie wird durchweg mit Gleichstrom betrieben, doch beträgt die Spannung auf den Stadtstrecken 550 Volt, auf den Außenstrecken 1000 Volt.

8. Stromerzeugung und Stromverteilung.

Die Erzeugung des Stromes, die Anlage und Bemessung der Kraftwerke und Unterwerke, die Weiterleitung des Stromes und seine Rückleitung sind ein wissenschaftliches Sondergebiet, das große Erfahrung, ein geschultes Auge — nicht nur für die augenblicklich erforderlichen Anlagen, sondern besonders für die zu erwartenden Erweiterungen — und viel Geschicklichkeit in der Abwägung wirtschaftlicher Momente erfordert. Im Rahmen unseres Themas „Linienführung" soll nur ein Überblick über das Gebiet gegeben werden.

Bei der Linienführung, der Erstellung der Bahnanlagen und Auswahl des Platzes für die Hochbauten interessiert uns zunächst die Frage: Bauen wir ein eigenes Kraftwerk oder mehrere Unterwerke und wo? erst später die: Wie groß sind die Werke zu bemessen, wie geschieht die Krafterzeugung und ihre Verteilung?

Reine Bahnwerke, also Kraftwerke, die lediglich dem Betriebe von Bahnen dienen, werden aus wirtschaftlichen Gründen nur sehr selten ausgeführt. Die Bahnerbauerin wird stets danach trachten müssen, außer Betriebsstrom für die Bahnstrecken Licht- und Kraftstrom abzugeben. Straßenbahnen haben eine geringe Ertragsfähigkeit. Besser steht es in dieser Beziehung bei großen Überlandbahnen. Schnellbahnen und Fernvollbahnen könnten auch rentabel arbeiten ohne Stromabgabe an fremde Unternehmungen. Jedoch wird man einerseits stets danach streben, möglichst große Werke zu bauen, die auch die vorhandenen Kraftquellen — Wasserkräfte, Steinkohlen- oder Braunkohlenlager, Torfmoore — gut ausnutzen, andererseits liegt es im Wesen des stark schwankenden Bahnverkehrs, daß durch Lichtstromabsatz zu verkehrsschwachen Zeiten und Nebenanlagen eine recht angenehme, betriebstechnisch günstige und wirtschaftlich bedeutende, gleichmäßigere Belastung der Anlagen erzielt wird.

Zum Bau eines eigenen Kraftwerkes werden Straßenbahnunternehmungen in Zukunft immer seltener genötigt sein, da im Zeitalter der Elektrizität, der Elektrisierung von Staatsbahnen und des Baues großer Überlandzentralen fast allenthalben in Deutschland, der Schweiz, Oberitalien, Österreich, Amerika und England Strom zu weit günstigeren Bedingungen zu erlangen ist, als man ihn selbst erzeugen kann.

Wir gehen bei der Erbauung einer elektrischen Bahn von der Frage aus: Woher kann ich den Bahnstrom beziehen? Sodann: Welche Kraftwerke kommen in Frage, sind sie noch voll leistungsfähig, wenn die neuen Bahnlinien und spätere Erweiterungen hinzukommen, welches sind ihre Stromlieferungsbedingungen, welches liegt am günstigsten und ist für die Bahn das wirtschaftlichste?

Entschließt man sich zum Bau eines eigenen Kraftwerkes, so soll man es möglichst im Belastungszentrum erbauen. Man zeichnet sich ein Linienbild auf, trägt die Wagen in ihrer ungünstigsten Stellung auf, berechnet ihren Kraftbedarf, bestimmt den Belastungsschwerpunkt jeder einzelnen Strecke und aus diesen den des ganzen Netzes. Bei geschlossenem, gleichmäßigem städtischen Bahnnetz wird dann der Schwerpunkt im Stadtinnern liegen. Selten wird jedoch der so gefundene Punkt den Bauplatz für das Kraftwerk abgeben. Er kann in eng bebaute Stadtteile fallen, wo ein Neubau oder aber eine spätere Erweiterung unmöglich ist. Die Kohlen- und Materialzufuhr wird oft zu umständlich und kostspielig werden, die Wasserbeschaffung besondere Schwierigkeiten machen.

Man wird also in der Regel mit einem Kraftwerk im Stadtinnern — wenn überhaupt eines in beschränkten Abmessungen möglich ist — nicht auskommen. Es sind dann mehrere Werke in den Außenbezirken zu erbauen, die ihr bestimmtes Versorgungsgebiet erhalten, das seinen eigenen Schwerpunkt hat. Alle Versorgungsgebiete treffen dann in einem Mittelpunkt zusammen. Geringe Verschiebungen der Werkanlagen aus dem Belastungsschwerpunkt haben keinen nennenswerten Einfluß auf die Wirtschaftlichkeit. Es wird deshalb in den Außenbezirken immer möglich sein, einen Bauplatz mit Gleisanschluß und der Möglichkeit, aus einem nahen Wasserlauf Speisewasser zu entnehmen und verbrauchtes Kühlwasser dahin abfließen zu lassen, wählen zu können.

Läßt es sich schon vor dem Bau übersehen, daß in absehbarer Zeit Bahnerweiterungen ausgeführt werden müssen, so ist dies schon durch Einrechnung der Belastung dieser Linien und Verschiebung des Schwerpunktes in ihrer Richtung zu berücksichtigen, doch muß man überlegen, ob durch Verschiebung des Werkes nicht derartig hohe Aufwendungen für stärkere und längere Leitungen und Verluste entstehen, daß das Werk zu lange Zeit unwirtschaftlich arbeiten würde.

Wird der Bahnstrom von einem fremden Kraftwerk bezogen, so handelt es sich nur um die Anlage von Unterwerken und Bestimmung ihres Platzes. In der Regel wird hochgespannter Drehstrom bezogen. Bei Straßenbahnen, Vorort- und Überlandbahnen und Städtebahnen nicht zu großer Ausdehnung, die mit Gleichstrom bis zu 1000 Volt Spannung betrieben werden sollen, reicht ein Unterwerk auf je 20—25 km Streckenlänge aus, ohne daß die Speiseleitungsquerschnitte unwirtschaftlich werden, unter Umständen werden noch einige Zusatzmaschinen oder auf der Strecke Fernbatterien aufgestellt.

Die Lage des Unterwerkes wird möglichst unmittelbar an der Strecke gewählt.

Sind mehrere Werke nötig, so empfiehlt es sich, ihre Zahl möglichst niedrig zu halten. Denn je größer die Anzahl Züge ist, die von **einem** Kraftwerk aus Strom erhalten, desto mehr gleichen sich die Spitzen und Tiefen der Augenblicksbelastung aus und desto geringer wird die Gesamtgröße der Maschinensätze.

Bei Fernbahnen mit Einphasenwechselstrombetrieb wird die Speiseleitungsspannung der in Deutschland am meisten vorkommenden Spannungen von 50 000—80 000 Volt Wechselstrom, 50 Perioden in Unterwerken in ruhenden Transformatoren herabgesetzt auf die Fahrleitungsspannung, die bei preußischen Bahnen in der Regel 15 000 Volt bei $16^2/_3$ Perioden beträgt. Die Entfernung dieser Unterwerke voneinander beträgt 30—60 km. Die staatlichen Bahnkraftwerke werden 100000 Volt Wechselstrom liefern.

Mit Rücksicht auf die kurzdauernden Belastungsschwankungen müssen die Stromerzeuger eine selbstätige Spannungsregelung durch Kompoundierung oder Schnellregler erhalten; empfehlenswert ist es, diese so zu bemessen, daß der Spannungsabfall in den Kraftwerkstransformatoren und den Hochspannungsfernleitungen mit ausgeglichen wird.

Mit jedem Stromerzeuger wird im Interesse einer einfachen und übersichtlichen Schaltungsanordnung ein Transformator zusammengeschaltet, der die Maschinenspannung auf die gewählte Übertragungsspannung erhöht. Es sind also nur Hochspannungssammelschienen vorhanden. Meß- und Sicherheitsapparate legt man soweit als möglich auf die Unterspannungsseite zwischen Dynamo und Transformator, Ölschalter sind nur auf der Oberspannungsseite vorhanden, sie erhalten elektrischen Fernantrieb.

Der Hochspannungsstrom wird in der Regel über zwei voneinander unabhängige Leitungen dem Unterwerk zugeführt; im Falle eines Schadens an einer Leitung trennt sich das Unterwerk selbsttätig von der fehlerhaften Zuführung ab, so daß die Stromlieferung nicht unterbrochen wird.

Die Periodenzahl wurde mit Rücksicht auf kräftige und widerstandsfähige Motoren niedrig gewählt und auf $16^2/_3$ Perioden festgesetzt, um in einfacher Weise die Umformung des Wechselstromes in Drehstrom von 50 Perioden zu ermöglichen, der für elektrische Beleuchtungs- und Kraftanlagen industrieller, gewerblicher und landwirtschaftlicher Betriebe ausgedehnte Verwendung findet. Besondere Maschinen, die bisher hierfür erforderlich waren, sind überflüssig bei Aufstellung eines Bergmann-Einanker-Umformers, der die unmittelbare Entnahme von Strömen verschiedener Periodenzahl ermöglicht.

Die Transformatoren sind mit Rücksicht auf die starken Beanspruchungen durch Kurzschluß nicht bloß in elektrischer, sondern auch in mechanischer Beziehung sehr kräftig auszuführen. Auf hohe, zeitweilige Überlastbarkeit ist besonderer Wert zu legen, die Kühlung ist bei Apparaten bis zu 2000 KVA Einzelleistung eine natürliche Luftkühlung, um die Bedienung möglichst zu vereinfachen. Selbsttätige Alarmvorrichtungen machen den Wärter aufmerksam, wenn die Erwärmung eines Transformators die zulässige Grenze erreicht. Das Ein- und Ausschalten der Transformatoren erfolgt vorteilhaft mittels Ölschutzschalters, um die starke Beanspruchung der Wicklungen durch den sog. „rush"-Strom zu vermeiden. Von besonderer Wichtigkeit sind die selbsttätigen Höchststromölschalter, die z. B. in den Bahnunterwerken der Strecke Dessau—Bitterfeld die einzelnen Fahrleitungsabschnitte mit den 15 000 Volt-Sammelschienen verbinden, weil sie in erster Linie bei Kurzschlüssen auf der Strecke den fehlerhaften Teil abtrennen und dabei sehr erhebliche Leistungen unterbrechen.

Zur Umformung von Drehstrom in Gleichstrom können benutzt werden: Motorgeneratoren mit synchronen oder asynchronen Antriebsmotoren, Kaskadenumformer, Einankerumformer und Quecksilberdampfgleichrichter.

Beim Motorgenerator findet die Umformung auf rein mechanischem Wege statt, beim Kaskadenumformer wird ein Teil der Energie auf mechanischem, ein Teil auf elektrischem Wege umgeformt, beim Einankerumformer wird der Umweg über die mechanische Energie vermieden, der Quecksilberdampfgleichrichter ist ein ruhender Umformer einfachster Art, der keine Wartung benötigt.

Da bei Motorgeneratoren die Gleichstromspannung unabhängig ist von der Drehstromspannung, so sind diese Umformer dort mit Vorteil zu verwenden, wo erhebliche Spannungsschwankungen im Netz vorkommen können und wo eine weitgehende Spannungsregulierung Bedingung ist. In allen anderen Fällen ist die Wirtschaftlichkeit, d. h. der höhere Wirkungsgrad des Umformers, ausschlaggebend.

Der Kaskadenumformer zeichnet sich durch leichte Anlaßmöglichkeit aus. Dort, wo zwar Raum für den Maschinensatz, aber kein Raum für den Transformator vorhanden war, wandte man den Kaskadenumformer an. Man hat dann aber in der Regel Hochspannungsmaschinen, deren Betriebssicherheit sich mit der eines Transformators nicht vergleichen läßt. Bei höheren Drehstromspannungen ist man deshalb auch bei Kaskadenumformern auf die Verwendung von Transformatoren angewiesen.

Der Einankerumformer besitzt dieselbe leichte Anlaßmöglichkeit wie der Kaskadenumformer und kann auch unmittelbar von der Drehstromseite aus angelassen werden. Er zeichnet sich vor den genannten Umformern durch besseren Wirkungsgrad aus, ist in der Anschaffung billiger und gebraucht für den rotierenden Teil geringeren Platz.

Der Quecksilberdampfgleichrichter ist den rotierenden Umformern im Wirkungsgrad, besonders bei Teillasten, überlegen; er beträgt bei 550 Volt 96%, bei 1000 Volt 98%. Seine Bauart läßt größere Gleichstromspannungen als rotierende Umformer zu. Als weitere Vorzüge sind zu nennen: Unempfindlichkeit gegen Belastungsstöße, große kurzzeitige Überlastungsfähigkeit bis zu 100% stoßweise, einfache Inbetriebsetzung, keine Synchronisierung, keine nennenswerte Abnutzung, geringe Wartung, geringe Gewichte und deshalb keine Fundamente, leichte Instandsetzung, einfache und billige Reserve, Geräuschlosigkeit und Raumersparnis. Seine Nachteile sind die noch nicht genügende Erprobung, der hohe Anschaffungspreis und die begrenzte Verwendungsmöglichkeit, zur Zeit nur bis 2000 KW-Leistung und 1100 Volt Betriebsspannung.

Gleichstromvollbahnen (in Amerika verbreitet) erfordern eine große Anzahl von Unterwerken an der Strecke wegen der nur zeitweisen, dann aber sehr großen Belastung (Lokomotivleistungen von 1000 bis 3300 PS).

Für die Arbeitsübertragung wird in den meisten Ländern hochgespannter Drehstrom zur Verfügung stehen, der in Unterwerken transformiert und umgeformt werden kann.

Als Antriebsmaschinen für die Stromerzeuger kommen in Betracht:

1. Dampfmaschinen, und zwar liegende und stehende, verschiedener Bauarten.

Anwendung nur bei kleinen Anlagen bis 1000 PS Leistung, besonders da, wo Dampf noch zu anderen Zwecken gebraucht wird (Trocknung, Heizung, Kochen usw.).

Vorteile: Große Zuverlässigkeit und Überlastungsfähigkeit, Verwendbarkeit der meisten, auch minderwertigen Brennstoffe, unbeschränkte Größe der Einheiten, geringe Anlagekosten bezogen auf die Leistungseinheit.

Nachteile: Abhängigkeit des Wärmeverbrauchs für die Leistungseinheit von der Sorgfalt der Bedienung und Instandhaltung, Übelstände der Rohrleitungen und des Kesselbetriebes (Anheizen, Abbrand, Wärmeverluste, Aschenabfuhr, Rauchbelästigung), großer Kühlwasserverbrauch der Kondensationsanlagen (von großer Bedeutung). Notwendigkeit von Fundamenten und Schornsteinen, geringe Ausnützung des Brennstoffes. (16% der zugeführten Wärmemenge in mechan. Energie.)

2. Lokomobilen.

Anwendung nur in sehr kleinen Anlagen.

Vorteile und Nachteile gegenüber Gas- und Wasserkraftmaschinen im wesentlichen dieselben wie bei Dampfmaschinen.

Vorteile gegenüber Dampfmaschinen: Fortfall von Rohrleitungen, Schornsteinen und großen Fundamenten, niedrigere Anschaffungskosten, einfachere, übersichtlichere Bedienung.

3. Dampfturbinen.

Anwendung bei Leistungen von 500—30 000 PS. Zur Zeit für Bahnkraftwerke geeignetste Wärmekraftmaschine.

Vorteile: Einfache Konstruktion, geringer Raumbedarf, gleichmäßiger Gang (kein toter Punkt), einfache Aufsicht, günstiger Dampfverbrauch, große Überlastungsfähigkeit (stoßweise bis 50%), Wiederverwendung des Kondenswassers, geringe Anlagekosten.

Nachteile gegenüber Gas- und Wasserkraftmaschinen im wesentlichen dieselben wie bei Dampfmaschinen, im übrigen hohe Umdrehungszahl, schwer anpassungsfähig an Gleichstromerzeuger (aber passend für Drehstromerzeuger).

4. Wasserturbinen.

Anwendung nur bei ständiger, großer Wasserkraft.

Vorteile: Einfachste und beste Ausnutzung billiger Naturkräfte, einfache Ankuppelung der Stromerzeuger, einfache Wartung, keine Kessel-, Rohr- und Schornsteinanlagen.

Nachteile: Große Anlagekosten für Wasserkunstbauten.

5. Gasmaschinen.

a) Sauggasanlagen.

Anwendung kleiner Gasmotoren in kleinen und mittleren Kraftwerken, der Großgasmaschinen in Hüttenwerken mit großen Hochofengasmengen aus Hochöfen oder Kokereien.

Vorteile: Hoher thermischer Wirkungsgrad bei voller Leistung des Gasmotors.

Nachteile: Ungünstiges Verhältnis zwischen Brennstoffverbrauch und Leistung bei geringer Belastung, häufige Reinigung, beschwerliche Inbetriebsetzung, wenn sich das Gasgemisch nicht rechtzeitig entzündet, geringe Überlastbarkeit.

b) Dieselmotoren.

Anwendung zur Zeit nur bis 4000 PS Leistung.

Vorteile: Günstigster thermischer Wirkungsgrad, von der Größe der Maschine und der Wartung nahezu unabhängiger Wärmeverbrauch für die Leistungseinheit, Rauch- und Geruchlosigkeit, geringer Kühlwasserverbrauch.

Nachteile: Hohe Kosten des Brennstoffes (Teer- oder Gasöl), Notwendigkeit von Fundamenten, geringe Überlastbarkeit (10%).

Für moderne Großkraftwerke interessieren besonders die größten Einheiten der neuzeitlichen Großkraftmaschinen, sie werden deshalb in nebenstehender Tabelle aufgeführt.

c) Gasturbinen (noch in Erprobung). Aussichtsreichste Kraftmaschine.

Bei Dampfkraftanlagen kommen Großwasserraumkessel ihrer hohen Kosten und des großen Raumbedarfes wegen kaum noch in Frage, es werden neuerdings fast ausschließlich kombinierte Wasserrohrkessel für hohen Druck verwendet. Ihre Vorteile sind: Möglichkeit hohen Dampfdruckes bis 15 Atmosphären, geringer Platzbedarf, rasche Betriebsbereitschaft, guter Wasserumlauf, große Wirtschaftlichkeit. In großen Kraftwerken werden die Dampfkessel, die meistens Kettenroste enthalten, mechanisch und automatisch mit Brennstoff beschickt aus Kohlenbunkern, die sich vorn über dem Kessel befinden. Auch die Zuführung des Brennstoffes vom Lager zum Bunker erfolgt meistens durch auto-

Art der maschinellen Treibmittel	Normale Dauerleistung KW	Tourenzahl des Satzes	System und Anordnung	Einzelheiten	Platzbedarf
Hochofengasmaschine	3500—4000	94—107	Zwillingstandem, Viertakt	4 Gaszylinder, 1300 ∅, 1300–1400 Hub	zirka 280 qm
	2400—3000 Drehstrom	90—100	Zwilling oder Tandem, Zweitakt	2 Gaszylinder, 1000—1150 ∅, 1300–1400 Hub	zirka 250 qm für Zwilling zirka 220 qm für Tandem
Koksofengasmaschine	3000 Drehstrom	94	Zwillingstandem, Viertakt	4 Gaszylinder, 1100—1200 ∅, 1300 Hub	zirka 250 qm
Generatorgasmaschine	3600 Drehstrom	90—100	desgl.	4 Gaszylinder, 1200 ∅, 1300 Hub	zirka 260 qm
Teeröl-Dieselmaschine	1500 Gleichstrom	120	stehend oder liegend, mehrzylindr.	4 Gaszylinder, 700—750 ∅, 1000 Hub	120—180 qm
Dampfturbine	20000	750	Curtis, stehend	Luftkühlung, 3000 cbm/min Generator 4 pol., 15 at 350°	zirka 30 qm
	20000 Drehstrom	1000	A. E.-G., liegend	13 at 325° Oberflächenkondensator zirka 4000 qm	zirka 85 qm
	2000 Gleichstrom	1500	A. E.-G. und Zölly	12 at 300° 2 Generatoren	zirka 40 qm
Wasserturbine	12000	225—375	Doppelturb. oder Zwillingssyst.	44 m bis 270 m Gefälle	—
	15000 Drehstrom	200	Zwillingsturbinen	51 m Gefälle	—

matische Transportanlagen. Unterstützt wird das Anpassungsvermögen des Kessels an die wechselnden Betriebsanforderungen durch Anwendung selbsttätiger Kesselspeisevorrichtungen und gegebenenfalls künstlichen Zuges mit selbsttätiger Regelung.

Zur Vorwärmung des Speisewassers werden Rauchgasvorwärmer (Economiser) benutzt; durch künstlichen Zug und gesteigerte Verdampfung (40—45 kg für die Stunde und 1 qm Heizfläche) und kurze, einfache Rohrleitungen wird die größte Wirtschaftlichkeit angestrebt.

Zum Betrieb der Kettenroste, Transportanlagen, Pumpen, ferner zur Erzeugung von Licht und Kraftstrom für das eigene Werk und die Werkstätten, für die Erregerumformer usw. benötigt man in Wärmekraftzentralen noch eine Reihe von Hilfsmaschinen. Diese wurden bisher fast ausnahmslos durch Elektromotoren angetrieben. Um aber bei

Störungen in Zentralen, wo ein zweiter Antrieb nicht vorhanden ist, unabhängig zu sein, führt man neuerdings häufiger den Dampfantrieb für die Hilfsmaschinen ein.

Für Wasserturbinenanlagen sind mit Rücksicht auf gute Regulierungsfähigkeit der Turbinen mittlere und hohe Gefälle besonders erwünscht, doch können auch Niederdruckwerke mit großer, nicht speicherungsfähiger Wassermenge unter Umständen in Verbindung mit Hochdruckspeicheranlagen von verhältnismäßig geringer Jahresantriebsleistung sehr vorteilhaft ausgenutzt werden. Die Niederdruckanlage übernimmt dabei im wesentlichen die gleichmäßige Grundbelastung, das Hochdruckwerk alle darüber hinausgehenden Spitzen.

In den Kraftwerken für die preußisch-hessischen Staatseisenbahnen (ab 1. April 1921 Reichseisenbahnen) sollen minderwertige Brennstoffe verbraucht werden, nämlich aschenreiche Steinkohle, Braunkohle, Torf, Abfallbrennstoffe. Es werden dann noch Düngesalze und Teererzeugnisse als Nebenprodukte gewonnen, die beste und teuerste Steinkohle aber, die für unsere Volkswirtschaft so ungeheuer wichtig geworden ist, für Industrie, Dampfeisenbahnen und Hausbrand zurückgestellt bleiben. Da die Kraftwerke durch den Eisenbahnbetrieb allein nur mäßig und unwirtschaftlich ausgenutzt werden würden, soll elektrische Arbeit für die Landesversorgung mit Licht und Kraft abgegeben und in Nebenbetrieben die Herstellung chemischer und metallurgischer Erzeugnisse in die Hand genommen werden.

Beispiele ausgeführter Kraftwerke:

1. Kraftwerk Wesseling der Rheinuferbahn. Fahrdrahtspannung 1000 Volt Gleichstrom.

   Brennstoff: Rohe Braunkohle.
   5 Rohrkessel mit zusammen 189 qm Heizfläche.
   3 Tandemverbundmaschinen.
   3 Nebenschlußdynamos, Gesamtleistung 1220 KW Gleichstrom.
   1 Pufferbatterie von 330 Amperestunden Entladefähigkeit.
   1 umkehrbare Batteriezusatzmaschine.
   2 Streckenbatterien von je 330 Amperestunden in Sürth und in Hersel.
   2 Maschinensätze zum Laden der Streckenbatterien.

2. Kraftwerk Gartenau der elektr. Bahn Salzburg—Berchtesgaden für 1000 Volt Gleichstrom.

   2 Wasserturbinen (Francis-Zwillingsturbinen) je 450 PS bei 250 Umdrehungen pro Minute.
   2 Gleichstromerzeuger je 300 KW Gleichstromleistung, gekuppelt mit den Turbinen.

3. Umformerwerk Ramersdorf für die Bahnlinien Bonn—Königswinter und Bonn—Siegburg mit 1000 bzw. 550 Volt Gleichstrom.

Vom Elektrizitätswerk Berggeist Drehstrom 11 000 Volt bei 50 Pulsen durch 30 km lange Kabel zum Umformerwerk Ramersdorf. Dort:

2 Transformatoren.

2 Einankerumformer, je 350 KW Gleichstromleistung.

1 Pufferbatterie 500 Amperestunden.

1 umkehrbare Batteriezusatzmaschine.

4. Kraftwerk Ruetz der Mittenwaldbahn. Fahrdrahtspannung 15 000 Volt Einphasen-Wechselstrom.

2 Peltonturbinen, je 4000 PS.

2 Einphasen-Wechselstromgeneratoren für zusammen 3000 KW Dauerleistung und 4500 KW Höchstleistung.

2 Transformatoren zum Transformieren des Wechselstromes auf 50 000 Volt.

2 Transformatoren-Unterwerke zum Transformieren des Einphasen-Wechselstromes auf 15 000 Volt Fahrdrahtspannung.

Die Energieübertragung auf die Triebfahrzeuge geschieht durch einpolige oder zweipolige Ober- oder Unterleitungssysteme oder durch sog. dritte oder vierte Schienen, Stromschienen für die Stromhinleitung, während für die Stromrückleitung die Bahnschienen benutzt werden.

In einpoligen Oberleitungen sind Spannungen bis 22 000 Volt als betriebssicher erprobt. Das System ist für Gleichstrom und Einphasenstrom gleich gut geeignet. Bei Einphasenstrom hat man weit höhere Spannungen benutzt als bei Gleichstrom, was seinen Grund hauptsächlich in der für die Triebfahrzeuge zulässigen Spannung hat.

Doppelpolige Oberleitung, die für Drehstrom aus Dreileitergleichstrom in Betracht kommt, ist weniger gut isolierbar und deshalb für hohe Spannungen weniger geeignet. Bei Gleichstrom ist man noch nicht über 1000 Volt, bei Drehstrom nicht über 6000 Volt gegangen.

Durch sog. dritte Schiene, die in nächster Nähe des Gleises für Personen, die das Gleis begehen, gefährlich werden kann, und bei der wegen Weichenanlagen usw. die Isolierung schwierig ist, hat man meistens nur Gleichstrom von 500—800 Volt, in Amerika von 2400 Volt Fahrspannung fortgeleitet.

Vierte Schiene hat man bei Dreileitergleichstrom benutzt.

Die Leitungsberechnung ist von einer Reihe von Faktoren stark wechselnder Größe (Belastungsschwankungen) abhängig. Die Leitungen müssen nicht nur allen Anforderungen des wechselnden Kraftbedarfes genügen, sie müssen möglichst wirtschaftlich ausgeführt und durchaus betriebssicher sein.

Die Belastungsschwankungen setzen sich zusammen aus:

1. augenblicklichen Schwankungen, hervorgerufen durch den Wagenumlauf, Anfahren und Halten, Steigungen und Gefälle der Strecke,

2. periodischen Schwankungen, hervorgerufen durch die örtlichen Verkehrsverhältnisse, z. B. früh einsetzender Arbeiterverkehr, Nachlassen des Verkehrs gegen Mittag, Anschwellen gegen Abend, Rückbeförderung der Arbeiter usw.,
3. plötzlichen, unvorhergesehenen Belastungen, z. B. Verkehrsunfälle, Kurzschlüsse.

Unter Berücksichtigung aller Umstände wird die Berechnung etwa folgenden Verlauf nehmen:

1. Festlegung der einzelnen Linien.
2. Annahme der mittleren Belastung jeder Linie.
3. Ermittlung des Belastungszentrums.
4. Abschätzung der Höchstbelastung.
5. Bemessung der Arbeitsleitungen unter Berücksichtigung der Schienenrückleitung.
6. Entwerfen der Speiseleitungen.
7. Verstärkung der Leitungen an besonderen Stellen.

Das Entwerfen der Speiseleitungen hat unter folgenden Bedingungen zu erfolgen:

1. Der stärkste Spannungsabfall, der an irgendeiner Stelle unter allen im Betriebe möglichen ungünstigen Umständen eintreten kann, darf eine gewisse Grenze nicht überschreiten (in der Regel 10%).
2. Der mittlere Arbeitsverlust der ganzen Anlage muß unter normalen Verhältnissen einen gewissen, vorausbestimmten Betrag gleichkommen.
3. Die Speiseleitungen müssen so verbunden werden, daß Störungen in der Arbeitsleitung den Betrieb möglichst wenig beeinträchtigen.

Kabel werden verwendet, wo das Setzen von Masten nicht möglich (Untergrundbahn), wo Freileitungen behördlich nicht zulässig, betriebs- oder lebensgefährlich oder dem Diebstahl zu sehr ausgesetzt sind. Ihre Linienführung folgt in der Regel der Strecke, sie wählt jedoch bei Umwegen der Bahn, wo irgend möglich, den kürzesten Weg.

Die Stromzuführung zu den Betriebsmitteln erfolgt bei den meisten Straßen-, Vorort-, Überland-, Städte- und Fernvollbahnen mit Einphasen-Wechselstrom durch das Oberleitungssystem, bei den Stadtschnellbahnen (Hoch-, Unterpflaster-, Tief- und Schwebebahnen) und Gleichstromvollbahnen durch dritte Schiene.

Unterleitung mit Stromzuführung durch eine in einem Straßenkanal zwischen den Schienen oder unter einer der beiden Schienen liegenden Kontaktschiene haben einzelne Großstädte, die eine Beeinträchtigung des Straßenbildes durch die Oberleitungsdrähte befürchten (Wien, Budapest, New York, London). Das System hat weiter keine Vorzüge (außer den genannten ästhetischen), aber schwere Nachteile: Die Anlagekosten betragen ein Mehrfaches des Oberleitungssystemes, Betriebsstörungen durch Schmutz, Schnee usw. sind häufig, die Unterhaltungskosten sind groß und der Straßenkörper wird belastet und in Mitleidenschaft gezogen.

Das Teilleiter- (Knopfkontakt-) System, bei dem ein Schleifkontakt des Wagens von einzelnen zwischen dem Gleis liegenden Knöpfen den Strom abnimmt, weist auch die meisten Nachteile des Schlitzkanalsystems auf und hat sich nicht bewährt.

Die Schienenrückleitung erfolgt meistens ohne besondere durchgehende Leitungen. Sie wird bewerkstelligt durch die an den Schienenstößen angebrachten einzelnen Schienenverbinder aus Kupfer, Aluminium, Zink in Stangen- oder Bandform oder in aufgestrichener Masse. Bei verschweißten Stößen sind diese natürlich überflüssig. Der übliche Schienenquerschnitt stellt ein Mehrfaches des erforderlichen Leitungsquerschnittes dar. Besonders wichtig ist eine gute Schienenrückleitung bei Gleichstrombahnen mit unverschweißten Rillenschienenstößen im Straßenkörper in der Nähe von Gas- und Wasserrohren. (Siehe „Vorschriften zum Schutze der Gas- und Wasserrohre gegen schädliche Einwirkungen der Ströme elektrischer Gleichstrombahnen, welche die Schienen als Leiter benutzen", aufgestellt vom Verein deutscher Straßen- und Kleinbahnverwaltungen und dem Verbande deutscher Elektrotechniker im Einvernehmen mit dem deutschen Verein von Gas- und Wasserfachmännern.)

Die Vorschriften fordern u. a., daß im inneren verzweigten Schienennetz und innerhalb eines anschließenden 2 km breiten Gürtels bei mittlerem, fahrplanmäßigem Betrieb die rechnerisch ermittelte Schienenspannung zwischen zwei beliebigen Punkten des Netzes 2,5 Volt nicht überschreiten darf, während auf den auslaufenden Strecken das größte Spannungsgefälle in den Schienen höchstens 1 V/km betragen darf.

Ergeben sich nun trotz guter Schienenverbindungen Überschreitungen der angegebenen Werte, dann sind an besonders durch Messung festgestellten Punkten Rückleitungskabel von den Schienen zu den Stromerzeugern zu führen oder besondere Saugmaschinen einzuschalten.

9. Lage der Wagenhallen und Werkstätten.

Bei kleineren und mittleren Straßenbahnbetrieben ist in der Regel nur eine Werkstatt erforderlich, sie ist fast stets mit der Wagenhalle vereinigt. Bei größeren Bahnbetrieben sind mehrere Abstellbahnhöfe, Wagenhallen und Werkstätten und gewöhnlich eine besondere, große Hauptwerkstatt vorhanden. Die Abstellbahnhöfe dienen der Aufstellung der Wagenzüge in den Betriebspausen und zu ihrer täglichen Reinigung und Untersuchung. Ihre Lage ist von großer Wichtigkeit. Es muß angestrebt werden, daß die Wagen beim Aufsuchen und Verlassen möglichst wenig Leerfahrten zu machen haben. Zunächst werden die Betriebsstätten möglichst unmittelbar an ihre Hauptbahnlinien zu legen sein; dann möglichst nahe an die Grenze zwischen Geschäftsstadt und Vororten, von der aus morgens der Verkehr nach den Arbeitsstädten in der Stadt einsetzt. Außer einem solchen Hauptabstellbahnhof würde man dann zweckmäßig an den Endpunkten einzelner Linien noch kleinere Abstellbahnhöfe oder Wagenhallen errichten. Ist ein Abstellbahnhof in der Stadt oder an der Weichbildgrenze wegen zu hoher Grunderwerbskosten nicht möglich, dann sind die Anlagen mehr in die Außenbezirke zu verlegen. In der Wahl der Lage der Hauptwerkstatt ist man nicht so gebunden, da die ausbesserungsbedürftigen Wagen doch verhältnismäßig selten die Leerzufahrten machen müssen. Man wird sie also in einen Außenbezirk legen. Möglichst natürlich so, daß bequeme Zufuhr vorhanden ist.

Wichtig ist beim Entwurf der Betriebsstätten, der Auswahl des Grundstückes und der ersten Bauausführung die Berücksichtigung späterer Erweiterungsbauten.

Vor dem Erwerb eines bestimmten Grundstückes empfiehlt sich die Aufstellung mehrerer Pläne und Verhandlung mit allen in Betracht kommenden Grundbesitzern und Gemeinden. Es läßt sich dann unter Umständen kostenlose Überlassung des Geländes oder gegen geringe Pachtsummen oder gewisse Bau- oder Betriebsverpflichtungen des Bahnunternehmens erzielen, da z. B. jeder Vorortgemeinde am Zuzug der Beamten und Arbeiter, der Anregung der Bautätigkeit, an neuen Verkehrsmöglichkeiten viel gelegen ist.

E. Vorschriften und Bedingungen.

1. Die Eisenbahngesetzgebung.

Die öffentlich-rechtliche Stellung der elektrischen Bahnen ist schon in einem früheren Abschnitt behandelt.

Hier sollen die für die Linienführung und die Bauausführung maßgebenden Gesetze, Vorschriften und Bedingungen angegeben und in den folgenden Abschnitten die bedeutendsten Fragen eingehend behandelt werden.

Für die Rechtsverhältnisse der Haupt- und Nebenbahnen in Preußen ist maßgebend das „Gesetz über die Eisenbahnunternehmungen vom 3. November 1838“, der Klein- und Privatanschlußbahnen das „Gesetz über Kleinbahnen und Privatanschlußbahnen vom 28. Juli 1892“. Für Nicht-Staatsbahnen und Kleinbahnen regelt das „Gesetz über Bahneinheiten vom 8. Juli 1902“ Eigentumsverhältnisse usw.

Von Wichtigkeit bei der Planung und Ausführung der Bahnen sind ferner:

„Das Gesetz über die Enteignung von Grundeigentum vom 11. Juni 1874."

„Das Gesetz betr. die Anlegung und Veränderung von Straßen und Plätzen in Städten und ländlichen Ortschaften vom 2. Juli 1875."

„Allgemeines Berggesetz für die Preuß. Staaten vom 24. Juni 1865."

„Gesetz betr. die Beschränkungen des Grundeigentums in der Umgebung von Festungen vom 21. Dezember 1871."

„Bestimmungen betr. die Verpflichtung der Eisenbahnen untergeordneter Bedeutung zu Leistungen für die Zwecke des Postdienstes vom 28. Mai 1879."

„Gesetz über das Telegraphenwesen des deutschen Reiches vom 6. April 1892."

„Telegraphenwegegesetz vom 18. Dezember 1899."

Für die Bauausführung und Betriebsführung sind maßgebend:

„Eisenbahnbau- und -betriebsordnung vom 4. November 1904."

„Technische Vereinbarungen über den Bau und die Betriebseinrichtungen der Haupt- und Nebenbahnen vom 3./5. September 1908."

„Bau- und Betriebsvorschriften für nebenbahnähnliche Kleinbahnen mit Maschinenbetrieb vom 15. Januar 1914."

„Bau- und Betriebsvorschriften für Straßenbahnen mit Maschinenbetrieb vom 26. September 1906."

„Grundzüge für den Bau und die Betriebseinrichtungen der Lokalbahnen vom 3./5. September 1908."

„Allgemeine polizeiliche Anforderungen an neue elektrische Starkstromanlagen — einschließlich elektrischer Bahnen — zum Schutze vorhandener Reichstelegraphen- und Fernsprechleitungen vom 28. April 1909."

„Sicherheitsvorschriften für elektrische Straßenbahnen und straßenbahnähnliche Kleinbahnen des V. D. E. vom 1. Oktober 1906."

2. Benutzung öffentlicher Wege.

Zur Benutzung öffentlicher Wege für eine Bahnanlage ist in Preußen und den meisten übrigen Kulturstaaten die Zustimmung der Wegeunterhaltungspflichtigen erforderlich.

Maßgebend sind in Preußen §§ 6 und 7 des Kleinbahngesetzes.

„Soweit ein öffentlicher Weg benutzt werden soll, hat der Unternehmer die Zustimmung der aus Gründen des öffentlichen Rechtes zur Unterhaltung des Weges Verpflichteten beizubringen.

Der Unternehmer ist mangels anderweitiger Vereinbarung zur Unterhaltung und Wiederherstellung des benutzten Wegeteiles verpflichtet und hat für diese Verpflichtung Sicherheit zu bestellen.

Die Unterhaltungspflichtigen können für die Benutzung des Weges ein angemessenes Entgelt beanspruchen, ingleichen sich den Erwerb der Bahn im ganzen nach Ablauf einer bestimmten Frist gegen angemessene Schadloshaltung des Unternehmers vorbehalten." (§ 6.)

„Die Zustimmung der Wegeunterhaltungspflichtigen kann ergänzt werden: soweit eine Provinz oder ein den Provinzen gleichstehender Kommunalverband beteiligt ist, durch Beschluß des Provinzialrates, wogegen die Beschwerde an den Minister der öffentlichen Arbeiten zulässig ist;

soweit eine Stadtgemeinde oder ein Kreis beteiligt ist oder es sich um einen einen oder mehrere Kreise berührenden Weg handelt, durch Beschluß des Bezirksausschusses, im übrigen durch Beschluß des Kreisausschusses.

Durch den Ergänzungsbeschluß wird unter Ausschluß des Rechtsweges zugleich über die nach § 6 an den Unternehmer gestellten Ansprüche entschieden." (§ 7.)

Die Beibringung der Zustimmung der Wegeunterhaltungspflichtigen ist für den Fall, daß ein öffentlicher Weg benutzt werden soll, eine notwendige Voraussetzung der gemäß § 6 des K.-G. zu erteilenden Genehmigung und muß daher, wie die Ergänzung der Zustimmung, der Genehmigung vorausgehen. Ausnahmen sind jedoch zulässig. So ist die Genehmigung für die Kleinbahn Köln—Berg. Gladbach durch den Minister erteilt worden mit dem Anheimgeben, die fehlende Zustimmung der Wegeunterhaltungspflichtigen nachträglich ergänzen zu lassen.

Wegeunterhaltungspflichtige können sein: Private, öffentliche Verbände oder der Staat. Öffentliche Verbände sind z. B. Provinzen, Regierungsbezirke, Kreise, Gemeinden, Kommunal- oder Zweckverbände, Bergbauhilfskassen. Als Private kommen in Betracht: einzelne Personen, landesherrliche Familien, Domänen- oder Gutsverwaltungen, Bergbau- oder andere Gesellschaften. Straßeneigentümer und Wegeunterhaltungspflichtige können verschiedene juristische Personen sein.

In den außerpreußischen Bundesstaaten und freien Städten bestehen ähnliche Gesetzesverordnungen; im früheren Großherzogtum Hessen z. B. das Kunststraßengesetz vom 12. August 1896, in Hamburg das Straßenbahngesetz vom 28. September 1864.

In Belgien sind weder dem Wegeunterhaltungspflichtigen noch dem Straßeneigentümer ähnliche Rechte eingeräumt. Dort regelt sich die Zustimmungsfrage von selbst dadurch, daß Staat, Provinz und Gemeinden, die fast ausnahmslos alle öffentlichen Wege besitzen und unterhalten, in gleicher Weise am Bau von Kleinbahnen finanziell interessiert sind. Wenn man in Belgien von einem Entgelt für Straßenbenutzung abgesehen hat, so ist man dabei von der Erwägung ausgegangen, daß durch die Kleinbahnen ein Teil des Verkehrs der Straße von dieser abgezogen und auf die Kleinbahn geleitet wird, wodurch eine Entlastung der Straße und eine Ersparnis an Unterhaltungskosten erzielt wird, vorausgesetzt allerdings, daß die Straße in ihrer Breite und Benutzbarkeit nicht nennenswert beschränkt wird. Ein zweiter Grund für die unentgeltliche Hergabe der Straße ist der, daß aus der Förderung und finanziellen Kräftigung der Kleinbahnen auch die drei Wegeeigentümer als Aktionäre indirekt erheblichen Nutzen ziehen.

Die von den Wegeunterhaltungspflichtigen in Anwendung des § 6 den Kleinbahnunternehmungen auferlegten und in Straßenbenutzungsverträgen festgelegten Auflagen sind sehr verschieden. Von völliger Abgabenfreiheit bis zur Ausschlachtung des Bahnunternehmens bis zur Grenze des Existenzminimums finden sich alle möglichen Forderungen. Die hauptsächlichsten sind: Geldliche Abgabe in Kapital- oder Rentenform nach verschiedensten Berechnungsgrundlagen, ständige Unterhaltung der Bahnzone (nach nicht gleichmäßig festgesetzten Breitenmaßen) und von Brücken, Durchlässen und anderen Nebenanlagen, Befestigung bisher unbefestigter Straßenteile, bestimmte Fahrpläne und Haltestellen, bestimmte Oberbauform, Erwerb der Bahn nach bestimmter Zeit u. a.

Eine Änderung dieser Bestimmungen ist anzustreben.

3. Ansprüche der Anlieger.

Die Anlieger einer Bahn oder eines von einer Bahnanlage benutzten Weges haben Anspruch auf Wahrung ihrer Rechte, das sind: Erhaltung aller rechtlich bestehenden Zugänge oder Zufahrten, Hauseingänge, Treppenanlagen, Entwässerungs- und Vorflutanlagen, Rohranlagen u. a. Aus ihrer wirklichen oder vermeintlichen Schädigung entstehen oft bei geringsten Anlässen schwere Störungen in der Bauausführung, langwierige Planfeststellungs- oder Enteignungsverfahren oder kostspielige Schadenersatzprozesse. Vor Baubeginn ist eine sorgfältige Festlegung der bestehenden Zustände und frühzeitige Einigung mit allen Anliegern über ihre Ansprüche dringend anzuraten.

Schadenersatzansprüche können jedoch von Anliegern unregulierter und zur Besetzung mit Häusern nicht bestimmter Wege nicht erhoben werden, wenn diese bei der Bauausführung Änderungen erfahren. (Reichsger. VII, 205/13.)

Auch wenn die Ansprüche der Anlieger nicht gerechtfertigt sind — jeder betrachtet den Bahnbau als günstige Gelegenheit zur Verbesserung seines Anwesens auf Kosten anderer — empfiehlt es sich oft, zur Abwendung von Einsprüchen gegen die Betriebseröffnung kleine Abstandssummen zu zahlen oder kleine Verbesserungsarbeiten an dem Anwesen ausführen zu lassen. Auch bei unbegründeten Einsprüchen wird eine Verzögerung der Fertigstellung herbeigeführt, da zunächst in der Regel der Anlieger als der wirtschaftlich Schwächere grundsätzlich den Schutz der Behörde genießt.

Gegen unberechtigte Ansprüche von Anliegern steht dem Bahnunternehmer das Enteignungsverfahren und die Beschränkung des Eigentumsrechts (z. B. zwecks Zulassung der Anbringung von Wandhaken in den Hauswänden) auf Antrag beim Minister der öffentlichen Arbeiten zur Verfügung.

4. Mitbenutzung fremder Gleise.

Häufig ist ein Bahnunternehmen gezwungen, auf eine kürzere oder längere Teilstrecke die Gleisanlagen oder die Gleiszone (bei anderer Spur) eines fremden Unternehmens benutzen zu müssen. In der Regel wird durch die Beteiligten ein Übereinkommen auf gütlichem Wege und der Abschluß eines Vertrages zustande kommen, wenn nicht, muß die Zustimmung auf gesetzlichem Wege (auf Grund des § 7 des Kleinbahngesetzes) ergänzt werden. (Das betriebführende Unternehmen ist s. Z. bei Nachsuchen der Genehmigung wegeunterhaltungspflichtig nach § 6 K.-G. geworden.) Bisweilen beschränkt sich auch die Mitbenutzung fremder Anlagen nur auf die Oberleitung oder das Tragwerk. Die Mitbenutzungsverträge sind außerordentlich verschieden, sie erfordern in jedem Fall eingehendes Studium der vorliegenden Fälle und oft langwierige und wichtige Verhandlungen, bei denen es sich oft nicht nur um kleine, zeitliche und örtliche Fragen, sondern um grundsätzliche Interessen feindlicher Großunternehmungen handelt.

Die Schnellbahnen Bonn—Königswinter benutzen z. B. innerhalb der Stadt Bonn 3 km Gleis- und Oberleitungsanlagen der städtischen Straßenbahn Bonn. Für Benutzung dieser Anlagen und für die Lieferung des auf diesem Streckenteil benötigten Stromes zahlt die Schnellbahngesellschaft an die Stadt ein Entgelt, das durch besonderen Vertrag festgesetzt ist.

Ein neues Stromzuleitungs- und ein Stromrückleitungskabel werden erforderlich. Die Oberleitung muß durch einen zweiten Fahrdraht verstärkt werden. Die Kosten trägt die städt. Straßenbahn Bonn, ebenso Erneuerung und Unterhaltung, einen Teil hiervon jedoch erstattet die Schnellbahngesellschaft.

Für die Benutzung der städt. Bahnanlagen zahlt die Gesellschaft für jedes auf den städt. Gleisen gefahrene Einheitswagenachskilometer eine Abgabe an die Stadt Bonn, welche nach den folgenden Grundsätzen berechnet wird:

Die Abgabe soll so bemessen sein, daß die jährlichen Kosten der gemeinschaftlich zu benutzenden Strecke, bestehend aus:

a) der Verzinsung des Anlagekapitals,
b) den Abschreibungen,
c) der Unterhaltung der Gleise, des zur Straßenbahn gehörigen Straßenkörpers, der Oberleitung sowie der Streckenreinigung,

nach Maßgabe der Benutzung auf die Stadt und die Gesellschaft verteilt werden.

Unter einem Einheitswagenachskilometer (E) ist das von einer städtischen Motorwagenachse mit einem Gewichte von $^{10}/_{2}$ gleich 5 t zurückgelegte Kilometer zu verstehen.

Das Gewicht eines Motorwagens der Gesellschaft bei mittlerer Besetzung wird mit x bezeichnet. Ein Motorwagenachskilometer der Gesellschaft bei 4 Achsen ist gleich $\frac{x}{4 \cdot 5} E$ (auf Zehntel abgerundet). Das Gewicht eines Anhängewagens der städtischen Straßenbahnen bei mittlerer Besetzung ist zur Zeit gleich 6 t, somit ein Anhängewagenachskilometer gleich $\frac{6}{2 \cdot 5} E = 0{,}6\, E$.

Das Gewicht eines Anhängewagens der Gesellschaft bei mittlerer Besetzung wird mit y bezeichnet.

Ein Anhängewagenachskilometer der Gesellschaft bei 4 Achsen ist gleich $\frac{y}{4 \cdot 5} E$.

Das Anlagekapital der Teilstrecke wird auf 464 000 M. festgesetzt. Bei einer Verzinsung von 4% sind demnach jährlich an Verzinsung aufzubringen 18 560 M.

Das abzuschreibende Kapital für die Gleisanlage wird auf 194 500 M. festgesetzt. Bei einer Abschreibung von 6,7% sind jährlich abzuschreiben 13 032 M. Das abzuschreibende Kapital für die Stromzuführungsanlage wird auf 60 000 M festgesetzt. Bei einer Abschreibung von 8,3% sind jährlich abzuschreiben 4980 M.

In den weiteren Vertragsbestimmungen ist angegeben, was auf Erneuerung und was auf Unterhaltung zu buchen ist, wie der Strompreis berechnet und wie die Kostenverteilung ermittelt werden soll.

5. Bahnkreuzungen.

Unter Bahnkreuzungen sind hier zu verstehen Kreuzungen von Bahnen untereinander, unter Wegekreuzungen Kreuzungen von Bahnen mit Wegen, unter Leitungskreuzungen Kreuzungen von Bahnen mit Leitungen.

„Kreuzungen von Hauptbahnen mit anderen Bahnen (Haupt-, Neben- und Kleinbahnen) dürfen in Schienenhöhe außerhalb der Einfahrsignale der Bahnhöfe nicht angelegt werden.“

„Für die Kreuzung einer Hauptbahn mit einer der Eisenbahn-Bau- und Betriebs-Ordnung vom 4. November 1904 nicht unterstellten Bahn (Klein- und Privatanschlußbahnen [Lokal- und Industriebahnen]) kann die Landesaufsichtsbehörde Ausnahmen zulassen (B. O., § 13), jedoch nur im Einverständnis mit der zuständigen Eisenbahnbehörde (K. G. § 8, 3).“

„Vorhandene Bahnkreuzungen und Kreuzungen mit neuen, vorübergehend anzulegenden Bahnen, wie Arbeitsgleisen, Baugleisen u. dgl., fallen nicht unter diese Bestimmung.“ (Erläut. z. B. O.)

Die Ausnahmen, in denen heute noch Kreuzungen von Hauptbahnen mit anderen Bahnen in Schienenhöhe gestattet werden, sind außerordentlich selten. Man ist in allen deutschen Staaten darangegangen, alle Kreuzungen von Bahnen und Wegen in Schienenhöhe durch Über- oder Unterführungen zu beseitigen. Jedoch auch für schienenfreie Kreuzungen von Haupt- oder Nebenbahnen ist die Genehmigung der Eisenbahnbehörde erforderlich (K. G. § 8, 3).

Für Straßenbahnen bedeutet die Forderung der schienenfreien Kreuzung oft die Aufgabe des ganzen Bahnprojektes, entweder wegen Undurchführbarkeit infolge außerordentlicher Gelände- oder Bebauungsschwierigkeiten oder wegen unerschwinglich hoher Kosten, die die Rentabilität des Unternehmens in Frage stellen würden. Bisweilen lassen sich diese Schwierigkeiten dadurch überwinden, daß die Baukosten von verschiedenen Interessenten (Gemeinden, Wegeunterhaltungspflichtigen, Eisenbahnverwaltungen u. a.) zum großen Teil übernommen werden.

Die Staatsbahnverwaltung erspart bei schienenfreier Kreuzung je nach Verkehrsdichte zwei bis vier Bahnwärter (für einen „kapitalisierten" Bahnwärter werden 33—35 000 M. gerechnet) und die Schrankenanlage und hat den Vorteil der vollständigen Betriebssicherheit und unverminderten Geschwindigkeit ihrer Züge an der Kreuzungsstelle. Danach läßt sich der ihr billigerweise zufallende Anteil an den Baukosten für eine Unter- oder Überführung annähernd bestimmen. (Schoeningh, „Die Geschichte und wirtschaftliche Bedeutung der Kleinbahnen (Überlandstraßenbahnen) im rheinisch-westfälischen Kohlenrevier", S. 64ff.)

Bestehende, widerruflich genehmigte schienengleiche Bahnkreuzungen müssen neuerdings häufig entfernt werden. Eine angemessene Frist zur Erstellung einer Über- oder Unterführung wird dann von der Aufsichtsbehörde gestellt.

Auch die elektrischen Bahnen haben ein großes Interesse, unnötige schienengleiche Kreuzungen zu vermeiden. Sie bringen oft bauliche Schwierigkeiten mit sich (Geländeerwerb durch vorgeschriebene Linienführung), erfordern oft jahrelange Unterhandlungen bis zur Genehmigung, erschweren vor allem den Betrieb durch Aufenthalte an der Kreuzungsstelle und bilden ständige Gefahrpunkte (Zugzusammenstöße).

„Die in Schienenhöhe gelegenen Kreuzungen der Haupt- und Nebenbahnen sind durch Hauptsignale zu decken, die in gegenseitiger Abhängigkeit stehen. Über die Sicherung der Kreuzung einer solchen Bahn mit einer Kleinbahn hat die Landesaufsichtsbehörde Bestimmung zu treffen." (B. O. § 21, 6.)

Bei den städtischen Vorortbahnen der Stadt Köln wurde z. B. an der Strecke Köln—Frechen—Benzelrath, die erheblichen Güterverkehr hat und für starken Militärzugbetrieb eingerichtet ist, vom Minister die Forderung gestellt, daß diejenigen Stationen, die für die Kreuzung der Militärzüge in Frage kommen, mit Einfahrtsignal auszurüsten waren. Zur Sicherung des Betriebes ist man jedoch einen Schritt weiter gegangen und hat bei denjenigen Stationen, die sowohl dem Güter- als auch dem Personenverkehr dienen, neben den Einfahrts- auch Ausfahrtssignale sowie Weichen- und Signalsicherungsanlagen eingerichtet, die von einer Zentralstelle, dem Stellwerk, aus bedient werden.

„Vor den außerhalb der Bahnhöfe gelegenen [schienengleichen] Bahnkreuzungen muß jeder Zug anhalten. Bei der Kreuzung einer Hauptbahn mit einer Neben- oder Kleinbahn kann die Landesaufsichtsbehörde die Züge der Hauptbahn von der Verpflichtung zum Halten entbinden; bei der Kreuzung zweier Nebenbahnen oder einer Nebenbahn mit einer Kleinbahn kann sie die Züge einer Bahn, ausnahmsweise auch die Züge beider Bahnen von dieser Verpflichtung entbinden." (B. O. § 68.)

Es wird jedoch neuerdings fast ausnahmslos für die Bahn niederer Ordnung oder eine der beiden gleicher Ordnung das Halten vor der Kreuzung vorgeschrieben. Bei solchen wird es derjenigen auferlegt, die die Genehmigung zur Kreuzung neu nachsucht.

Die Entfernung des Haltepunktes vom Kreuzungspunkt wird in

beiden Richtungen durch ein festgesetztes Haltesignal bestimmt. Der Schaffner hat abzusteigen, bis zur Gleiskreuzung vorzugehen, sich von der Fahrsicherheit zu überzeugen und dann erst seinem Zug das Zeichen zum Weiterfahren zu geben.

„Die zur Wahrung der Betriebssicherheit zu stellenden Bedingungen, unter denen schienengleiche Kreuzungen der Kleinbahnen untereinander zu genehmigen sind, werden in jedem Einzelfall besonders festgesetzt. Eine Änderung dieser Bedingungen nach den im Betrieb zu sammelnden Erfahrungen bleibt der Aufsichtsbehörde vorbehalten.“ (Bau- u. Betriebs-Vorschr. für nebenbahnähnliche Kleinbahnen mit Maschinenbetrieb vom 15. Januar 1914, § 10.)

Gestattet werden nur noch solche Kreuzungen Bahnen niederer Ordnung, die in durchaus übersichtlichem Gelände und nicht in starken Neigungen liegen.

Wichtig ist bei schienenfreier Kreuzung mittels Überführung die richtige Wahl des Geländepunktes und der anschließenden Linienführung. Zunächst wird man danach streben, ohne großen Geländeerwerb, ohne zu große Erdbewegung und ohne unnötig großen Kunstbau die profilfreie Überführung herzustellen. Der Schnittwinkel soll möglichst 90°, nicht aber unter 30° sein, Anschlußbogen möglichst flach, nicht unter 20 m Halbmesser (richtet sich aber nach Radstand der Betriebsmittel), Rampen möglichst flach und kurz und nicht über 1 : 20 ansteigend.

Bei der Überschreitung von Bahnanlagen auf bestehenden Überbauten ist zunächst zu prüfen, ob diese für den neuen Lastenzug die nötige statische Sicherheit gewähren oder ob sie verstärkt werden müssen, und ob sie genügende Breite für die elektrische Bahn, unter Umständen neben sonstigem Verkehr haben, oder verbreitert werden müssen.

Geländeschwierigkeiten, hohe Bau- und Unterhaltungskosten oder hohe Abgaben für Mitbenutzung einer Überführung (Brückenzoll) können zur Aufgabe eines Projektes und anderer Linienführung zwingen.

Bei den Vorarbeiten sind deshalb alle diese Fragen gründlich zu erwägen.

Auch die Anlage von Unterführungen erfordert gründliche und umsichtige Vorarbeiten. Zu der Schwierigkeit, das lichte Profil ohne große Umbauten an Straßen, Gebäuden usw. und unter Einhaltung der zulässigen Steigungen (Hauptstraßen mit Straßenbahn- und Fußverkehr nicht unter 1 : 30) zu erhalten, kommt noch die Anbringung der Oberleitung an der Decke der Unterführung. Auch der lichte Raum für den Stromabnehmer, der bei Bügel und Schere und auch noch bei den einzelnen Ausführungsarten verschieden ist, ist zu berücksichtigen.

Alle Entwürfe für Gleiskreuzungen mit Ausnahme bei Straßenbahnen, die nicht nebenbahnähnliche Kleinbahnen sind, müssen dem Antrag auf Erteilung der Genehmigung des Bauunternehmens beigefügt werden. Sie erfordern die Genehmigung des Ministers der öffentlichen Arbeiten. Die Beibringung von Bauzeichnungen für Brücken, Über- und Unterführungen darf bis zum Beginn der Bauausführung ausgesetzt werden." (K. G. § 5 mit Ausf.-Anweis.)

Erschwert wird die Anlage von Kreuzungen bei elektrischen Bahnen durch die Stromzuführungen (Oberleitung, dritte Schiene, Kabel) und Verteilungen. Die Aufhängung der Oberleitung auf festen Brücken, die Sonderausführungen für Dreh- oder Klappbrücken, die Unterbringung der Stromzuführungen in den Tunneln erfordern eingehende Vorarbeiten und Festlegung der Ausführung und Unterhaltung durch Verträge mit fremden Interessenten.

Ein besonderes Studium erfordern die Kreuzungen elektrischer Schnellbahnen. Es sind hier zu unterscheiden: oberirdische und unterirdische Gleiskreuzungen und bei jeder von beiden Kreuzungen schienengleiche (Niveaukreuzungen) und schienenfreie Kreuzungen. Schienengleiche Kreuzungen kommen wegen ihrer erhöhten Gefährlichkeit bei Schnellbahnen äußerst selten vor und werden, wo irgend möglich, vermieden. Ein interessantes Beispiel für eine schienenfreie oberirdische Kreuzung, bei der jedoch kurz vor der Kreuzung alle Gleise noch ungefähr in gleicher Höhenlage verlaufen, bildete das jetzt umgebaute Gleisdreieck der Berliner Hoch- und Untergrundbahnen.

Drei zweigleisige Linien treffen in einem Punkte zusammen. Man konnte ohne Umsteigen vom Westen nach dem Osten, vom Westen nach dem Zentrum und vom Zentrum nach dem Osten fahren. Jedes Gleis gabelt sich vor dem idealen Kreuzungsmittelpunkt in zwei Gleise, die schienenfreie Kreuzung (Verschlingung) der einzelnen Gleisstränge wurde durch Neigungen und Steigungen (stärkste 1 : 38) erreicht. Zugzusammenstöße sind nur möglich, wenn zwei Züge zu gleicher Zeit vom Zentrum und vom Osten mit der Richtung nach dem Westen an dem Gabel- bzw. Vereinigungspunkt zusammentreffen. Schutz hiergegen sollen die Signal- und Sicherungseinrichtungen bieten. Trotzdem ereignete sich am 26. September 1908 ein folgenschwerer Zugzusammenstoß. Infolgedessen und wegen der außerordentlichen Verkehrssteigerung ist das weltbekannte Bauwerk aufgelöst und ein Umsteigebahnhof eingeschaltet worden.

Außerordentlich zahlreich und mannigfaltig in ihrer Ausführung sind die Kreuzungen bei Untergrundbahnen. Schienengleiche Kreuzungen vor oder hinter den Bahnhöfen, Einmündungen von Strecken in andere oder in Schleifen unterscheiden sich nicht wesentlich von entsprechenden oberirdischen Bahnhofsanlagen; natürlich bilden alle diese Kreuzungen Gefahrpunkte und sind möglichst zu vermeiden. Schienenfreie Kreuzungen aller möglichen Ausführungen, also Kreuzungen der einzelnen Tunnel oder Röhren finden wir bei allen Untergrundbahnen, ganz besonders häufig aber bei den amerikanischen. Eine Beschreibung würde zu weit führen. Es sei hier nur auf einzelne Beispiele hingewiesen:

Gleisdreieck der Hudson- und Manhattanbahn in New Jersey („Die Weltstädte und der elektr. Schnellverkehr" von P. Wittig, S. 41), die Kreuzungs- und Umsteigebahnhöfe der Londoner, New Yorker und Berliner Untergrundbahnen (Kreuzungsbahnhof Wittenbergplatz, Gemeinschaftsbahnhof Hermannplatz [Schriften von Bousset, Direktor der Berliner Hochbahngesellschaft; B. E. W.-Mitteilungen der A. E. G.-Schnellbahn]).

Eine kaum noch zu übertreffende Anhäufung von schienenfreien Bahnkreuzungen aller Art sei hier noch kurz erwähnt. In der 6. Avenue in New York liegen untereinander: Hochbahn, Straßenbahn, Lokalgleise der Hudson- und Manhattanbahn, Eilzuggleise derselben und die Pennsylvanische Bahn.

6. Kreuzung von Wasserwegen.

Die Kreuzung von Wasserwegen durch elektrische Bahnen erfolgt oberirdisch auf Brücken, unterirdisch in Tunneln.

Elektrische Straßen- und Kleinbahnen benutzen meistens vorhandene Straßenbrücken, die dann häufig verbreitert oder verstärkt werden müssen, für elektrische Schnellbahnen (Hochbahnen) werden fast stets eigene Überführungen erbaut; ein eigenartiges Bauwerk stellt die Blackwells-Inselbrücke über den East River in New York dar. Sie enthält übereinander liegende Fahrbahnen. Die obere Fahrbahn ist für die zweigleisige Hochbahn und zu beiden Seiten davon für Fußgängerverkehr bestimmt, die untere für Fuhrwerke und die elektrische Straßenbahn. Je zwei Straßenbahngleise liegen dicht an den Gurtungen, das eine Gleis innen, das andere auf der Auskragung. In Hafenstädten mit zahlreichen Kanälen werden die Straßenbahnen häufig gezwungen, vorhandene Klapp- oder Drehbrücken mitzubenutzen. An solchen Stellen erleiden die Bahnen natürlich oft Verzögerungen im Verkehr. In der Regel werden auch besondere Ausführungen für die Oberleitung erforderlich, wenn nicht bei ganz kurzen Überführungen die Oberleitung ganz wegfällt und die lebendige Kraft des Wagens zum Überfahren ausgenutzt wird (8 Brücken ohne Stromleitung in Amsterdam).

Die Erbauung eigener Brücken erfordert für Kleinbahnen usw. häufig derartige Kosten, daß die Linienführung oder das ganze Projekt aufgegeben werden muß. Die Benutzung fremder Brücken ist in der Regel auch nur durch ständige Abgaben (Brückenzölle), abgesehen von den unter Umständen erforderlichen Bauarbeiten (Verstärkungen, Verbreiterungen, Gleisauspflasterungen, schwierige Oberleitungsarbeiten), zu erreichen.

Mit großer Aufmerksamkeit sind alle, auch die kleinsten Wasserwegkreuzungen, im Entwurf zu behandeln. Besonders zahlreich sind bei Überlandbahnen Kreuzungen mit Durchlässen, Bach-, Flußläufen,

Berieselungsanlagen usw. Die Bahnausführung ist oft für Mühlenbesitzer, Fischereipächter u. a. willkommene Gelegenheit zur Geltendmachung von Ansprüchen bei den kleinsten, sie angeblich schädigenden Änderungen an den Wasserbauten. Es kommt z. B. gar nicht selten vor, daß eine Straße über einen sehr tief liegenden Durchlaß mit geringer Durchflußöffnung und vielleicht auch schwacher Fahrbahndecke führt, auf der eine Bahn geplant ist. Es werden dann womöglich Verstärkungen der Fahrbahndecke oder andere Umbauten nötig, die vielleicht das Durchflußprofil noch mehr einengen und Schadenersatzansprüche von Interessenten zur Folge haben. Da bei nicht ganz klarer Rechtslage der wirtschaftlich Schwächere in Schutz genommen wird, können dem Unternehmen harte Auflagen entstehen. Die Vorverhandlungen mit den Interessenten müssen schon zeigen, ob nicht ein Abgehen von der geplanten Linienführung ratsam ist. Bei allen Bauausführungen an Wasserwegen ist streng auf Einhaltung der Vorflut, Be- und Entwässerungsanlagen, Hochwasserfreiheit der Bahnkrone, reichliche Abmessung der Durchlässe, kurz auf vollständige Erhaltung, besser auf eine sichtbare Verbesserung der bestehenden Verhältnisse hinzuarbeiten.

Bei der landespolizeilichen Prüfung sollen die beteiligten Behörden und Privatpersonen eingehend darüber befragt werden, ob die geplante Bahnanlage Hochwassergefahr herbeiführen könne. Alle Entwürfe für schiffbare Gewässer sind vor der landespolizeilichen Prüfung den Schifffahrtsinteressenten zugängig zu machen. Kommen nennenswerte deichpolizeiliche Interessen in Frage, so sind die Wasser- und Meliorationsbaubeamten bei der Aufstellung der Pläne wie bei der landespolizeilichen Prüfung zuzuziehen. Über Bahnbauten im Quell- und Hochwasserabflußgebiet in Schlesien, Brandenburg und Sachsen sind die Wasserpolizeibehörde, die Interessenvertretung und der Oberpräsident vor der Planfeststellung zu hören.

Unterirdische Kreuzungen mit Wasserwegen, Be- und Entwässerungsanlagen kommen bisweilen bei elektrischen Straßenbahnen (Spreetunnel der Großen Berliner Straßenbahn), sehr häufig bei Untergrundbahnen vor.

Man wird zunächst das Bestreben haben, die Flußachse möglichst senkrecht zu kreuzen, um den Tunnel möglichst kurz zu gestalten. Dies läßt sich jedoch nur selten durchführen. Bei Straßenbahnen, die (in Straßenkrone) noch höher liegen als der Wasserspiegel des zu kreuzenden Flusses, ist eine gewisse Längenentwicklung notwendig, um in der Nähe der Einfahrt das nötige Profil unter Flußsohle zu erhalten. Diese wird in seltenen Fällen in einer Geraden senkrecht zur Flußachse in der Anfahrtstrecke zu gewinnen sein, da hierfür die Straßenverhältnisse und die Bebauung keinen Raum gewähren. Sie muß also in Bogen oder Schleifen in der Nähe des Ufers, unter Umständen parallel zum Flußufer gewonnen werden. Ferner ist natürlich die geplante oder durch Gelände oder Bebauung (wichtige Straßenzüge) bedingte allgemeine Linienführung richtunggebend für den Tunnel. Ob er überhaupt ausführbar ist, richtet sich nach Geländeverhältnissen, Bodenbeschaffenheit (bisweilen ungeeignet für Brückenfundamente und geeignet für Tunnel, bisweilen auch dieses nicht), Baukosten und Rentabilität. Bei Hafenanlagen ist die Bestimmung von Einfahrt und Ausfahrt und Richtung des Tunnels oft besonders erschwert durch Hafenbecken, Verladeeinrichtungen, Docks, Silos, Schuppen usw. Bei Straßenbahnen ist die Rentabilität oft recht fraglich, während bei wichtigen Schnellbahnstrekken zweifellos alle Schwierigkeiten überwunden werden. Bei Untergrundbahnen ist eine besondere Längenentwicklung meist nicht nötig. Die Absenkung und das Wiederansteigen des Tunnels vor und hinter dem Wasserlauf läßt sich ohne Schwierigkeiten ausführen; die Bebauung hat wohl Einfluß auf die Bauarbeiten und die Baukosten, bietet jedoch kein absolutes Hindernis, da Unterfahrungen von Häusern mit größter Sicherheit und ohne Schaden für diese ausgeführt werden.

7. Leitungsanlagen.

Leitungsanlagen aller Art, Be- und Entwässerungsrohre, Post- und Feuerwehrkabel, Gas- und elektrische Leitungen werden häufig von Untergrundbahnen gekreuzt und müssen meistens verlegt werden.

Die Berliner Untergrundbahnen liegen meistens möglichst dicht unter dem Straßenpflaster (70 cm, bei Haltestellen 40 cm), jedoch so, daß es gerade noch möglich ist, kleinere Leitungen der städtischen Versorgungsnetze über die Tunneldecke hinweg zu führen. Für die Überführung größerer Leitungen, insbesondere von Wasserrohren, wurden bei der Schöneberger Untergrundbahn in der Tunneldecke unter Anwendung von Eisenbetonplatten sog. Rohrgräben ausgespart, die eine tiefere Lage der Leitungen gestatten, oder es wurde folgende Ausführung gewählt: zwischen die Deckenträger des Tunnels wurden Hängebleche eingebaut. Auf diese wurde eine dünne Betonlage, dann eine doppelte Asphaltpappe und schließlich noch ein dünnes Blech aufgebracht. In der Mitte war dann eine Deckenstärke von 13 cm, die an den Seiten dann bis Trägerhöhe hochgezogen wurde. In diese Wölbung wurden dann die Rohre mit einer Sandbettung eingelegt. Gegen den Druck der Straßenlasten wurde bei der Überführung der beiden je 1 m weiten Druckrohre der Berliner Kanalisation an der Kreuzung der Haupt- und Innsbruckstraße noch eine Abdeckung mit Hores-Eisen aufgebracht.

Jedes Druckrohr wurde an der Kreuzungsstelle in zwei „Hosenrohre“ von 70 cm lichter Weite aufgelöst, und zwar sowohl aus Ersparnisrücksichten als auch zur Erhöhung der Betriebssicherheit im Hinblick auf den in ihnen herrschenden großen Druck.

Dort, wo Kanalisationsanlagen die Bahnlinie kreuzen, mußten entweder Parallelverschiebungen oder Umlegungen der Kanäle vorgenommen oder es mußten die Kanäle unter der Bahn durchgeführt werden, und zwar entweder durch Anwendung „gedükerter“ Querschnitte (sog. „Drachenquerschnitte“) oder mittels „Dükerung“.

Die Dükerbauten haben sich in Berlin und Vororten überall gut bewährt, auch die besonders schwierigen Ausführungen an der Untergrundbahnstrecke nach Schöneberg.

Eine durchgängige Tieferlegung der Untergrundbahn, um die Kanalisationsleitungen über sie hinweg führen zu können (wie es z. B. in London, Paris und New York bei den dortigen Untergrundverhältnissen vielfach auf langen Strecken möglich war), empfiehlt sich für Berlin nicht mit Hinsicht auf den hohen Grundwasserstand und die Gefahr der Schwimmsandbildung und Gefährdung benachbarter Gebäude bei der Wasserschöpfung, ferner wegen der großen Verkehrserschwernisse während der Bauzeit und schließlich wegen der bedeutenden Mehrkosten, die unter Umständen die Wirtschaftlichkeit des ganzen Unternehmens in Frage stellen können. Es sei noch besonders hervorgehoben, daß bei größerer Tiefenlage des Tunnels sehr lange Treppen, Rolltreppen oder Personenaufzüge notwendig werden, durch die sowohl der Verkehrswert als auch die Ertragsfähigkeit des Unternehmens nicht unbedeutend vermindert werden. Die geringe Ertragsfähigkeit einiger Londoner Untergrundbahnen ist z. B. mitbegründet durch die bis zu 30 m Tiefe gehenden Aufzüge.

In New York beträgt die übliche Überdeckung des Tunnelrückens 1,80 m. Es ist dann möglich, die meisten Gas-, Dampf-, Preßluft- und elektrischen Leitungen in ihrer Lage zu belassen, jedoch werden Änderungen in den Kanalisationsanlagen häufig erforderlich. Soweit als möglich werden Umlegungen ausgeführt, als letztes Hilfsmittel werden Dükerungen angewendet. Auch hier hat man damit gute Erfahrungen gemacht. Wichtig ist die getrennte Führung von Haus- und Niederschlagwässern, um eine stets ausreichende, die Verschlammung verhütende Geschwindigkeit zu erhalten.

Auch bei Straßen- und Überlandbahnen sind alle unter- und überirdischen Leitungen aufzunehmen und genau in die Pläne einzutragen. Die Anwesenheit vieler fremder Leitungen, besonders Gas- oder Postleitungen, kann unter Umständen die Änderung der Linienführung angezeigt erscheinen lassen.

Die geringsten Schwierigkeiten machen die Kanalisationsanlagen. Hier wird nur mitunter die Änderung von Einsteigschächten erforderlich, wenn gerade eine Schiene auf sie zu liegen kommen würde.

Sehr unangenehm kann die Nähe von Gas- oder Wasserrohren werden, besonders bei Gleichstrombahnen, die die Schienen als Rückleitung benutzen (weniger bei Wechselstrombahnen). Durch abirrende (vagabundierende) Ströme können Zerstörungen an den fremden Leitungen eintreten, für die das Bahnunternehmen haftbar gemacht werden kann. Es sind deshalb von dem Arbeitsausschuß der Vereinigten Erdstromkommission des Deutschen Vereins von Gas- und Wasserfachmännern, des Verbandes Deutscher Elektrotechniker und des Vereins Deutscher Straßenbahn- und Kleinbahnverwaltungen „Vorschriften zum Schutz der Gas- und Wasserröhren usw.“ herausgegeben worden. Ihre Hauptbestimmungen lauten auszugsweise:

„Von diesen Vorschriften bleiben Bahnen befreit, deren Gleise auf besonderem Bahnkörper isoliert (z. B. auf Holzschwellen) verlegt sind ... Ferner finden diese Vorschriften keine Anwendung auf Schienenstränge, die an jedem Punkte wenigstens 200 m von dem nächstgelegenen Punkte eines Rohrnetzes entfernt sind.“ (§ 1). „Der Widerstand einer Gleisstrecke darf durch die Stoßverbindungen höchstens um 20 v. H. größer sein als der Widerstand eines ununterbrochenen Gleises von gleichem Querschnitt und gleicher spezifischer Leitfähigkeit ... Die Schienen zu beiden Seiten von Kreuzungs- und Weichenstücken müssen durch besondere Überbrückungen in gut leitendem Zusammenhang stehen ... An beweglichen Brücken oder Anlagen ähnlicher Art, die eine Unterbrechung der Gleise zur Folge haben, ist durch besonders isolierte Leitungen der gut leitende Zusammenhang der Gleisanlage zu sichern (§ 2). Im „inneren verzweigten Schienennetz“ und innerhalb eines anschließenden Gürtels von 2 km Breite soll bei mittlerem fahrplanmäßigen Betrieb der Anlage die sich rechnerisch ergebende Spannung zwischen zwei beliebigen Schienenpunkten 2,5 V nicht überschreiten. Unter den gleichen Bedingungen soll jenseits des Gürtels auf den „auslaufenden Strecken“ das größte Spannungsgefälle nicht mehr als 1 V für 1 km betragen ... Ist in einer Ortschaft das Schienennetz unverzweigt, so soll die Spannung innerhalb des verzweigten Rohrnetzes 2,5 V nicht überschreiten ... Empfohlen wird: Wo das Schienennetz allein nicht genügt, die Rückleitung ohne Überschreitung der zulässigen Spannung im Netz zu bewirken, sind besondere Rückleitungen herzustellen (§ 3). Die Gleise und die mit ihnen metallisch verbundenen Stromleitungen dürfen weder mit den Röhren noch mit sonstigen Metallmassen in der Erde metallisch verbunden sein. Außerdem ist darauf zu achten, daß der Abstand zwischen der nächstgelegenen Schiene und solchen Rohrnetzteilen (Wassertopf-Saugröhren, Hülsenröhren, Deckkasten, Spindelstangen, Hydranten o. dgl.), die in die Oberfläche eingebaut sind oder nahe an sie herantreten und mit den Röhrenleitungen in metallischer Verbindung stehen, so groß wie möglich gehalten wird, wenn irgend möglich wenigstens 1 m (§ 4).

Die vorstehenden Vorschriften sollen das Auftreten von Rohrzerstörungen nach Möglichkeit verhindern. Maßgebend für die elektrolytische Rohrzerstörung ist die Dichte des Stromes, der aus den Röhren austritt. Wo diese durch Bahnströme hervorgerufene Stromdichte den Mittelwert von 0,75 Milliampere pro Quadratzentimeter erreicht, ist die Röhrenleitung unbedingt als durch die Bahn gefährdet zu bezeichnen, und es sind weitere Schutzmaßnahmen zu treffen“ (§ 5). Auf die vollständigen Vorschriften und auf die Erläuterungen dazu (D. Str. u. Klb. Z. 1912, Nr. 50/51) sei hinzuweisen.

Das beste wäre schon, Straßenzüge, in denen derartige Rohrleitungen liegen, zu vermeiden. Wenn dies nicht möglich, sollte man versuchen, die Bahn auf die von Rohrleitungen freie Straßenseite zu legen, wo die Rohrleitungen meistens in einem Bankett oder Bürgersteig untergebracht sind. Oft liegen aber auf der von Röhren freien Seite andere Leitungen (Postfreileitungen oder Kabel), die noch größere Schwierigkeiten bereiten, oder andere Umstände lassen die Benutzung dieser anderen Seite nicht zu, z. B. Einfahrten zu Häusern, Vorgärten, Zuwege zu Grundstücken, tiefe Gräben, schlechte Bodenverhältnisse, enge Kurven o. a. Es muß deshalb die Entscheidung von Fall zu Fall durch örtliche Aufnahmen getroffen werden. Wo sich Kreuzungen oder zu große Annäherung der Schienen an Rohrleitungsteile nicht vermeiden lassen, sind geeignete Isolierungen einzubauen oder die Rohrleitungen (bei kurzen Strecken und einfacher Ausführung) zu verlegen. Als Isolierung genügt häufig die Einziehung von Holzschwellen unter die Schienen und Einbringung eines starken Schotterbettes. Einzelne Rohrnetzteile in der Straßenoberfläche (§ 4), die näher als 1 m von der nächsten Schiene liegen, können durch besondere Isoliermasse geschützt werden. Zement oder Beton ist wegen seiner Porosität nicht geeignet. Die Schädigungsgefahr kann man durch verschiedene Mittel beseitigen oder herabsetzen. Man kann die Spannungsverteilung in den Zuleitungen so einrichten, daß erhebliche Spannungsdifferenzen, etwa über 1 Volt, zwischen den der Gefahr ausgesetzten Teilen und der Schienenrückleitung nicht entstehen, ferner kann man die Schienen an isolierte Rückleitungskabel anschließen oder auch die gefährdeten Stellen, z. B. der Rohrleitungen, durch einen metallischen Leiter mit den Schienen verbinden, da ja die Zerstörungen immer nur an den Austrittsstellen des Stromes erfolgen. Eine sichere Verhütung aller Schäden hat man nicht in der Hand, da man nie den Verlauf und die Stärke der Ströme in der Erde genau bestimmen kann. Bei Wechselstrom tritt nur eine unbedeutende elektrolytische Wirkung ein, die man dadurch erklärt, daß die Wirkung der positiven Hälfte der Welle durch die negative bis zu einem bestimmten Werte aufgehoben wird. Die Elektrolyse durch Wechselstrom wird in ungünstigsten Fällen höchstens 1% der durch Gleichstrom entstehenden betragen.

Freileitungen.

„Bei elektrischen Bahnen gelten für den Schutz vorhandener Reichstelegraphen- und Fernsprechleitungen die „Allg. polizeil. Anforderungen an neue elektrische Starkstromanlagen usw.“ Im übrigen gelten, soweit nicht die vorgenannten „Anforderungen“ anderes bestimmen, für die Kraftwerke, Hilfswerke, Leitungsanlagen, Fahrzeuge und sonstigen Betriebsmittel elektrischer Bahnen, deren Spannung 1000 Volt gegen Erde nicht übersteigt, die vom Verband Deutscher Elektrotechniker e. V. herausgegebenen Sicherheitsvorschriften für elektrische Straßenbahnen und straßenbahnähnliche Kleinbahnen.“ (§ 24 der Bau- und Betriebsvorschriften für nebenbahnähnliche Kleinbahnen mit Maschinenbetrieb vom 15. Januar 1914.) „Soweit Bahnen mit höherer Spannung als 1000 Volt betrieben werden sollen, auf die die Sicherheitsvorschriften des Verbandes keine

Anwendung finden, sind die erforderlichen Sicherheitsvorschriften bis auf weiteres von der eisenbahntechnischen Aufsichtsbehörde für jedes Unternehmen besonders festzusetzen." (§ 25 Bau- u. Betriebsvorschriften für nebenbahnähnliche Kleinb.)

„Ober- wie unterirdische Kreuzungen von Stark- und Schwachstromleitungen müssen tunlichst im rechten Winkel erfolgen." (II, 3 der Allg. polizeil. Anford.)

„Bei oberirdischen Kreuzungen von Schwach- und Starkstromleitungen ist grundsätzlich danach zu streben, daß die Starkstromleitung oberhalb der Schwachstromleitung zu liegen kommt. An den Kreuzungsstellen müssen Vorrichtungen vorhanden sein, die eine Berührung der beiderseitigen Leitungen verhindern oder doch unschädlich machen. Im einzelnen ist folgendes zu beachten:

a) Soll bei der Kreuzung die Starkstromanlage oberhalb der Schwachstromleitung zu liegen kommen, dann ist, abgesehen von besonderen Verhältnissen, als geeignete Maßnahme gegen eine Berührung der beiderseitigen Leitungen ein solcher Ausbau der Starkstromanlage anzusehen, daß vermöge ihrer eigenen Festigkeit ein Bruch oder ein die Schwachstromleitung gefährdendes Nachgeben der Starkstromleitungen oder -gestänge im Kreuzungsfelde ausgeschlossen ist, und zwar auch bei einem Bruche sämtlicher Leitungsdrähte der benachbarten Felder; außerdem muß die Anlage durch geeignete Aufhängung oder besondere Sicherung der Starkstromleitungen denjenigen Gefährdungen der Festigkeit der Leitungen Rechnung tragen, die durch außergewöhnliche Stromwirkungen bei Betriebsstörungen, Isolatorbruch, Kurzschluß, Erdschluß u. dgl. eintreten.

b) Soll bei der Kreuzung die Starkstromleitung unterhalb der Schwachstromleitung zu liegen kommen, dann dürfen als geeignete Maßnahmen gegen ein Herauffallen der Schwachstromdrähte auf die Starkstromleitungen und gegen ein Umschlingen der letzteren durch die Schwachstromdrähte beispielsweise Schutzdrähte angesehen werden, die, parallel mit den Starkstromleitungen, sowohl oberhalb wie seitlich von diesen angeordnet, und von denen die oberen untereinander durch Querdrähte verbunden sind. Diese Schutzdrähte müssen möglichst gut geerdet sein." (II, 4 der Allg. polizeil. Anford.)

„Bei oberirdischen Kreuzungen von Stark- und Schwachstromleitungen darf der Abstand der Konstruktionsteile (Stangen, Streben, Anker, Erdleitungsdrähte usw.) der Starkstromanlage von den Schwachstromleitungen: A. in senkrechter Richtung: a) wenn die Starkstromleitung Hochspannung führt und zwischen ihr und den Schwachstromleitungen geerdete Schutznetze nicht vorhanden sind, nicht weniger als 2 m, b) wenn die Starkstromanlage Hochspannung führt und geerdete Schutzvorrichtungen vorhanden sind, nicht weniger als **1 m**; B. in wagerechter Richtung nicht weniger als 1,25 m betragen." (II, 5 der Allg. polizeil. Anford.)

Oberirdisch nebeneinander verlaufende Leitungen.

„An denjenigen Stellen, an denen Stark- und Schwachstromleitungen oberirdisch nebeneinander verlaufen sollen und der Abstand der beiderseitigen Leitungen voneinander weniger als 10 m beträgt, müssen Vorkehrungen vorhanden sein, die eine Berührung der beiderseitigen Leitungen unbedingt ausschließen. Als hinreichende Sicherheit gegen eine Berührung der beiderseitigen Leitungen bei Leitungsbruch gilt, abgesehen von besonderen Verhältnissen, ein wagerechter Abstand von 7 m zwischen beiden Leitungen, wenn innerhalb der Annäherungsstrecke die Spannweite zwischen den Masten des Gestänges in jeder der beiden Linien 30 m nicht überschreitet. Von besonderen Schutzvorrichtungen darf abgesehen werden, wenn die örtlichen Verhältnisse eine Berührung der beiderseitigen Leitungen auch beim Umbruch von Stangen oder bei Herabfallen von Drähten ausschließen, oder wenn die Anlage der Starkstromleitung durch entsprechende Verstärkung, Verankerung oder Verstrebung des Gestänges oder durch Befestigung an Häusern vor Umsturz gesichert ist." (II, 6 der Allg. polizeil. Anford.)

Da man aber zur Ersparnis von Masten meistens Spannweiten von über 30 m (zwischen 30 und 40 m bei einfacher Aufhängung der Oberleitung, bis zu 100 m bei Kettenaufhängung) wählen wird, wird meistens danach zu trachten sein, daß die Fahrleitung der elektrischen Bahn mindestens 10 m von dem nächsten Postleitungsdraht entfernt ist. Da solche Verhältnisse bei Benutzung öffentlicher Landstraßen, an deren Rändern fast stets Postleitungen liegen, fast niemals angetroffen werden, nehmen die Verlegungen von Postfreileitungen einen großen Umfang an und bilden einen wichtigen Teil der Linienführung und des Baues elektrischer Bahnen.

Befinden sich die Postfreileitungen an dem einen Straßenrand, so ist es vielleicht bei genügender Straßenbreite möglich, die elektrische Bahn auf dem gegenüberliegenden Bankett zu führen und die vorschriftsmäßige Entfernung der Leitungsdrähte von 10 bzw. 7 m einzuhalten. Gelingt dies nicht, so bleiben vielleicht noch andere Wege offen, entweder kann die Bahn außerhalb der Straße auf eigenem Bahnkörper angelegt oder es kann ein Straßengraben verrohrt und auf diesem die Bahn geführt werden. Ist dies alles nicht möglich, so wird die Postleitung zu verlegen, oder, wenn es gar nicht anders geht, werden Schutzvorrichtungen anzubringen sein.

Befinden sich an beiden Straßenseiten Postleitungen, so ist zunächst vielleicht die Zusammenlegung aller auf einer Seite möglich; es muß dann allerdings fast stets neues, stärkeres Gestänge gesetzt werden (was aber auch sonst sehr häufig schon im eigenen Interesse der Post wegen neuer Leitungen, hohen Alters der Stangen usw. geschieht). In beiderseitig bebauten Straßen, in denen noch Postgestänge stehen (in Dörfern und Kleinstädten), wird der Bau der Straßenbahn häufig der Anlaß zur Verlegung der Postleitungen über die Dächer hinweg werden. Bei jedem Bau von Überlandstraßenbahnen kommen Leitungsverlegungen vor. Die Kosten können so hoch werden (falls sie überhaupt das Bahnunternehmen zu tragen hat), daß sich an manchen Strecken die Aufgabe eines bestimmten Straßenzuges und andere Wahl der Linienführung, entweder ein anderer Straßenzug oder eigener Bahnkörper, empfiehlt.

„Die Verlegung einer nicht lediglich dem Orts-, Vororts- oder Nachbarortsverkehr dienenden Telegraphenlinie kann nur dann verlangt werden, wenn die Telegraphenlinie ohne Aufwand unverhältnismäßig hoher Kosten anderweitig ihrem Zweck entsprechend untergebracht werden kann.“ (§ 6 des Telegraphenwegegesetzes.)

Über die Tragung der Kosten entscheidet das Telegraphenwegegesetz vom 18. Dezember 1899:

„Spätere besondere Anlagen (z. B. eine später als die Telegraphenlinien erbaute elektrische Bahn) sind nach Möglichkeit so auszuführen, daß sie die vorhandenen Telegraphenlinien nicht störend beeinflussen.“

Durch elektrische Bahnanlagen hervorgerufene Störungen fremder Schwachstromanlagen, magnetischer oder elektrischer Meßinstrumente usw. sind nicht selten. Sie können so stark auftreten, daß umfangreiche und kostspielige Schutzanlagen oder Umlegungen von Leitungs- oder Gleisstrecken notwendig werden. Die Störungen sind entweder induktorischer oder ableitender Art (Erdströme). Bei Gleichstrombahnen mit Stromzuleitung durch die Fahrleitung und Stromrückführung durch die Schienen sind induktorische Störungen, wenn die Schienen gut leitend verbunden sind, fast ausgeschlossen, erdmagnetische Wirkungen äußerst schwach. Wo es jedoch vorkommen sollte, daß z. B. physikalische Institute mit feinen Meßinstrumenten Störungen empfinden sollten, kann man diese gegen die Einwirkung elektrischer Erdströme durch Ausgleichdrähte schützen.

Erhebliche Stärke nehmen bei Wechselstrombahnen oft die störenden Influenz-, Induktions- und Erdströme an. Im Benehmen mit den zuständigen Bahnverwaltungen hat das Reichspostamt im Bereich der Albtalbahn, der Wiesentalbahn und der Vollbahnstrecke Dessau—Bitterfeld Versuche über die Beeinträchtigung des Telegraphenbetriebes durch Wechselstromzugförderungsanlagen sowie über die Wirkungsweise verschiedener Vorkehrungen zum Schutze gegen solche Störungen anstellen lassen. Das Kaiserliche Telegraphenversuchsamt hat einen Bericht über die Telegraphenstörungen der Wechselstrombahnen mit Schienenrückleitung veröffentlicht. Die Versuche haben ergeben, daß durch Schutzvorrichtungen an der Fahranlage, wie Gegenspannungsdrähte und Saugleitungen, die Störungen wesentlich vermindert oder auch die Telegraphenleitungen durch Verwendung höherer Stromstärken bei 100 bis 160 Volt Normalspannung wirksam geschützt werden können.

Dem Verlangen der Verlegung oder Veränderung einer Telegraphenlinie muß auf Kosten der Telegraphenverwaltung stattgegeben werden, wenn sonst die Herstellung einer späteren besonderen Anlage unterbleiben müßte oder wesentlich erschwert werden würde, welche aus Gründen des öffentlichen Interesses, insbesondere aus volkswirtschaftlichen oder Verkehrsrücksichten, von den Wegeunterhaltungspflichtigen oder unter überwiegender Beteiligung eines oder mehrerer derselben zur Ausführung gebracht werden soll. Muß wegen einer solchen späteren besonderen Anlage die schon vorhandene Telegraphenlinie mit Schutzvorkehrungen versehen werden, so sind die dadurch entstehenden Kosten von der Telegraphenverwaltung zu tragen. Überläßt ein Wegeunterhaltungspflichtiger seinen Anteil einem nicht unterhaltungspflichtigen Dritten, so sind der Telegraphenverwaltung die durch die Verlegung oder Veränderung oder durch die Herstellung der Schutzvorkehrungen erwachsenen Kosten, soweit sie auf dessen Anteil entfallen, zu erstatten. Die Unternehmer anderer als der in Abs. 2 bezeichneten besonderen Anlagen haben die aus der Verlegung oder Veränderung der vorhandenen Telegraphenlinien oder aus der Herstellung der erforderlichen Schutzvorkehrungen an solchen erwachsenden Kosten zu tragen." (§ 6 des Telegraphenwegegesetzes.)

Kurz nach Erbauung des ersten Teiles der Kölner Straßenbahn sah sich die Kaiserl. Postverwaltung gezwungen, der Stadt Köln die Kosten für Schutzanlagen von beinahe 200 000 M. nebst Zinsen zu erstatten, da die Stadt Köln Wegeunterhaltungspflichtige war. Aber auch in einem anderen Falle, wo die Stadt Köln nur an einem Teil der Strecke wegeunterhaltungspflichtig war (an der elektrischen Kleinbahn von Köln nach Rath und nach Brück) wurde die Postverwaltung durch gerichtliches Urteil gezwungen, der Stadt Köln die vorgeschossenen Kosten für Verlegung bzw. Schutzvorrichtungen der Telegraphen- und Fernsprechleitungen zurückzuerstatten, da Köln wohl nur zum Teil wegeunterhaltungspflichtig sei, die Bahnanlagen jedoch als ein einheitliches Unternehmen anzusehen seien. (Denkschrift „Die Bahnen der Stadt Köln" von Dr.-Ing. Kayser.)

Aus den Rechten der Wegeunterhaltungspflichtigen geht z. B. der Nutzen der Verbindung von Privat- mit Kommunalunternehmungen hervor. Überläßt z. B. die Baugesellschaft der Gemeinde usw., in der die Bahn zu erbauen ist, als Wegeunterhaltungspflichtiger die Regelung der Telegraphenverlegung, dann werden meistens bedeutende Summen zu ersparen sein. Bei Vorarbeiten, Kostenanschlag, Bauvertrag usw. ist dies zu berücksichtigen.

Bei der Kreuzung elektrischer Bahnen mit Oberleitung und anderen Bahnen ohne Oberleitung wird sich die Oberleitung in der Regel ohne besondere Änderungen in der üblichen Bauart durchführen lassen, doch sind an diesen Kreuzungspunkten häufig Schranken vorhanden, die nicht bestehen bleiben können, weil ein Auf- und Zuschlagen infolge der niedrigen Höhe des Fahrdrahtes (5—6 m hoch, Schrankenlänge 10—15 m) nicht möglich ist. Es müssen dann für jede einzelne Schranke auf Kosten des Bahnunternehmens zwei neue Schranken aufgestellt werden, die so bemessen sind, daß sie den Fahrdraht nicht berühren.

Kreuzen sich zwei Bahnen mit Oberleitung oder kommen sich die Oberleitungen sehr nahe, so werden gemeinsame Kreuzungen, Fahrstrecken oder Aufhängungen erforderlich. Die Pläne hierfür sind beim Genehmigungsverfahren mit einzureichen. Im Planfeststellungsverfahren wird auch hierfür die Ausführung festgesetzt, und die fremde Bahn hat die Arbeiten zu dulden. Wegen Teilung der Bau-, Unterhaltungs- und Erneuerungskosten sind von den in Betracht kommenden Bahnverwaltungen Verträge zu vereinbaren, kommen diese auf gütlichem Wege nicht zustande, dann sind die ordentlichen Gerichte anzurufen.

Unterirdische Leitungen.

Große Aufmerksamkeit erfordern bei den Vorarbeiten und örtlichen Absteckungen die unterirdischen Leitungen. Auf Postkabel wird meistens zu rechnen sein; hat der Ort elektrische Beleuchtung, dann können auch Lichtkabel in der Straße liegen, auch Feuerwehr- und andere Kabel können noch vorkommen. Ihre örtliche Lage wird meistens nicht leicht zu erkennen sein. Telegraphenkabel künden sich wohl bisweilen durch einen Stein mit eingemeißeltem T an. Ihre Anzahl und ihre Linienführung ist unbekannt, die Tiefenlage schon eher bestimmt, aber auch durch Neubeschotterung der Straße, Umbauarbeiten usw. bisweilen verändert. In einem Kabelgraben liegen oft verschiedene Kabel (Post- und Lichtkabel) bald nebeneinander, bald übereinander, bald nur 50 cm tief, bald 1,50 m tief, durch Versenkungen, Abzweigungen und Hausanschlüsse wechselt oft Anzahl und Durchmesser. Es ist deshalb die Beschaffung genauer Leitungspläne von den zuständigen Stellen (Post- oder Telegraphenbauamt, Elektr. Kraftwerk, Magistrat o. a.) und Feststellung durch Aufgrabungen erforderlich.

„Vor beabsichtigten Aufgrabungen im Interesse von unterirdischen Starkstromkabeln in Straßen mit unterirdischen Schwachstromkabeln hat der Unternehmer der zuständigen Post- oder Telegraphenbehörde beizeiten, wenn möglich vor dem Beginn der Arbeiten, schriftlich Nachricht zu geben.“ (§ 13 der Allg. polizeil. Anf.)

Es müssen Leitungspläne mit Lageplan und Querschnitt in großem Maßstab angefertigt werden, die bei der Bauausführung Schritt für Schritt zu berücksichtigen sind, da die örtliche Lage meist den im Bureau gefertigten Plänen nicht entspricht und genaue Kenntnis der Tiefenlage der Kabel, der Länge der Verlegungsstrecken und der Kabelgräben, der Stärke der aufzubrechenden Straßendecke, und zwar für die Abrechnung nötig, dann aber auch für etwaige Entschädigungsansprüche wichtig ist. Müssen unterirdische Kabel der elektrischen Bahn fremde Leitungen kreuzen, so ist auf strenge Einhaltung der Vorschriften zu achten.

„Unterirdische Starkstromkabel sollen den Konstruktionsteilen (Stangen, Streben, Ankern usw.) oberirdischer Schwachstromleitungen tunlichst fernbleiben, ihnen gegenüber also mindestens einen seitlichen Abstand von 0,80 m wahren. Läßt dieser Mindestabstand sich nicht innehalten, dann müssen die Starkstromkabel in eiserne Rohre eingezogen werden, die nach beiden Seiten über die gefährdete Stelle um mindestens 0,25 m hinausragen. Die Rohre müssen gegen mechanische Angriffe bei Ausführung von Bauten an den Schwachstromleitungen genügend widerstandsfähig sein. Auf weniger als 0,25 m Abstand darf das Starkstromkabel den Konstruktionsteilen der Schwachstromleitungen in keinem Falle sich nähern.“ (§ 8 der Allg. polizeil. Anford.)

„Unterirdische Starkstromkabel müssen unterirdischen Schwachstromkabeln tunlichst fernbleiben, in Straßen mit Schwachstromkabeln womöglich auf der anderen Straßenseite verlaufen. Wo die beiderseitigen Kabel sich kreuzen oder in einem seitlichen Abstand von weniger als 0,30 m nebeneinander verlaufen sollen, müssen die Starkstromkabel auf der den Schwachstromkabeln zugekehrten Seite mit Halbmuffen aus Zement oder gleichwertigem, feuerbeständigen Material von wenigstens 0,06 m Wandstärke versehen werden. Die Muffen müssen 0,3 m zu beiden Seiten der gekreuzten Schwachstromkabel, bei seitlichen Annäherungen ebenso weit über den Anfangs- und Endpunkt der gefährdeten Strecke hinausragen. Sollen bei Kreuzungen oder bei seitlichen Abständen der Kabel von weniger als 0,3 m die Starkstromkabel tiefer als die Schwachstromkabel zu liegen kommen, so müssen letztere zur Sicherung gegen mechanische Angriffe mit zweiteiligen eisernen Rohren bekleidet werden, die über die Kreuzungs- und Näherungsstelle nach jeder Seite hin 1 m hinausragen. Solcher Schutzvorkehrungen bedarf es nicht, wenn die Stark- oder die Schwachstromkabel sich in gemauerten oder in Zement- o. dgl. Kanälen von wenigstens 0,06 m Wandstärke befinden." (§ 9 der Allg. polizeil. Anford.)

Im übrigen siehe Vorschriften des Verb. D. E. für die Errichtung elektr. Starkstromanlagen vom 1. Januar 1908.

Unter Gleisen von Haupt- und Nebenbahnen sind Kabel stets in widerstandsfähigen Rohren oder Kanälen zu verlegen (§ 30 der Sicherheitsvorschr. f. elektr. Straßenbahnen u. straßenbahnähnliche Kleinbahnen vom Verb. D. Elektrotechn.), bei Klein- und Straßenbahnen wird es oft empfohlen.

Solange irgendwelche unterirdischen Kabel in der Nähe von Rillenschienengleis elektrischer Bahnen liegen, empfiehlt sich ihre Verlegung, wenn die Entfernung von der nächsten Schiene nicht mindestens 0,80 m beträgt. Muß eine Umlegung erfolgen, dann ist im Einvernehmen mit allen zuständigen Stellen (Post, Elektrizitätswerk, Wegeunterhaltungspflichtiger) die beste Lage zu bestimmen, womöglich im Bankett oder Bürgersteig, wo die Leitungen gut zugänglich bleiben, möglichst aber 1 m von der nächsten Schiene entfernt, damit nicht nur schädliche Einwirkungen der Ströme, sondern auch Beschädigungen bei Bau- oder Umbauarbeiten, die am Bahnkörper vorgenommen werden müssen, vermieden werden.

Das Wegerecht elektrischer Leitungen ist in Preußen im allgemeinen nicht von der Genehmigung der Behörden abhängig. Bei Benutzung von Privatgrundstücken ist durch den Unternehmer ein Privatabkommen mit dem Besitzer zu treffen, im übrigen sind die Bestimmungen des Telegraphenwegegesetzes, die allgemeinen polizeilichen und die für elektrische Straßenbahnen und straßenbahnähnliche Kleinbahnen geltenden Sicherheitsvorschriften des Verb. D. E. (§ 27) zu beachten. Die Kreuzung öffentlicher Wege durch eine Leitung kann die Polizeibehörde nur verbieten, wenn ihr Zustand eine Gefahr bedeutet. In Baden ist die Genehmigung der staatlichen Verwaltungsbehörden und der Wegepolizeibehörden erforderlich, dabei sollen die Bezirksämter vor der Genehmigungserteilung die Gemeinde- und Straßenbehörden und die zuständigen Oberpostdirektionen hören.

Für fremde Starkstromleitungen auf Bahngelände der Preußisch-Hess. Eisenbahndirektionen und der Kaiserl. Gen.-Dir. der Eisenbahnen in Elsaß-Lothringen sind besondere Bedingungen erlassen. Sie gelten auch für Fahrleitungen elektrischer Bahnen. Oberirdische Kreuzungen ohne besondere Ausschalter sind zugelassen.

„Fremde Starkstromleitungen auf Bahngelände müssen den Vorschriften des V. D. E. entsprechen, insoweit sich diese auf die Errichtung elektr. Starkstromanlagen, insbesondere bei Kreuzungen mit Bahnanlagen, und auf die Fahrleitungen elektrischer Bahnen beziehen und insoweit durch die folgenden Bedingungen nichts anderes bestimmt ist.

Sie sollen die Gleise sowie bahneigenen Leitungen an möglichst wenigen Stellen — nach Möglichkeit rechtwinklig — kreuzen; kleinere Kreuzungswinkel — bis zu 60° — sind zulässig, wenn sie sich mit Rücksicht auf die örtlichen Verhältnisse nicht vermeiden lassen. Bei Kreuzungen sind, besonders auf größeren Bahnhöfen, zur Führung der Starkstromleitungen nach Möglichkeit Durchlässe und Straßenüber- und -unterführungen zu benutzen.“ (§ 1.)

Die von der Bahnverwaltung geforderte Benutzung vorhandener Über- oder Unterführungen kann die geplante Linienführung der elektrischen Bahn beeinflussen und ist deshalb beim Entwurf zu berücksichtigen. Verhandlungen mit der Bahnverwaltung haben frühzeitig stattzufinden, um spätere unliebsame Änderungen der Pläne und Verzögerungen des Baufortschrittes zu vermeiden.

„Über die durch örtliche Verhältnisse bedingten technischen Einzelheiten der Ausführung der Starkstromleitungen wird von Fall zu Fall befunden. Folgende Bedingungen müssen indessen stets erfüllt werden: I. Oberirdische Anlagen. 1. Kein unter Spannung stehender Teil der Starkstromleitungen — mit Ausnahme der Fahrleitungen elektrischer Bahnen — darf weniger als 7 m über S. O. liegen oder bahneigenen Leitungen in senkrechter Richtung auf weniger als 2 m, in wagrechter Richtung auf weniger als 1,25 m nahekommen. Die Starkstromleitungen sind stets oberhalb der bahneigenen Leitungen zu verlegen. 2. Die Starkstromleitungen — mit Ausnahme der Fahrleitung elektrischer Bahnen — sind entweder auf geerdeten Schutzbrücken zu verlegen oder es sind unter ihnen geerdete Schutznetze anzubringen. Von Schutznetzen oder Schutzbrücken kann bei solchen Verlegungsarten abgesehen werden, die bruchsicher ausgeführt werden können. Die Fahrleitungen elektrischer Bahnen sind bruchsicher aufzuhängen. Werden bahneigene Schwachstromfreileitungen von bruchsicher aufgehängten Starkstromleitungen gekreuzt, so ist ein geerdeter Schutzdraht (Prelldraht) oder eine gleichwertige Vorrichtung zwischen Stark- und Schwachstromleitung erforderlich. Der Abstand geerdeter Schutznetze, Schutzbrücken oder Schutzdrähte von bahneigenen Schwachstromleitungen soll mindestens 1 m betragen. 3. Der lichte Abstand der Maste oder Stützen von den Gleismitten muß mindestens 3 m sein. Der Abstand der Bauteile (Stangen, Anker, Streben, Erdleitungsdrähte usw.) von unterirdischen, nicht besonders geschützten bahneigenen Kabeln muß mindestens 0,8 m betragen. Die Annäherung bis auf 0,25 m kann zugelassen werden, wenn die Kabel gegen äußere Verletzung geschützt werden, z. B. durch eiserne Rohre oder Kabeleisen, die nach beiden Seiten über die gefährdete Stelle mindestens 1 m hinausragen. 7. Alle bahneigenen Schwachstromleitungen, und zwar sowohl vorhandene wie später hinzukommende, werden von der Eisenbahnverwaltung nach ihrem Ermessen auf Kosten des Unternehmers je nach den Umständen durch Schutzkästen, Schutznetze, geerdete Drähte, Unterleitung u. dgl. so gesichert, daß keinesfalls Starkstrom in sie übertreten oder sie durch Fernwirkung störend beeinflussen oder gefährden kann. II. Unterirdische Anlagen. 1. Unterirdische Kabel, die nicht auf Straßenüber- und -unterführungen, Brücken oder in Durchlässen untergebracht sind, müssen, soweit sie sich unter Gleisen befinden, in Eisenröhren oder in Kanälen aus Mauerwerk, Zement o. dgl. verlegt werden. Die Oberkante der Rohre und Kanäle soll wenigstens 1 m unter Planum liegen: sie sollen auf beiden Seiten der Bahnlinie wenigstens 2,5 m über die äußersten Schienen hinausragen und so angelegt sein, daß das Kabel herausgezogen oder durch ein anderes ersetzt werden kann, ohne daß an der Bahnanlage Arbeiten erforderlich werden. Kabel, die nicht unter Gleisen liegen, bedürfen keiner Rohre oder Kanäle. Sie müssen jedoch mit Eisenband umhüllt und in möglichst großem Abstande von den Gleisen wenigstens 1 m tief eingebettet werden. Auch sind sie zu beiden Seiten und von oben durch Ziegel oder in gleichwertiger Art zu schützen. 2. Bei Kabelung der Starkstromfernleitungen unter dem Eisenbahngelände müssen die Kabeleinführungen mindestens 10 m von den Eisenbahngrenzen entfernt sein. 3. Der Abstand unterirdischer, nicht besonders geschützter Starkstromkabel von Bauteilen aller Art muß mindestens 0,8 m betragen. Die Annäherung bis auf 0,25 m kann zugelassen werden, wenn die Kabel gegen äußere Verletzungen durch eiserne Rohre oder Kabeleisen, die nach beiden Seiten über die gefährdete Stelle mindestens 1 m hinausragen, geschützt werden. 4. Wo fremde Starkstromkabel mit bahneigenen Kabeln in einem seitlichen Abstande von weniger als 0,8 m nebeneinander verlaufen, müssen sie in Kanälen verlegt oder mit Hüllen aus Zement oder gleichwertigem feuerbeständigen Material versehen werden. 5. Unterirdische Starkstromkabel, die vorhandene Kabel kreuzen, sind an der Kreuzungsstelle mindestens 0,5 m unter diesen Kabeln zu verlegen und beiderseits mindestens 1 m über die Kreuzungsstelle hinaus in Kanälen aus Beton, Mauerwerk u. dgl. zu führen."

„Die Höhe der Fahrleitung und der an den Fahrdrahtmasten geführten Freileitungen über öffentlichen Straßen darf auf offener Strecke nicht unter 5 m betragen — in Württemberg 6 m. Eine geringere Höhe ist bei Unterführungen zulässig, wenn geeignete Vorsichtsmaßregeln getroffen werden (z. B. Warnungstafeln). Bei elektrischen Bahnen auf besonderem Bahnkörper, soweit dieser dem öffentlichen Verkehr nicht freigegeben ist, können die Leitungen (Drähte, Schienen usw.) in beliebiger Höhe verlegt werden, wenn bei der gewählten Verlegungsart die Strecke von unterwiesenem Personal ohne Gefahr begangen werden kann. An Haltestellen und Übergängen sind die Leitungen gegen zufällige Berührung durch das Publikum zu schützen und Warnungstafeln anzubringen." (Bahnvorschriften des V. D. E. § 27.)

„Bei Grubenbahnen mit Niederspannung müssen die Fahrdrähte an allen Stellen, die von der Belegschaft betreten werden, während die Anlage unter Spannung steht, entweder in angemessener Höhe über Schienenoberkante liegen, oder es müssen Schutzvorkehrungen getroffen werden, welche verhindern, daß jemand von der Belegschaft mit dem Kopf zufällig den Fahrdraht berühren kann. Als angemessene Höhe gilt 1,8 m. Eine geringere Höhe der Fahrdrähte ohne Schutzvorrichtung ist zulässig in Strecken, deren Befahrung der Belegschaft verboten ist, solange der Fahrdraht unter Spannung steht. Die Verwendung von Hochspannung ist im allgemeinen nur in Strecken zulässig, in welchen der Fahrdraht durch seine Höhenlage oder durch Schutzvorkehrungen der zufälligen Berührung entzogen ist, oder wenn der Belegschaft die Befahrung der mit Fahrdrähten ausgerüsteten Bahnstrecke verboten ist. Als Mindesthöhe gilt 2,3 m." (Errichtungsvorschriften für Starkstromanlagen des V. D. E. § 42.)

8. Bergbauinteressen u. a.

Wer einmal eine Bahn in einem Bergbaugebiet gebaut und mehrere Jahre im Betriebe zu beobachten Gelegenheit gehabt hat, weiß, welche Sorgfalt derartige Strecken beim Entwurf, den Vorarbeiten, der Ausführung und der Unterhaltung bedürfen, welche Schwierigkeiten aber auch bei den Vorverhandlungen mit den Bergwerksinteressenten zu überwinden sind, um ihre Zustimmung zu den Bahnplänen zu erhalten, ohne allzu große einmalige Opfer oder dauernde schwere Belastung tragen zu müssen. Besondere Vorrechte genießt der Bergbau jedoch nicht.

„Gegen die Ausführung von Chausseen, Eisenbahnen, Kanälen und anderen öffentlichen Verkehrsmitteln, zu deren Anlegung dem Unternehmer durch Gesetz oder besondere landesherrliche Verordnung das Enteignungsrecht beigelegt ist, steht dem Bergbautreibenden ein Widerspruchsrecht nicht zu. Vor Feststellung der solchen Anlagen zu gebenden Richtung sind diejenigen, über deren Bergwerke dieselben geführt werden sollen, seitens der zuständigen Behörden darüber zu hören, in welcher Weise unter möglichst geringer Benachteiligung des Bergwerkseigentums die Anlage auszuführen sei.“ (Bezieht sich nicht auf Gruben- und Privatanschlußbahnen. § 153 des Allg. Berggesetzes vom 24. Juni 1865.)

Wo irgend möglich, wird man Bergbaugebiet zu vermeiden suchen. Wenn die Bahn Bergbaugebiet durchschneiden muß, ist bei der Linienführung große Vorsicht am Platze. Es wird sich meistens nicht empfehlen, ohne Rücksicht auf die Grundbesitzverhältnisse auf kürzestem Wege die Verbindungen der Hauptverkehrspunkte anzustreben. Man muß vielmehr bemüht sein, möglichst wenig Bergbaubesitz in Anspruch zu nehmen und die Bahn in Anlehnung an vorhandene Straßen oder auf ihnen zu führen.

Viele Grubenbesitzer sind von vornherein Gegner der Bahnanlage. Sie befürchten Abwanderung der Arbeiter, oder, wenn sie sie halten wollen, erzwungene Lohnaufbesserungen. Können sie den Bahnbau nicht hindern, so suchen sie sich möglichst auf seine Kosten schadlos zu halten. Sie stellen außerordentliche Forderungen für den zu verkaufenden Grund und Boden oder stellen in einem Pachtvertrag Bedingungen (Fahrpreisermäßigungen, Haltestellen, bestimmte Linienführung, Fahrplan usw.) und verlangen derartig hohe Abgaben (Pacht, angeblich geringere Bergbauausbeute infolge Stehenlassens von Schutzpfeilern, besondere Schutzvorkehrungen für den Bahnbetrieb), daß die Ertragsfähigkeit des ganzen Unternehmens in Frage gestellt wird. Die Bergbehörde hat kein Interesse daran, anzuordnen, daß unter der Bahn Sicherheitspfeiler stehenbleiben sollen. Geht die Strecke zu Bruche, so wird sie wieder aufgefüllt. — Es empfiehlt sich deshalb eine Vereinbarung mit dem Bergbauunternehmen dahin, daß Material zum Auffüllen von der nächsten Halde kostenlos oder zu niedrigem Satze zur Verfügung gestellt wird. — Wohl aber wird die Bergbehörde häufig für öffentliche Verkehrswege (Landstraßen) und Leitungen (Gas, Wasser) Sicherheitspfeiler anordnen. Wird dann eine Bahn auf solchem Verkehrsweg geführt, so genießt sie diesen Schutz kostenlos mit. Stehen aber unter einer Straße keine Sicherheitspfeiler, dann ist eigener Bahnkörper vorzuziehen, weil dann bei Teilsenkungen das Gleis besser die elastischen Formveränderungen mitmachen kann und weil die Wiederherstellung der alten Höhenlage viel einfacher ist als bei der festen Straße. Die Frage ist in jedem Falle besonders zu klären. Die außerordentliche

Bedeutung der Bergschäden für den Bahnbetrieb darf nicht unterschätzt werden. Einerseits wird der Grubenbesitzer nicht nur sich gegen spätere Schadenersatzansprüche des Bahnunternehmens im Vertrage decken, sondern noch Vorteile herausschlagen wollen, andererseits wird das Bahnunternehmen nicht von vornherein und für alle Fälle auf den Schadenersatz verzichten wollen, der ihm nach den §§ 148 und 149 des Allg. Berggesetzes zusteht.

„Der Bergwerksbesitzer ist verpflichtet, für allen Schaden, welcher dem Grundeigentümer oder dessen Zubehörungen durch den unterirdisch oder mittels Tagebaues geführten Betrieb des Bergwerkes zugefügt wird, vollständige Entschädigung zu leisten, ohne Unterschied, ob der Betrieb unter dem beschädigten Grundstücke stattgefunden hat oder nicht, ob die Beschädigung von dem Bergwerksbesitzer verschuldet ist und ob sie vorausgesehen werden konnte oder nicht.“ (§ 148 A.B.G.)

„Der Bergwerksbesitzer ist nicht zum Ersatze des Schadens verpflichtet, welcher an Gebäuden oder anderen Anlagen durch den Betrieb des Bergwerkes entsteht, wenn solche Anlagen zu einer Zeit errichtet worden sind, wo die denselben durch den Bergbau drohende Gefahr dem Grundbesitzer bei Anwendung persönlicher Aufmerksamkeit nicht unbekannt bleiben konnte.“ (§ 150 A.B.G.)

Voraussetzung für den Ausschluß der Ersatzpflicht ist also, daß die vom Bergbau bedingte Gefahr bereits zur Zeit der Anlage eine drohende war; die Möglichkeit einer solchen genügt nicht. Das Bahnunternehmen wird also meistens in der Lage sein, seine Schadenersatzforderungen vor Gericht durchzusetzen. (Vgl. Dr. Schoeningh, „Die Geschichte und wirtschaftliche Bedeutung der Kleinbahnen [Überlandstraßenbahnen] im rheinisch-westfälischen Kohlenrevier.)

Nachdem dieses in den Verhandlungen mit den Bergwerksbesitzern klargemacht ist, ergeben sich gegenüber unbilligen Forderungen die Möglichkeiten: Enteignung des benötigten Grund und Bodens und später Schadenersatzklagen bei Betriebsstörungen oder billige Überlassung des Grund und Bodens und billige oder kostenlose Überlassung von Schuttmassen für Bruchstellen und dagegen Verzicht des Bahnunternehmens auf Enteignung und Schadenersatzansprüche.

Bei der Bauausführung ist dem Gleis besondere Aufmerksamkeit zu widmen, doch gehen die Ansichten über die beste Ausführung noch auseinander. Knelles empfiehlt für Bergbaugebiete in der D. Straßen- und Kleinbahn-Zeitung 1916, Nr. 37 und 38, verlaschte, Hartkopf im Zentralblatt der Bauverw. 1917, Nr. 77 und 78, geschweißte Stöße. Ferner stellt dieser folgende Grundsätze auf: Das Gleis soll möglichst unabhängig von der Straßendecke sein, 1. möglichst geringe Angriffsflächen an den Spurstangen in der wagerechten Achse bieten, 2. es soll aus Schienen mit möglichst großem Widerstandsmoment bestehen, 3. starre Straßenbefestigung (also Asphalt oder Steinpflaster) in der Gleiszone soll möglichst vermieden werden, 4. dagegen möglichst Makadamisierung (geteerter Kleinschlag) in der Gleiszone verwendet werden.

Außer den Bergbauinteressen sind auch die Wünsche von Forst-,

Domänen-, Moorkultur-, Wasser-, Strom-, Deichpolizeiverwaltungen usw. bei den Vorarbeiten festzustellen und bei der Linienführung möglichst zu berücksichtigen.

9. Bedingungen der Reichspost.

Für die Postbeförderung auf deutschen Haupt- und Nebenbahnen sind das Eisenbahnpostgesetz vom 20. Dezember 1875 und die besonderen Bestimmungen des Reichskanzlers maßgebend.

Ihr Hauptinhalt ist folgender:

Der Eisenbahnbetrieb ist, soweit es seine Natur und Erfordernisse gestatten, in Übereinstimmung mit den Bedürfnissen des Postdienstes zu bringen, jedoch kann die Einlegung besonderer Züge für die Zwecke der Post nicht beansprucht werden. Mit jedem fahrplanmäßigen Zuge ist auf Verlangen der Postverwaltung ein von dieser gestellter Wagen unentgeltlich zu befördern. Diese unentgeltliche Beförderung umfaßt: a) die Briefpostsendungen, Zeitungen, Gelder einschl. ungemünztes Gold und Silber, Pretiosen und auch sonstige kleine Poststücke bis zu einem Einzelgewicht von 5 kg einschl.; b) die zur Begleitung und Besorgung des Dienstes unterwegs erforderlichen Postbeamten auf dem Hin- und Rückwege; c) die erforderlichen Dienstgerätschaften.

Für Poststücke, die hiernach nicht unentgeltlich zu befördern sind, hat die Postverwaltung eine Frachtvergütung zu bezahlen, die nach der Gesamtmenge der auf der betreffenden Eisenbahn sich bewegenden zahlungspflichtigen Poststücke für den Achskilometer berechnet wird.

Abweichend hiervon lauten die Auflagen für Kleinbahnen, § 42 des K.-G.: „Die Kleinbahnen unterliegen nachfolgenden Verpflichtungen gegenüber der Postverwaltung: 1. Die Unternehmer haben auf Verlangen der Postverwaltung mit jeder für den regelmäßigen Beförderungsdienst bestimmten Fahrt einen Postunterbeamten mit einem Briefsack und, soweit der Platz reicht, auch andere zur Mitfahrt erscheinende Unterbeamte in Dienst gegen Zahlung der Abonnementsgebühr oder, falls solche nicht besteht, der Hälfte des tarifmäßigen Personengeldes zu befördern. 2. Die Unternehmer solcher Bahnen, welche sich nicht ausschließlich mit Personenbeförderung befassen, sind außerdem verpflichtet, auf Verlangen der Postverwaltung mit jeder für den regelmäßigen Beförderungsdienst bestimmten Fahrt: a) Postsendungen jeder Art durch Vermittlung des Zugpersonals zu befördern, und zwar Briefbeutel, Briefe und Zeitungspakete gegen eine Vergütung von 50 Pf. für jede Fahrt, die anderen Sendungen gegen Zahlung des Stückguttarifsatzes der betreffenden Bahn oder, sofern dieser Betrag höher ist, gegen eine Vergütung von 2 Pf. für je 50 kg und den Kilometer der Beförderungsstrecke nach dem monatlichen Gesamtgewicht der von Station zu Station beförderten Poststücke; b) in Zügen, mit welchen in der

Regel mehr als ein Wagen befördert wird, eine Abteilung eines Wagens für die Postsendungen, das Begleitpersonal und die erforderlichen Postdienstgeräte, gegen Zahlung der in den Artikeln 3 und 6 des Reichssetzes vom 20. Dezember 1875 (Reichsgesetzblatt S. 318) und den dazugehörigen Vollzugsbestimmungen festgesetzten Vergütung sowie gegen Entrichtung des halben Stückguttarifsatzes der betreffenden Bahn einzuräumen. 3. Die Postverwaltung ist berechtigt, auf ihre Kosten an den Bahnwagen einen Briefkasten anbringen und dessen Auswechselung oder Leerung an bestimmten Haltestellen bewirken zu lassen.

Diese Verpflichtungen gegenüber der Postverwaltung bedeuten für die Bahnen keine erwünschte Einnahmequelle. Sie werden nur als unangenehme Auflage empfunden und wenn irgend möglich von den Bahnverwaltungen abzuhalten versucht. Die Postverwaltung wird auf Postbeförderung verzichten, wenn der Fahrplan für sie ungünstig eingerichtet ist oder schon Postautoverkehr besteht, der nicht aufgehoben werden soll oder kann.

10. Bedingungen der Landesverteidigung.

In der nächsten Umgebung von Festungen sind Bahnneubauten oder -veränderungen nur mit Genehmigung der betreffenden Kommandantur zulässig. (Gesetz betr. die Beschränkungen des Grundeigentums in der Umgebung von Festungen vom 21. Dezember 1871 [Reichs-Rayongesetz] § 13 und K.-G. § 8.) Unter nächster Umgebung ist ein Umkreis um die äußersten Werke von 15 km oder weniger Breite zu verstehen. Innerhalb der Stadtumwallung gilt diese Vorschrift für Kleinbahnen nicht. Wenn keine Stadtumwallung vorhanden ist, so wird zwischen Kriegsministerium und Ministerium der öffentlichen Arbeiten eine Grenzlinie vereinbart. (Ausf. Anw. zu § 8 K.-G.). Doch sind bei allen Bahnentwürfen innerhalb und außerhalb der Stadtumwallung den Festungsbehörden die Unterlagen nach der Ausf. Anw. zu § 5 K.-G. zur Prüfung vorzulegen. Die Entwürfe werden durch eine gemischte Kommission erörtert, die Entscheidung durch die Reichs-Rayonkommission getroffen oder herbeigeführt (§ 30 des Rayongesetzes). Die Anforderungen der Landesverteidigung werden in die Genehmigungsurkunde aufgenommen.

Bei der Bauausführung der Haupt- und Nebenbahnen sind die Bedingungen der Landesverteidigung in den §§ 11, 14, 16, 20, 21 und 24 der Eisenbahnbau- und Betriebsordnung, bei Kleinbahnen die Ausf. Anw. zu § 9 des K.-G. zu beachten. Die Anforderungen an den Betrieb sind gegeben durch die Militärtransportordnung vom 18. Januar 1899, das Gesetz über die Kriegsleistungen vom 13. Juni 1873 und die Ausf. Anw. zu § 9 des K.-G.

Auch wenn die Bahn nicht im Festungsbereich liegt, aber an militärischen Objekten (Schießplätzen, Pulverschuppen) vorbeiführt oder in der Nähe der Landesgrenzen erbaut werden soll, stellen die Militärbehörden häufig Forderungen an die Bauausführung (z. B. wurden in der Nähe der russischen Grenze eiserne Schwellen vorgeschrieben, um dem Feind das Umnageln der Normalspur auf seine Landesspur unmöglich zu machen) oder an die Linienführung. Die Baupläne können dadurch wesentlich beeinflußt werden. Dafür folgendes Beispiel: Die bei Frechen (Köln) gelegenen Braunkohlenbrikettwerke suchten Gleisanschluß an die Staatsbahn. Der nächste Punkt wäre der Staatsbahnhof Groß-Königsdorf gewesen. Aus Gründen der Festigungsverteidigung Köln mußte diese Verbindung fallen gelassen und die Linie Frechen—Köln—Ehrenfeld erbaut werden (Strecke Köln—Frechen—Benzelrath).

Meistens lassen sich die Forderungen der Landesverteidigung ohne allzu große Belastung des Unternehmens erfüllen. Es ist auch den Interessenten Möglichkeit gegeben, ihre Anschauungen zu vertreten. Es kommen jedoch auch Fälle vor, wo durch eine aufgezwungene unnatürliche Linienführung das Bahnunternehmen dauernden schweren Schaden erleidet. So äußerte Petersen in einem Vortrag „Die Schnellbahnfragen im Wettbewerb Groß-Berlin" (Gl. Ann. 1911, Nr. 1): „Besonders lehrreich ist Wien als Musterbeispiel dafür, wie man eine Stadtbahn nicht anlegen soll. Die Ursache ganz betrübender Betriebsergebnisse ist die gänzlich verfehlte Linienführung. Alle möglichen Rücksichten sind dafür maßgebend gewesen, u. a. militärische, nur nicht eine klare Erkenntnis der Bedürfnisse des Großstadtverkehrs."

Nach dem für Deutschland unglücklichen Ausgang des Krieges und Umstellung der deutschen Politik in völkerversöhnlichem Sinne werden für Bahnbauten in Zukunft die meisten Auflagen, wie sie früher die Landesverteidigung verlangte, fallen gelassen werden.

Es hat dies besonders große Bedeutung für die Elektrisierung der deutschen Reichseisenbahnen, gegen die früher nicht ohne Erfolg militärische Bedenken geltend gemacht wurden, jetzt aber unberücksichtigt bleiben.

Nicht unerwähnt soll jedoch hier bleiben, daß auch für den Fall einer anderen Konstellation die Landesverteidigungsinteressen bei der Elektrisierung von Vollbahnen durch besondere Schutzvorrichtungen und Bauweisen (unterirdische Lage von Kraftwerken, Kabeln, Ergänzungsanlagen usw.) Berücksichtigung finden können.

11. Bahngrundrecht.

Wichtig ist bei Abschluß der Wegebenutzungs- und Grunderwerbsverträge die Kenntnis des Bahngrundrechtes. Werden alle Verträge mit den Grundstücksbesitzern oder Wegeunterhaltungspflichtigen auf dieselbe Zeitdauer abgeschlossen, für die die Genehmigung des Bahnbetriebes erteilt ist (bei Nebenbahnen z. B. in der Regel 99 Jahre, bisweilen ohne zeitliche Beschränkung), so ist die Rechtslage sehr einfach und Schwierigkeiten sind nicht zu erwarten, wie sie eintreten können, wenn die auf kürzere Frist (z. B. auf 30 Jahre) geschlossenen Pachtverträge gekündigt werden. Gegen solche drohenden Schädigungen oder gar Stillegung des Bahnbetriebes schützt das „Gesetz über die Bahneinheiten vom 8. Juli 1902", dessen wesentliche Paragraphen lauten:

„§ 1. Eine Privateisenbahn, welche dem Gesetz über die Eisenbahnunternehmungen vom 3. November 1838 unterliegt, und eine Kleinbahn, deren Unternehmer verpflichtet ist, für die Dauer der ihm erteilten Genehmigung das Unternehmen zu betreiben, bildet mit den dem Bahnunternehmen gewidmeten Vermögenswerten eine Einheit (Bahneinheit).

§ 3. Die Bahneinheit entsteht, sobald die Genehmigung zur Eröffnung des Betriebes auf der ganzen Bahnstrecke erteilt ist und, wenn die Bahn vorher in das Bahngrundbuch eingetragen wird, mit dem Zeitpunkt der Eintragung. Sie hört auf mit dem Erlöschen der Genehmigung für das Unternehmen, wenn jedoch die Bahn im Bahngrundbuch eingetragen ist, erst mit der Schließung des Bahngrundbuchblattes."

§ 4. Zur Bahneinheit gehören:

1. Der Bahnkörper und die übrigen Grundstücke, welche dauernd, unmittelbar oder mittelbar, dem Bahnunternehmen gewidmet sind, mit den darauf errichteten Baulichkeiten, sowie die für das Bahnunternehmen dauernd eingeräumten Rechte an fremden Grundstücken;

2. Die von dem Bahnunternehmer angelegten, zum Betrieb und zur Verwaltung der Bahn erforderlichen Fonds, die Kassenbestände der laufenden Bahnverwaltung, die aus dem Betriebe des Bahnunternehmens unmittelbar erwachsenen Forderungen und die Ansprüche des Bahnunternehmens aus Zusicherungen Dritter, welche die Leistung von Zuschüssen für das Bahnunternehmen zum Gegenstande haben;

3. Die dem Bahnunternehmer gehörigen beweglichen körperlichen Sachen, welche zur Herstellung, Erhaltung oder Erneuerung der Bahn oder der Bahngebäude oder zum Betriebe des Bahnunternehmens dienen. Dieselben gelten, einer Veräußerung ungeachtet, als Teile der Bahneinheit, so lange sie sich auf den Bahngrundstücken befinden, rollendes Betriebsmaterial auch nach der Entfernung von den Bahngrundstücken, so lange dasselbe mit Zeichen, welche nach den Verkehrsgebräuchen die Annahme rechtfertigen, daß es dem Eigentümer der Bahn gehöre, versehen und dem Bahnbetrieb nicht dauernd entzogen ist. Ist die Bahn bereits vor der Genehmigung zur Eröffnung des Betriebes auf der ganzen Bahnstrecke im Bahngrundbuch eingetragen, so gehören die nur zur ersten Herstellung der Bahn zu benutzenden Gerätschaften und Werkzeuge der Bahneinheit nicht an.

Solange die Bahn nicht in das Bahngrundbuch eingetragen ist, gelten nur diejenigen Grundstücke, welche mit dem Bahnkörper zusammenhängen oder deren Widmung für das Bahnunternehmen sonst äußerlich erkennbar ist, als Teile der Bahneinheit. Nach der Anlegung des Bahngrundbuchblattes gehören außerdem alle auf dem Titel desselben verzeichneten Grundstücke zur Bahneinheit, die Entscheidung darüber, ob ein vom Bahnunternehmer angelegter Fonds zum Betrieb und zur Verwaltung der Bahn erforderlich ist, steht der Bahnaufsichtsbehörde zu.

Besteht die Bahneinheit nach Erlöschen der Genehmigung fort, so wird dieselbe durch alle zur Zeit des Erlöschens zu ihr gehörigen Gegenstände und Rechte gebildet.

§ 5. Veräußerungen oder Belastungen einzelner zur Bahneinheit gehöriger Grundstücke sind ungültig, soweit nicht die Bahnaufsichtsbehörde bescheinigt, daß durch die Verfügung die Betriebsfähigkeit des Bahnunternehmens nicht beeinträchtigt wird. Sobald die Genehmigung für das Unternehmen erloschen ist, können Veräußerungen oder Belastungen ohne diese Bescheinigung erfolgen, jedoch unbeschadet der Vorschriften des § 19. Hinsichtlich der unter Grundbuchrecht stehenden Grundstücke kann die durch die Zugehörigkeit zur Bahneinheit begründete Verfügungsbeschränkung gegen den Erwerber nur unter der Voraussetzung geltend gemacht werden, daß die Zugehörigkeit des Grundstückes zur Bahneinheit ihm bekannt oder im Grundbuche vermerkt war. Dadurch, daß ein dem Bahnunternehmen gewidmetes Grundstück von dem Eigentümer einem anderen Zwecke dauernd gewidmet wird, hört es nicht auf, ein Teil der Bahneinheit zu sein, soweit nicht die im vorstehenden Absatze bezeichnete Bescheinigung erteilt wird.

§ 6. Die Verfolgung dinglicher Rechte an einzelnen zur Bahneinheit gehörigen Grundstücken findet bis zum Erlöschen der Genehmigung nur statt, soweit die Bahnaufsichtsbehörde bescheinigt, daß durch die Verfolgung die Betriebsfähigkeit des Bahnunternehmens nicht beeinträchtigt werde. Wird die Bescheinigung versagt, so kann der Berechtigte gegen Aufgabe seines Rechtes von dem Eigentümer der Bahn eine Entschädigung fordern, welche sich nach den Vorschriften über die Entschädigung für den Fall der Enteignung bestimmt.

§ 7. Die Vorschriften der §§ 5 und 6 finden auf die Veräußerung und Belastung der für das Bahnunternehmen dauernd eingeräumten Rechte an fremden Grundstücken, auf die Verfolgung dinglicher Rechte an diesen Rechten, sowie auf den Widerspruch des Eigentümers des Grundstückes gegen die Geltendmachung dieser Rechte entsprechende Anwendung.

§ 8. Für die in § 1 bezeichneten Bahnen werden nach Maßgabe der Bestimmungen dieses Gesetzes Bahngrundbücher geführt. Die Eintragung einer Bahn in das Bahngrundbuch kann von dem Eigentümer beantragt werden, sobald die Genehmigung für das Bahnunternehmen erteilt ist. Der Antrag ist an die Bahnaufsichtsbehörde zu richten, welche das Amtsgericht um die Eintragung zu ersuchen hat.

§ 16. Für die Bahneinheit gelten die sich auf Grundstücke beziehenden Vorschriften des Bürgerlichen Gesetzbuches, soweit nicht aus diesem Gesetze sich ein anderes ergibt.

Mit der gleichen Beschränkung finden die für den Erwerb des Eigentums und für die Ansprüche aus dem Eigentum an Grundstücken geltenden Vorschriften des Bürgerlichen Gesetzbuches auf die Bahneinheit entsprechende Anwendung.

Soweit am Sitze des für die Führung des Bahngrundbuches zuständigen Gerichtes landesgesetzliche Vorschriften bestehen, welche die in den Abs. 1 und 2 bezeichneten Vorschriften ergänzen oder abändern, sind sie neben diesen Vorschriften oder statt ihrer maßgebend.

§ 19. Sofern nach dem Erlöschen der Genehmigung die Bahneinheit fortbesteht, sind Verfügungen des Bahneigentümers über einzelne Bestandteile der Bahneinheit den Bahnpfandgläubigern gegenüber unwirksam; jedoch finden die Vorschriften zugunsten derjenigen, welche Rechte von einem Nichtberechtigten herleiten, insbesondere die Vorschriften über den öffentlichen Glauben des Grundbuches entsprechende Anwendung. Das Recht der Bahnpfandgläubiger, die Unwirksamkeit einer Verfügung des Bahneigentümers geltend zu machen, erlischt mit der Schließung des Bahngrundbuchblattes.

§ 56. Auf die Beschwerde gegen die nach diesem Gesetze den Aufsichtsbehörden der Kleinbahnen zustehenden Beschlüsse und Verfügungen findet der § 52 des K.-G. Anwendung."

F. Wirtschaftliches.

1. Verkehrsstatistik.

Den Verkehr der elektrischen Bahnen können wir einteilen in Fernverkehr (Staatsbahnen [Magdeburg—Leipzig—Halle]), Bezirksverkehr (Bahnen im rheinisch-westfälischen Industriebezirk, oberschlesische Kleinbahnen, Überlandbahnen), Städteverkehr (Städtebahnen Köln—Bonn, Elberfeld—Barmen), städtischen Verkehr (Stadt- und Vorortbahnen) und Privatverkehr (Industrie-, Hafen- und Grubenbahnen). Bisweilen setzt sich eine Verkehrsart aus mehreren einzelnen Unternehmungen, die in der Hauptsache städtischen Charakter haben oder anfangs hatten, zusammen (Bahnen in Industriegegenden). Eine strenge Scheidung läßt sich bei vielen nicht durchführen (Städtische Straßenbahnen mit Vorort- und Überlandverkehr).

Den städtischen Verkehr können wir gliedern in Wohnverkehr (Verkehr zwischen Arbeitsstätte und Wohnstätte), Geschäftsverkehr (Verkehr zwischen den Arbeitsstätten), Markt- oder Ladenverkehr (Verkehr zwischen Wohnstätten und Verkaufsstellen), Besuchsverkehr (Verkehr zwischen Wohnstätten), Vergnügungsverkehr (Verkehr zwischen Wohnstätte und Vergnügungsstätte), Ausflugsverkehr und Friedhofsverkehr. Der Sonntagsverkehr wickelt sich zum größten Teil zwischen Wohnstätten unter sich und zwischen Wohnstätten, Gotteshäusern, Vergnügungsstätten, Friedhöfen und Ausflugspunkten ab, unterscheidet sich also wesentlich vom Werktagsverkehr. Er ist auch bedeutend stärker als dieser (in Berlin $1^1/_2$fach). Die Richtung der meisten Verkehrsarten ist radial, beim Besuchsverkehr tangential zum Stadtkern, einzelne radiale Verkehrsströme verzweigen sich bisweilen tangential (Friedhofsverkehr).

Der Verkehr schwankt nach Jahreszeiten, Monaten, Tagen und Stunden. Schlechtes Wetter und ungünstige Jahreszeiten führen allen Verkehrsmitteln viel Fahrgäste zu. Bei starkem Frost werden die geschlossenen Züge der Schnellbahnen bevorzugt. Im Sommer, zur Reisezeit, erfahren die meisten Linien eine Verkehrsabnahme. Der Montag zeigt erfahrungsgemäß einen um etwa 5%, der Sonnabend einen um etwa 10% stärkeren, der Freitag einen um etwa 10% schwächeren Verkehr als ein Durchschnittstag. Der Stundenverkehr schwankt nach der Verkehrsart, Verkehrsrichtung, den Geschäftszeiten und Entfernung der Wohnstätten. Im allgemeinen ist er am stärksten morgens zwischen 7 und 9 Uhr und abends zwischen 6 und 8 Uhr, am schwächsten vormittags zwischen 10 und 12 Uhr.

Die alljährlich vom Ministerium für öffentliche Arbeiten in Berlin herausgegebene „Statistik der Kleinbahnen im Deutschen Reich“ bringt unter der Rubrik „Betriebsleistungen“ die jährlich gefahrenen Wagenkilometer und die Anzahl der jährlich beförderten Personen sowohl im ganzen als auch bezogen auf 1 km Betriebslänge. Die zusammenstellenden Berichte in der „Zeitschrift für Kleinbahnen“ bringen u. a. noch Angaben über den „Straßenbahnverkehr in den wichtigsten deutschen Städten“. Es werden genannt die Einwohnerzahl, die Anzahl der beförderten Personen, die Einnahmen aus der Personenbeförderung, die Länge der Bahn, die Anzahl Kilometer auf je 10 000 Einwohner, die Anzahl beförderter Personen auf je 10 000 Einwohner und der Durchschnittsfahrpreis für jede beförderte Person. Diese Angaben bilden eine geeignete Grundlage zu vergleichenden Betrachtungen. An Hand der übrigen Abschnitte läßt sich ein Bild über die wirtschaftlichen Ergebnisse der deutschen Kleinbahnen und wichtige Schlüsse für Neuanlagen gewinnen. In weiteren Geschäftsberichten größerer Bahnunternehmungen findet man noch Angaben über die „Betriebszahl“ (früher „Betriebskoeffizient“) (Verhältnis der Betriebseinnahmen zu den Betriebsausgaben), „Wagenstundenleistung“ (Betriebsstunden zwischen Aus- und Einfahren in die Bahnhöfe), „Betriebsmittelausnutzung“ (Anzahl Fahrgäste auf 1 Wagenkilometer), „Platzausnutzung“ (Anzahl besetzter Plätze in Hundertsteln der angebotenen), „Platzkilometer“, „Rechnungskilometer“ (wenn Beiwagen- und Triebwagenkilometer zusammengefaßt und 1 Beiwagenkilometer = $1/_2$ Triebwagenkilometer gerechnet wird), „Zugkilometer“ (besonders bei Vorort- und Schnellbahnen, wo in der Regel nicht einzelne Triebwagen, sondern Züge von 2—8 Wagen verkehren).

Zusammengefaßt können wir sagen, daß die Entwicklung eines Verkehrsunternehmens in der Hauptsache abhängig ist von folgenden Faktoren:

1. Entwicklung der Anlagen und Betriebsmittel:
   a) Anlagekapital,
   b) Streckenlänge,
   c) Betriebslänge,
   d) Wagenpark (Trieb- und Beiwagen).
2. Entwicklung des Verkehrs:
   a) Beförderte Personen,
   b) Wagenkilometer (Trieb-, Bei- und Rechnungswagenkilometer).
3. Entwicklung der wirtschaftlichen Ergebnisse:
   a) Einnahmen (gesamte Einnahmen, Einnahmen aus dem Personenverkehr, aus Nebenbetrieben, Einnahmen für das Wagenkilometer, Einnahmen für die beförderte Person),
   b) Betriebsausgaben (gesamte Betriebsausgaben, Ausgaben für das Rechnungswagenkilometer),

c) Betriebsüberschüsse (gesamte Überschüsse, Überschüsse in Prozent des Anlagekapitals).

4. Verhältnis zwischen Verkehrsangebot und Verkehrsnachfrage.

Die meisten Unternehmungen legen diese Ergebnisse fortlaufend durch Tabellen, Schablonen, graphische Darstellungen fest. Notwendige Änderungen und Verbesserungen sind dann schnell jederzeit zu erkennen. (Vgl. „Verkehrsschablonen der Gr. Berliner Straßenbahn", „Frequenz und Platzangebot in Verkehrsanlagen" E. K. B. 1913, Heft 3, und „Graphische Darstellungen der Kleinbahnstatistik", E. K. B. 1912, Heft 18.)

Schimpff (Wirtschaftliche Betrachtungen über Stadt- und Vorortbahnen) gibt als Maßstab für die Größe des Verkehrs einer Stadt- oder Vorortlinie den sog. kilometrischen Jahresverkehr an, eine gedachte Zahl, die man erhält, wenn man den Gesamtverkehr der Bahn durch die Länge der Linie teilt. Die Zahl der Anwohner wird benutzt, um den voraussichtlichen Verkehr einer Stadtbahnlinie zu schätzen. Als Anwohner werden hier die Personen gerechnet, die nicht weiter als 500 m von den Haltestellen wohnen.

Den für Neubauten von Schnellbahnen zu erwartenden Verkehr kann man häufig nach dem kilometrischen Verkehr einer bestehenden Straßenbahnlinie schätzen. Ein geringerer Verkehr ist kaum zu befürchten. (Bei der Eisenbahnstrecke Barmbeck—Ohlsdorf nach Eröffnung annähernd derselbe Verkehr wie bei der gleichen Straßenbahnstrecke.) Wohl aber tritt meistens durch die bekannten Faktoren (größere Reisegeschwindigkeit, häufigere Fahrgelegenheit usw.) eine Steigerung des Verkehrs ein. (Hoch- und Untergrundbahnstrecke Zoologischer Garten—Warschauer Brücke beförderte 1903 1,2 Mill. Fahrgäste mehr, als bei der Straßenbahnlinie Zoologischer Garten—Treptow zu erwarten war.)

Zur Ermittlung des Verkehrs, seines Verlaufes und seiner örtlichen Verteilung in einem einheitlichen Gebiet hat Lill mit Hilfe der Wahrscheinlichkeitsrechnung ein sog. „Reisegesetz" aufgestellt, das z. B. von Schimpff zu seinen Untersuchungen des Verkehrs auf den Berliner Stadt- und Vorortbahnen angewendet worden ist. Es lautet: $x \cdot y = M$. x bedeutet die Länge der Reise, y die Anzahl der Reisenden und M den „Reisewert" eines bestimmten Punktes (Bahnhofes, Haltestelle). Unter Reise wird der ganze Weg vom Ausgangs- bis zum Zielpunkt verstanden. Die Gleichung stellt eine gleichseitige Hyperbel mit den Asymptoten als Koordinatenachsen dar. Wichtig für die wirtschaftlichen Vorarbeiten von Vollbahnen sind die Untersuchungen über den günstigsten Anschlußpunkt und der Satz vom Knotenpunkt. Es kann hier nur auf die Untersuchungen von Michel, Launhardt, Sonne u. a. verwiesen werden.

Betriebsleistungen elektrischer Kleinbahnen nach der Statistik der deutschen Kleinbahnen für das Jahr 1913:

Bahn	Betriebslänge km	Wagenkilometer für das Jahr (Betriebsdichte) Mill.	Beförderte Personen im ganzen jährlich Mill.	auf 1 Wgkm Mill.	Jahreseinnahmen für 1 km Bahngleis (mittlere kilometrische Einnahme)	Fahrten auf den Kopf der Bevölk.
Große Berliner Straßenbahn . . .	588,7	106,4	466,3	4,38	141 300 M.	167
Wiener städt. Straßenbahnen . .	262	95	320	3,36	190 840 Kr.	150
Budapester elektr. Stadtbahn A.G.	58,37	20,3	68,0	3,34	175 459 Kr.	88
Straßen-Eisenbahn-Ges. Hamburg	182,66	50,4	188,0	3,73	106 085 M.	134
Leipziger Straßenbahnen (zus.) .	125,99	45,9	140,8	3,07	107 330 M.	192
Berl. Hoch- u. Untergrundbahnen	37,6	17,5	71,5	4,08	250 000 M.	15
Pariser Stadt-Untergr.-B. (Métro)	79,0	73,6	311,5	—	740 700 M.	—
Pariser Nord-Süd-Untergr.-B. . .	14,2	12,5	56,4	—	709 636 F.	—
Philadelphia, Straßenbahn 1911/12	453,5	1235,6	409,7	—	84816 910 M.	252
Philadelphia, Schnellbahn	11,8	9,85	34,9	—	7 423 828 M.	22

Nach Mattersdorf werden von allen städtischen Verkehrsmitteln durchschnittlich jährlich befördert:

2	Mill. Personen	bei	50 000	Einwohnern,
5	„ „	„	100 000	„
14	„ „	„	200 000	„
25	„ „	„	300 000	„
43	„ „	„	400 000	„
67	„ „	„	500 000	„

Die Bahnlänge städtischer Bahnen beträgt:

bei	100 000	Einwohnern	18 km,
„	500 000	„	88 „
„	1 000 000	„	170 „
„	2 500 000	„	350 „

In Großstädten kommen auf je 10 000 Einwohner durchschnittlich 1,6—1,8 km, in Mittelstädten 1,2—1,6, in Landgegenden 1,0—1,2 km Bahngleis. Die wagenkilometrische Leistung der Straßenbahnen beträgt bei 50 000 Einwohnern 650 000 Wagenkilometer, bei 100 000 Einwohnern 1 900 000 Wagenkilometer, bei 500 000 Einwohnern 16 000 000 Wagenkilometer, bei 2 000 000 Einwohnern 68 000 000 Wagenkilometer.

Im allgemeinen arbeiten die elektrischen Klein- und Nebenbahnen mit geringem Ertrag, oft verzinsen sie kaum das Anlagekapital. Dies ist schon erklärlich, wenn man weiß, daß bei den preußischen Staatsbahnen die großen Überschüsse durch den starken Güterverkehr erzielt werden, während die Personenbeförderung zu den Selbstkosten erfolgt. Die elektrischen Bahnen in Europa haben aber entweder keinen Güterverkehr und können ihn nicht haben, weil sonst ihr Verkehrszweck, schnellste Personenbeförderung auf kürzestem Weg mit geringsten Aufenthalten, vereitelt würde, oder aber sie dienen zugleich dem Personen- und Güterverkehr, erschweren und verteuern damit ihren Betrieb, und haben nur unter besonders günstigen Umständen gute Ertragsfähigkeit. (Vgl. Abschnitt D, 1.) Bei städtischen Schnellbahnen erschweren die außerordentlichen Baukosten einschl. Entschädigungen und Straßendurchbrüchen in den ersten Jahren die Wirtschaftlichkeit des Unternehmens. Gute Erträge haben großstädtische Straßenbahnen mit gutem Liniennetz und einwandfreier Betriebsführung und elektrische Bahnunternehmungen mit großer Überlandversorgung.

Am Ende des Geschäftsjahres 1913/1914 gab es in Deutschland 356 nebenbahnähnliche Kleinbahnen. Die Kleinbahnstatistik gibt das Betriebsergebnis von 310 Kleinbahnen (Dampf- und elektrischer Betrieb) an. Es waren: 28 Bahnen ohne Reingewinn, 22 mit Reingewinn bis 5%, 52 mit 5—10% Reingewinn, 9 Bahnen mit einem Reingewinn über 10% des Anlagekapitals. Von den 292 Straßenbahnen war das Betriebsergebnis der aufgeführten 234 wie folgt: 28 ohne Reingewinn, 115 mit einem Reingewinn bis 5%, 82 mit einem Reingewinn von 5 bis 10%, 9 mit einem Reingewinn über 10% des Anlagekapitals.

Die Kriegsjahre haben bei allen Verkehrsunternehmen noch weitere Verschlechterung der Erträge gebracht. Sie müssen also wegen der anormalen Verhältnisse hier außer Betracht gelassen werden.

Rein städtische Straßenbahnen in Städten unter 50.000 Einwohnern haben nur in Ausnahmefällen Gewinne zu verzeichnen. In und nach dem Weltkrieg haben sich trotz Steigens der Verkehrsleistungen infolge gewaltigen Anwachsens der Löhne, Rohstoffkosten usw. die Verhältnisse noch bedeutend verschlechtert.

Die Statistiken können wohl einen Überblick über die Wirtschaftlichkeit der Bahnen geben, sie können aber nicht ohne weiteres als Maßstab für neue Anlagen betrachtet werden. Vor ihrer kritiklosen Anwendung muß dringend gewarnt werden.

2. Anlagekosten.

Die Untersuchung der Bauwürdigkeit einer Bahn besteht in der Ermittlung des zu erwartenden Verkehrs, der Schätzung der aus dem Verkehr zu erwartenden Einnahmen, der Berechnung des aufzuwendenden Baukapitals und der Ausgaben einschl. Rücklagen und Erneuerungsfonds.

Die Anlagekosten sind sehr verschieden nach Klasse und Ausführungsart ,also bei Voll-, Nebenbahnen, nebenbahnähnlichen Kleinbahnen, Kleinbahnen, Straßenbahnen und Schnellbahnen. Auch innerhalb der einzelnen Klassen sind die Anlagekosten verschieden nach Ausführungsart und Gelände (Flachbahnen oder Gebirgsbahnen). Ferner haben die verschiedenen Länder verschieden hohe Anlagekosten für ihre Bahnbauten aufzuweisen. Teurer als Deutschland bauen Österreich, Frankreich, Italien, Belgien, England, billiger alle außereuropäischen Länder.

In Ländern mit hoher Kultur sind die Bahnanlagekosten höher als in solchen mit niederer Kultur. In Anbetracht des Wertes der Zeit und der dringenden bedeutungsvollen Bedürfnisse des Verkehrs werden in entwickelten Ländern weniger, bisweilen gar keine Rücksichten auf die Kosten genommen. Es wird häufig die kürzeste Linie für die Verkehrsverbindung gewählt. Vor kostspieligen Tunnelbauten, Einschnitten, Brücken, Straßendurchbrüchen, Verlegungen und Umbauten fremder Anlagen wird nicht zurückgeschreckt. Die Gleis- und Bahnhofsanlagen werden besonders umfangreich und übersichtlich ausgeführt, die Hochbauten sorgfältig ausgestattet, die Betriebsmittel gut und bequem eingerichtet und in großer Zahl in Dienst gestellt. Dazu kommen die bedeutenden Grunderwerbskosten, die um so höher werden, je kultivierter und dichter bewohnt das Land ist.

Die durchschnittlichen Anlagekosten für ein Kilometer Bahnlänge betrugen für normalspurige Dampfvollbahnen im Jahre 1909 in Deutschland 281 059 M., in England 701 812, in Frankreich 324 105. (In England waren 55,8% der Bahnen doppel- und mehrgleisig, in Deutschland nur 36,9%.) Sie stiegen in Deutschland 1910 auf 292 800 M., 1911 auf 297 300 M., 1912 auf 303 800 M., 1913 auf 313 400 M. und 1914 auf 320 000 M. (Statistisches Jahrbuch für das Deutsche Reich 1916.)

Bei der Berechnung der Anlagekosten für elektrische Haupt- und Nebenbahnen ist von ausschlaggebender Bedeutung die Art des Strombezugs, ob nämlich der Strom in Großkraftwerken selbst hergestellt oder bezogen wird, ob diese Kraftwerke durch Braunkohle, Steinkohle, Torf, Wasserkraft, Hochofengase oder auf andere Weise betrieben werden, wie die Art der Stromfortleitung und -verteilung ist, ob viele oder wenige Unterwerke erforderlich sind und wie die Streckenausrüstung ausgeführt wird. Jedenfalls sind diese Anlagekosten erheblich höher als die bei Dampfbetrieb. Ersparnisse treten ein bei Beschaffung der Betriebsmittel infolge größerer Leistungsfähigkeit der elektrischen. Dem höheren Anlagekapital stehen aber ungleich höhere Betriebsersparnisse des elektrischen Betriebes gegenüber.

Die Anlagekosten für städtische Schnellbahnen (Hoch- und Tiefbahnen) sind ganz außerordentlich verschieden nach Linienführung, Baugrund, Bebauung, Bodenpreisen, Bauausführung, Entschädigungen usw.

Es kostete die Hochbahnstrecke Alexanderplatz—Schönhauser Allee der Berliner Hoch- und Untergrundbahnen 2,33 Mill. Mark für das Kilometer, die Untergrundbahnstrecke Spittelmarkt—Alexanderplatz 7 Mill.

Mark für das Kilometer, die Untergrundbahnstrecke Leipziger Platz—Spittelmarkt 10,5 Mill. Mark für das Kilometer.

Die durchschnittlichen kilometrischen Anlagekosten der Hamburger Hochbahn betrugen einschl. Grunderwerb etwa 2,6 Mill. Mark für das Kilometer, wobei 40% der Strecke Erdbau, 22% Tunnelbau, das übrige Viadukte, Brücken und Straßenunterführungen waren. Reine Hochbahnen erfordern bis 1,5 Mill. Mark Anlagekosten für das Kilometer ohne Ausrüstung. Die Baukosten für den Unterbau einer zweigleisigen Schwebebahn System Langen betrugen etwa 300 000 M. für das Kilometer, die Gesamtanlagekosten 1—4 Mill. Mark für das Kilometer.

Die elektrischen, straßenbahnähnlichen Überlandbahnen ähneln in ihren Anlageverhältnissen am meisten den Dampfkleinbahnen. Sie lehnen sich möglichst an die Straßen an und besitzen eigenen Bahnkörper, sind also mit Vignolesgleis ausgeführt und erfordern Grunderwerb, in geschlossenen Ortschaften liegt das Rillengleis der Bahn in der Straßenoberfläche. Solange nicht besonders kostspielige Straßenbauarbeiten notwendig werden, sind die Kosten für Rillen- und Vignolesgleis (bei richtiger Auswahl entsprechender Profile) annähernd gleich.

Je kleiner die Städte sind, desto niedriger werden in der Regel die Anlagekosten für eine elektrische Straßenbahn werden. Kostspielige Straßendeckenaufbrüche in Asphalt, Straßenveränderungen, Rohrumlegungen usw. werden in der Regel vermieden oder mit geringen Unkosten ausgeführt, in Anbetracht des geringen Verkehrs können der Oberbau schwach und die Betriebsmittel klein und leicht gewählt werden. Der Unterbau wird in einfachster Weise mit Kiesunterstopfung ausgeführt, während bei schwerem Betrieb Unterbau mit Beton in verschiedener Ausführungsweise üblich ist. An den Anlagekosten sparen zu wollen, würde aber für die Folgezeit zu schlimmen Erfahrungen, kostspieligen Um- und Erneuerungsbauten und fortwährenden Betriebsstörungen führen. Unter 70 000 M. dürften die Kosten für das Kilometer Schmalspur und unter 150 000 M. für Normalspur selten fallen (Vor-Kriegspreis).

Die genauen Anlagekosten können nur von Fall zu Fall an Hand von Plänen und Berechnungen durch Aufstellung eines Kostenanschlages ermittelt werden. (Trautvetter, Elektr. Straßenbahnen usw., Abschnitt C, 3.)

Anlagekosten für schmalspurige nebenbahnähnliche Kleinbahnen in Preußen: 1910 auf 1 km Bahnlänge 50 369 M., 1911 49 281 M., 1912 50 981 M., 1913 51 228 M., 1914 51 313 M., 1915 51 388 M.

Anlagekosten für normalspurige nebenbahnähnliche Kleinbahnen in Preußen: 1910 79 752 M., 1911 78 826 M., 1912 79 218 M., 1913 81 400 M., 1914 81 770 M., 1915 81 681 M.

Anlagekosten für schmalspurige Straßenbahnen in Preußen: 1910

131 559 M., 1911 132 444 M., 1912 136 160 M., 1913 138 787 M., 1914 141 134 M., 1915 141 277 M.

Anlagekosten für normalspurige Straßenbahnen in Preußen (ausgenommen Groß-Berlin): 1910 248 405 M., 1911 240 924 M., 1912 240 668 M., 1913 238 332 M., 1914 238 984 M., 1915 243 675 M.

In Groß-Berlin kostete das Bahnkilometer Straßenbahn im Jahre 1915 durchschnittlich 529 814 M. (Statistik der Kleinbahnen. Min. d. öffentl. Arb. u. Z. f. Kleinbahnen.)

Infolge des Weltkrieges, besonders seines für Deutschland unglücklichen Ausganges, und gewaltigen Steigens aller Rohstoffkosten und der Löhne und Rückgang der Arbeitsleistungen sind die Anlagekosten der Bahnen um 100 und mehr Prozent gestiegen. In den ersten Nachkriegsjahren ist die Preisbildung ständigem Wechsel unterworfen. Die Unterlagen sind zur Veröffentlichung brauchbarer Zahlen zu unsicher. Viele Baumaterialien (Eisen, Kies, Zement) sind im ordentlichen Handel fast gar nicht zu beschaffen. Sie werden von Spekulanten zu Kriegswucherobjekten gemacht und zu Preisen verkauft, die oft zu den Gestehungspreisen in keinem Verhältnis stehen.

3. Einnahmen.

Die Wirtschaftlichkeit eines Betriebes erhellt aus dem Verhältnis des Ertrages zu den Vermögenswerten. Der Ertrag wird dargestellt durch das Verhältnis der Ausgaben zu den Einnahmen. Die Betriebseinnahmen betragen in der Regel mehr als 95% aller Einnahmen. Das Verhältnis $\frac{\text{Betriebsausgaben}}{\text{Betriebseinnahmen}}$ nennt man „Betriebszahl" („Betriebskoeffizient"). Dieser ist ein häufig benutzter Wertmesser für Bahnunternehmungen. Von den Betrieben selbst wird in den Geschäftsberichten meistens die Einnahme auf den Wagenkilometer angegeben. Viel benutzt werden noch die Angaben: Durchschnittseinnahme auf einen Fahrgast und Jahreseinnahme auf 1 km durchschnittliche Betriebslänge.

Die Einnahmen bei elektrischen Kleinbahnen stammen fast gänzlich aus dem Personenverkehr. Der Anteil der Einnahmen aus dem Güter- und Personenverkehr war bei den meisten Bahnen bis vor dem Weltkrieg ganz unbedeutend. Erst die Kriegsnotwendigkeit hat bei vielen Straßenbahnen die Anlage von Güter- und Postgleisen und die Einrichtung von umfangreicherem Güter- und Personenverkehr herbeigeführt. Kleinere Nebeneinnahmen entstehen den Bahnen noch aus der Reklameverpachtung in Wagen, auf Fahrscheinen usw., aus der Gleismitbenutzung fremder Unternehmen, aus Stromabgabe, aus Nebenbetrieben, aus Zinsen von Bankguthaben, Wertpapieren, Kautionen usw. und Zuschüssen des Staates, der Provinz oder anderer Interessenten.

Die Vermögenswerte einer Bahnunternehmung werden gebildet durch

Grundbesitz, Gebäude, Erdarbeiten, Oberbau, Leitungsanlagen, Maschinenanlagen, Betriebsmittel, Mobilien, Utensilien, Effekten, Guthaben u. a. Bei Straßenbahnen beträgt der Anteil des Gebäudewertes am Gesamtwert 10—20%, der Gleisanlage 30—40%, des Wagenparks 20—25%, eigener Kraftwerke 5—15%.

Die Einnahmen elektrischer Bahnen sind verschieden nach Anlageverhältnissen (Haupt-, Neben- oder Kleinbahnen), nach Verkehrszweck (Personen- oder Güterbeförderung oder beides), nach Linienführung (in verkehrsreichen oder verkehrsarmen Bezirken), Betriebseinrichtungen (Platzangebot, Verkehrshäufigkeit, Reisegeschwindigkeit), Handels- und politischen Verhältnissen und anderen Faktoren. Starken Einfluß auf die Verkehrsanlagen hat der Weltkrieg gehabt. Zwar ist es fast nirgends zu vollständiger Betriebseinstellung infolge Zahlungsunfähigkeit oder darniederliegendem Handel oder infolge Verkehrsbedarfes gekommen — dem Verkehrsrückgang bei Kriegsausbruch ist eine mächtige Verkehrszunahme gefolgt — jedoch haben andere Kriegsumstände den meisten Bahnen außerordentliche, dauernde Schäden zugefügt. Durch Arbeiter- und Rohstoffmangel war es den meisten Betrieben nicht möglich, die durch die übermäßige Ausnutzung der Betriebsmittel entstehenden Schäden an diesen und den Gleisanlagen entsprechend auszubessern und die Anlagen auf der alten Höhe zu halten. Es wird langer, kostspieliger Friedensarbeit bedürfen, diese Schäden wieder zu beheben. Zu den Kapitalaufwendungen hierfür kommen die außerordentlich gestiegenen Aufwendungen für Löhne, Rohstoffe, Wohlfahrts- und Unterstützungszwecke.

Die Betriebsergebnisse der preußisch-hessischen Eisenbahngemeinschaft (Dampfbahnen) waren in den Jahren 1908/09 bis 1917/18 folgende:

Jahr	Betriebseinnahmen Mill. M.	Betriebsausgaben Mill. M.	Betriebsziffer Mill. M.	Betriebsüberschuß Mill. M.	Davon auf Preußen Mill. M.	Reinüberschuß nach Abzug v. Verzinsung, Tilgung u. Beiträgen z. außerord. Haushalt Mill. M.
1908/09	1910,2	1425,4	74,62	484,8	472,4	99,2
1909/10	2029,6	1400,3	68,99	629,3	613,6	183,5
1910/11	2171,1	1460,4	67,27	710,7	692,6	281,5
1911/12	2347,3	1531,0	65,23	816,3	798,3	382,1
1912/13	2501,5	1658,4	66,30	843,1	823,9	400,3
1913/14	2557,3	1769,8	69,21	787,5	772,0	325,1
1914/15	2275,1	1813,6	79,71	461,5	449,4	37,8
1915/16	2568,3	1826,9	71,13	741,4	690,2	161,2
1916/17	3019,6	2164,4	71,68	855,2	822,1	267,9
1917/18	3492,2	2925,3	83,77	566,9	531,1	15,1

Auffällig ist der schlechte Ausfall des Betriebsüberschusses in 1914/15. Er ist zurückzuführen auf die Mobilmachung und das dadurch verursachte Zurückgehen des privaten Güter- und Personenverkehrs. Auch das Ergebnis von 1917/18 ist ganz außerordentlich schlecht. Für das Rechnungsjahr 1918/19 aber ist mit einem Fehlbetrag von mindestens $1^1/_2$ Milliarden Mark zu rechnen, noch schlimmer scheint es 1919/20 zu werden infolge der ungeheuer gestiegenen Löhne, Kriegszulagen und Rohstoffpreise (Kohlen, Eisen, Maschinenteile, Öl usw.).

Über die Einnahmen elektrischer Haupt- und Nebenbahnen liegen in Deutschland noch keine brauchbaren Zahlen vor. Es sind wohl einige Teilstrecken in Betrieb, doch lassen sich von diesen keine für alle deutschen Bahnen gültigen Schlüsse ziehen. Eine Steigerung der Einnahmen gegenüber Dampfbetrieb ist zu erwarten wegen des schnelleren Verkehrs, der häufigeren Zugverbindungen, des Wegfalles der Rauchbelästigung und anderer Annehmlichkeiten für die Reisenden und auf der anderen Seite ein bedeutendes Fallen der Betriebsausgaben infolge Personal- und Brennstoffkostenersparnis.

Von Stadtschnellbahnen liegen Betriebsergebnisse vieler Jahre vor. Diese waren bei den Berliner Hoch- und Untergrundbahnen folgende:

Jahr	Einnahmen	Ausgaben	Überschuß	Dividende	Durchschn. Einnahme v. e. Fahrgast	Jährlich beförderte Fahrgäste		
						Januar—Juli	August—Dezember	zusammen
				%	₰			
1913	9 538 270,54	4 865 032,52	4 673 238,02	6	13,12	35 940 326	35 585 044	71 525 370
1914	10 248 324,95	5 363 162,53	4 885 162,42	5 ($4^1/_2$)	13,12	51 332 706	25 694 807	77 027 513[1])
1915	9 174 932,13	4 781 697,90	4 393 234,23	5 (4)	12,99	39 494 713	30 047 564	69 542 277
1916	10 530 567,48	5 791 453,87	4 739 113,61	5 (3)	13,16	44 694 664	34 050 694	78 700 358
1917	14 990 064,84	7 529 909,80	7 460 155,04	5 ($3^1/_2$)	13,57	62 024 015	46 349 167	108 373 782
1918	21 532 620,00				18,52			116 265 716

Die Große Berliner Straßenbahn hatte folgende Einnahmen und verteilte nachstehende Dividende:

Jahr	Einnahmen	Dividende
1914	42 Mill. M.	6 %
1915	43 „ „	6 %
1916	49 „ „	4 %
1917	61 „ „	4 %
1918	100 „ „	4 %

Folgende Betriebsergebnisse der Großen Berliner Straßenbahn wurden bekanntgegeben:

1913. Erste Jahreshälfte brachte Verkehrssteigerung, zweite Verkehrsverminderung infolge Wettbewerbs der erweiterten Hoch- und Untergrundbahnen, der städtischen Straßenbahnen und der Kraftomnibusse.

Im Jahresdurchschnitt wurden 0,65% Fahrgäste mehr befördert als im Vorjahr.

[1]) Rückgang bei Kriegsbeginn.

Die Betriebseinnahmen haben zugenommen um 0,42%.
Die Roheinnahme für einen Wagenkilometer ist zurückgegangen von 42,2 Pf. auf 41,3 Pf.
Die Betriebsausgaben sind gewachsen um 3,9%.
Der Betriebsüberschuß ist um 4,2% geringer geworden.
Die Betriebsziffer (Betriebskoeffizient) ist von 56,66 auf 58,64 gestiegen.
Die Dividende wurde herabgesetzt von $8^1/_2$ auf 8%.

1914. Verkehrsverminderung setzt sich fort, nimmt besonders zu infolge Kriegsausbruch.
Es wurden 8,3% weniger Fahrgäste befördert als im Vorjahre.
Die Betriebseinnahmen sind gesunken um 7,4%.
Die Roheinnahme für einen Wagenkilometer ist gestiegen auf 43,7 Pf. infolge größerer Platzausnutzung, Betriebseinschränkung und Personalverminderung.
Die Betriebsausgaben haben sich um 3,7% vermindert.
Der Betriebsüberschuß ist um 13,5% geringer geworden.
Die Betriebsziffer hat sich auf 61,27 verschlechtert.
Die Dividende wurde herabgesetzt auf 6%.

1915. Rückgang des Verkehrs in den ersten 7 Monaten, dann Zunahme infolge Einziehung von Droschken und Omnibussen.
Es wurden 2,4% Fahrgäste mehr befördert als im Vorjahre.
Die Betriebseinnahmen sind gestiegen um 2,55%.
Die Betriebsausgaben haben zugenommen um 0,75%.
Der Betriebsüberschuß hat sich verbessert um 5,28%.
Die Betriebsziffer hat sich gebessert auf 60,26.
Dieselbe Dividende wie im Vorjahre.

1916. Bedeutende Zunahme des Verkehrs.
Es wurden 12,6% Fahrgäste mehr befördert als im Vorjahre.
Die Betriebseinnahmen sind gestiegen um 12%.
Die Roheinnahme beträgt für einen Wagenkilometer 48,70 Pf.
Die Betriebsausgaben haben zugenommen um 15,3%.
Der Betriebsüberschuß hat zugenommen um 6,4%.
Die Betriebsziffer hat sich verschlechtert auf 62,65.
Die Dividende wurde herabgesetzt auf 4% wegen verstärkter Rücklage in den Erneuerungsfonds.

1917. Gewaltige Zunahme des Verkehrs, wegen nahezu vollständiger Einstellung des Omnibusverkehrs.
Es wurden 24,4% Fahrgäste mehr befördert als im Vorjahre.
Die Betriebseinnahmen sind gestiegen um 23,87%.
Die Roheinnahme beträgt für einen Wagenkilometer 62,31 Pf.
Die Betriebsausgaben sind um 27,29% gestiegen.
Der Betriebsüberschuß hat abgenommen.
Die Betriebsziffer hat sich auf 64,38 verschlechtert.
Die Dividende wie im Vorjahre.

Um die Wirtschaftslage verschiedener Bahnen unter sich vergleichen zu können, muß man außer den Betriebsleistungen und den Einnahmen und Ausgaben die Anlagekosten berücksichtigen. In „Verkehrssteuer und Schnellbahnen“ gibt Neumann z. B. eine vergleichende Darstellung der Berliner Schnellbahnen und der Straßenbahnen auf Grund des bahnkilometrischen Erträgnisses bzw. bezogen auf 1 Mill. Mark Anlagekosten. Die erste Darstellung ergibt kein genügend genaues Bild, vielmehr die zweite.

Bahnart	Anlagekosten für 1 Bahnkm	Einnahmen für 1 Bahnkm M. jährlich	Ausgaben für 1 Bahnkm M. jährlich	Überschuß für 1 Bahnkm M. jährlich
Schnellbahnen .	5,3 Mill. M.	430 000	280 000	150 000
Straßenbahnen .	530 000 „	142 000	108 000	34 000

Bahnart	Einnahmen auf 1 Mill. M. Anlagekosten jährlich	Ausgaben auf 1 Mill. M. Anlagekosten jährlich	Überschuß auf 1 Mill. M. Anlagekosten jährlich
Schnellbahnen .	81 000	52 000	29 000
Straßenbahnen .	267 000	204 000	63 000

(Siehe auch Abschnitt H 3, c, δ: Tabelle der großstädt. Verkehrsmittel.)

4. Ausgaben.

Die Ausgaben setzen sich meistens etwa folgendermaßen zusammen:

1. Verwaltung und allgemeine Unkosten (Gehälter für Verwaltungsbeamte, Bureaukosten),
2. Betriebsdienst (Löhne und Gehälter des Fahrpersonals),
3. Zug- und Stromkosten,
4. Unterhaltung der Stromzufuhr,
5. Unterhaltung der Betriebsmittel,
6. Unterhaltung der Bahnanlagen und Gebäude,
7. Wegebenutzungsgebühren, Brückengelder, Gleismitbenutzungsgebühren, Straßenverbreiterungen,
8. Steuern,
9. Abgaben,
10. Rücklagen,
11. Zinsen,
12. Beiträge zur Krankenkasse, Invaliditätsversicherung, Berufsgenossenschaft,
13. Ausgaben für Unfälle, Unfallversicherungen, Unterstützungen,
14. Pensionen und Zuschüsse in Pensionskassen,
15. Verschiedene (Hilfeleistung bei Unglücksfällen, Reisegelder, Umzugsgelder u. a.).

Die reinen Betriebsausgaben betragen durchschnittlich bei allen städt. Straßenbahnen 86,8% der Gesamtausgaben im Jahre 1913.

Von den Betriebsausgaben bilden die Personal-, Strom- und Wagenunterhaltungskosten die größten Anteile.

Im letzten vollen Friedensjahr (1913) betrugen bei der Großen Berliner Straßenbahn anteilig: die Personalkosten 60,43%, die Stromkosten 20,21%, die Wagenunterhaltungskosten 13,37%.

Nach einer Statistik der American Electric Railway Association erfolgt dort die Aufzehrung der Einnahmen in folgendem Verhältnis:

1. Für Löhne 32,1%.
2. „ Gehälter 2,9%.
3. „ Obligationen, Hypotheken usw. 14,8%.
4. „ Miete und Abgaben für Wegerecht 11,1%.
5. „ Steuern 4,6%.
6. „ Dividende 6,2%.
7. „ Gewinnvortrag 3,2%.
8. „ Unvorhergesehenes 1,5%.
9. „ Schadenersatzzahlungen 4,2%.
10. „ Betriebsmaterial 19,3%.

Bei der Großen Berliner Straßenbahn betrugen die Ausgaben 1913:

Die Ausgaben betrugen	1913 Betrag	1913 in % der Ausgabe
1. für Gehälter und Löhne	11 835 770,49	44,09
2. „ verwendetes Futter- und Streumaterial	40 776,55	0,15
3. „ Unterhaltung der Dienstkleider	45 882,01	0,17
4. „ Unterhaltung und Ausbesserung der Wagen	3587 963,14	13,37
5. „ Hufbeschlag und Pferdepflege	4 213,84	0,02
6. „ Unterhaltung der Maschinen	51 012,31	0,19
7. „ Unterhaltung des Inventars und der Geschirre	49 407,20	0,18
8. „ Schneeräumen	33 511,05	0,12
9. „ Bureau-, Hof- und Bahnreinigung	270 522,61	1,01
10. „ Feuerungsmaterial	60 318,93	0,22
11. „ Beleuchtung	103 702,47	0,39
12. „ Drucksachen, Fahrscheine	134 675,53	0,50
13. „ Bureaubedürfnisse	31 641,35	0,12
14. „ besondere Ausgaben	114 298,67	0,43
15. „ Stromverbrauch	5426 955,08	20,21
16. „ Unterhaltung der Gebäude	82 772,42	0,31
17. „ Unterhaltung des Bahnkörpers	1 723 776,18	6,42
18. „ Steuern und Abgaben	993 068,57	3,70
19. „ Haftpflichtentschädigungen und Versicherungen	863 998,08	3,22
20. „ Wohlfahrtseinrichtungen	1 043 960,19	3,89
21. „ Pächte und Mieten	194 450,04	0,72
22. „ Mitbenutzung der Gleise anderer Gesellschaften	82 367,77	0,31
23. „ Verschiedenes	69 494,26	0,26
	26844538,74	100,00

Zu Ziffer 1 sind noch Anteilkosten der Ziffern 4, 9, 17 u. a. zuzuzählen, um die vollen Personalausgaben zu erhalten.

Die Zug- und Stromkosten sind bei den elektrischen Bahnen sehr verschieden nach Anlageverhältnissen, Lohnsätzen, Rohstoffkosten, Bahn- und Betriebsmittelzustand und Ausbildung des Fahrpersonals. Im Jahre 1915 stiegen z. B. bei der Großen Berliner Straßenbahn die

Stromkosten von 5,145 Mill. Mark auf 5,397 Mill. Mark trotz geringer Betriebsleistungen, weil viel neues Fahrpersonal eingestellt wurde, das ein wirtschaftliches Fahren erst lernen mußte.

Die Stromkosten auf das Wagenkilometer schwanken zwischen 3 und 10 Pf.; bei der Großen Berliner Straßenbahn betrugen sie 1913 5,1 Pf., im Jahre 1917 5,9 Pf.

Von ganz außerordentlicher Bedeutung ist die Unterhaltung der Betriebsmittel. Es muß also eine Hauptsorge des Unternehmens sein, für ausreichende Werkstätten und Wagenstände, genügenden Wagenbestand, schnelle und zweckmäßige Ausführung der Arbeiten, tüchtiges Personal, gutes Wagenmaterial und Ersatzmaterial zu sorgen.

Sehr verschieden sind bei den Bahnunternehmungen die für Wegebenutzung gezahlten Abgaben. Ihre Festsetzung ist oft mehr Geschicklichkeitssache der Verhandelnden, ihre Höhe oft eher fingierter Wert statt rechnerisch nachweisbarer, notwendiger Schadenersatz. Die wirklichen oder vermeintlichen Interessen der Wegeunterhaltungspflichtigen die für oder gegen den Bahnbau sprechen, sind anzuerkennen oder zu bekämpfen, sie führen bisweilen zur kostenlosen Wegebenutzungserlaubnis, häufiger zu einer schweren ständigen Abgabenbelastung des Unternehmens, ja sie verhindern nicht selten überhaupt die Ausführung des Entwurfes. Die Aufstellung der Wegebenutzungsverträge und die Festsetzung der zu zahlenden Abgaben bilden eine der schwersten Aufgaben bei den Bahnbauvorarbeiten. Viel einfacher ist oft der Erwerb von Grund und Boden für einen eigenen Bahnkörper. Auch dieses soll schon, abgesehen von den bau- und betriebstechnischen Vorteilen, eine Mahnung sein, beim Entwurf möglichst Strecken mit eigenem Bahnkörper vorzusehen.

Am einfachsten liegt die Aufgabe, wenn der Bahneigentümer zugleich selbst Wegeunterhaltungspflichtiger ist, am schwersten, wenn der Wegeunterhaltungspflichtige Wettbewerber ist; von großer Bedeutung bei widerstrebenden Interessen, z. B. von Nachbarstädten, bei wertvollen Anlagen, z. B. Kohlengebieten.

In den Wegebenutzungsverträgen handelt es sich nun keineswegs nur um Festsetzung einer geldlichen Abgabe für die Wegemitbenutzung durch die Bahn, sie enthalten vielmehr eine ganze Reihe von Abmachungen über Rechte oder Vorbehalte verschiedenster Art, die sich die Wegeunterhaltungspflichtigen ausbedungen haben.

In dem Zustimmungsvertrag zwischen dem Verband „Groß-Berlin" und der Großen Berliner Straßenbahn mit ihren Nebengesellschaften vom 25. April 1918 sind z. B. folgende Punkte behandelt:

Bauverpflichtung, Unterhaltung der Straßenbefestigung, Reinigung und Schneeräumung bei den Neubaustrecken, Vorschriften für Neubaustrecken, Verwaltungskosten, Warteräume, Fahrplantafeln und Linienschilder an den Zwischenhaltestellen, Reklameinschriften, Betriebsverpflichtung, Bau- und Betriebsfonds, Gleismitbenutzung, Gleiskreuzungen, Anschlußbetrieb, Wettbewerbsbetrieb, Fahrplan, Beförderungspreise, Abgabe, Sicherheit, Tilgung von Anleihen, Abschreibungen, Anlegung und Auffüllung der Fonds, Aufsichtsrechte, Verträge mit Angestellten, Patente und Lizenzen, Übergang auf Rechtsnachfolger, Erwerbsrecht, Heimfallrecht, Verkaufsrecht, Kosten und Stempel.

Die baren Abgaben für Wegebenutzung werden entweder in einer Summe für den laufenden Kilometer, für die Anzahl gefahrener Wagenkilometer, Anzahl beförderter Personen, Gleislänge (auf der betr. Straße), je nach Höhe der Einnahmen des Unternehmens (Beteiligung am Reingewinn) oder nach einem zusammengesetzten Berechnungsverfahren festgesetzt.

Die Straßenbahnen im Kreise Ruhrort zahlten z. B. bei Neubauten eine einmalige Entschädigung, die dem Selbstkostenwert der beanspruchten Pflasterfläche entsprach und außerdem für den Betrieb jährliche Wegebenutzungsgebühren für jedes Kilometer Gleislänge, beginnend mit 100 M. pro Kilometer und steigend alle 5 Jahre um 50 M. pro Kilometer. Ferner nahmen die Gemeinden, wenn die Dividende des Unternehmens 5% überstieg, zur Hälfte an dem Überschuß (nach Abzug der Dividende) teil. Bisweilen zahlt das Unternehmen eine einmalige Abfindungssumme und bleibt dann ganz abgabenfrei (Straßenbahn Dinslaken), häufig gewährt es nur eine Beteiligung am Reingewinn nach Abzug einer bestimmten Dividende (6% z. B. Straßenbahn Neumühl—Dinslaken).

Die Brückenzölle können unter Umständen eine bedeutende Belastung eines Bahnunternehmens bilden. So waren von den Duisburger Straßenbahnen an der Ruhrorter Strecke für das Befahren der Ruhrbrücke zu entrichten: 4 Pf. pro Person solange die Strecke Pferdebetrieb hatte, nach Einführung elektrischen Betriebes und Übernahme der Brücke durch den Staat 20 Pf., später 30 Pf. für jeden Wagen und $^1/_2$ Pf. für jeden Fahrgast (für diese höchstens 15 000 M.). Diese Abgaben konnte die Strecke allein nicht tragen, sie mußten vielmehr auf die Einnahmen der übrigen Duisburger Strecken verteilt werden.

Die Eisenbahnen im Sinne des Eisenbahngesetzes vom 3. November 1838 (also nicht die Neben- und Kleinbahnen) unterliegen nicht der Gewerbesteuer; sie haben aber eine Eisenbahnabgabe zu entrichten nach Maßgabe der Gesetze vom 30. Mai 1853 und vom 16. März 1867.

Neben- und Kleinbahnen- und Eisenbahnbau-Gesellschaften unterliegen der Gewerbesteuer (ausgenommen diejenigen Schienenwege und Grundstücke und Gebäude, die zu einem öffentlichen Dienst und Gebrauch bestimmt sind [z. B. Diensträume der Aufsichtsführenden, nicht Bahnhofsgebäude, Güterschuppen usw.]). Der Staat erhebt keine Gewerbesteuer, wohl aber die Gemeinden laut Kommunalabgabengesetz vom 14. Juli 1893.

Von Umsatz- und Stempelsteuern sind die Neben- und Kleinbahnen befreit, soweit ihnen das Enteignungsrecht verliehen ist.

Von allen Bahnen ist noch zu tragen der Frachturkundenstempel laut Reichsgesetz von 1906, die Verkehrssteuer laut Gesetz vom 8. April 1917 (diese ist aber fast in allen Orten durch die Tariferhöhungen des Jahres 1918 auf die Fahrgäste abgewälzt). Von der Stempelabgabe für Aktien und Anteilscheine sind befreit „Aktiengesellschaften, die die Herstellung von inländischen Eisenbahnen (auch Klein- und Straßenbahnen) unter Beteiligung oder Zinsgarantie des Reiches, der Bundesstaaten, der Provinzen, Gemeinden oder Kreise zum Zweck haben". (Reichsstempelgesetz vom 15. Juli 1909, Tarif 1b und 3b.)

Die Steuern der Bahnunternehmungen sind ziemlich bedeutend. Es zahlten z. B. 1914 alle deutschen Straßenbahnen zusammen 14,26 Mill. Mark Steuern und Konzessionsabgaben.

Für alle Bahnen ist die Bildung eines Erneuerungsfonds für die Erneuerung des Oberbaues und der Betriebsmittel und eines Spezialreservefonds zur Bestreitung besonderer, durch außergewöhnliche Elementarereignisse oder größere Unfälle hervorgerufener Ausgaben vorgeschrieben. (Eisenbahngesetz vom 3. November 1838 und K.-G., Ausf.-Anw. vom 13. August 1898.) Auch auf Straßenbahnen dehnen die Aufsichtsbehörden diese Bestimmungen aus. „Kommunale Verbände sind jedoch als Unternehmer von Kleinbahnen von den Verpflichtungen zur Bildung von Rücklagefonds befreit, unbeschadet jedoch der von Kommunalaufsichtspersonen oder bei Gewährung von Unterstützungen seitens des Staates oder der Provinz etwa getroffenen Anordnungen bzw. Vereinbarungen." (K.-G. § 12.) Die Mehrzahl der kommunalen Straßenbahnen führt auch diese Fonds. In den Erneuerungsfonds fließen: 1. der Erlös aus den entsprechenden abgängigen Materialien, 2. die Zinsen des Fonds selber, 3. eine aus den Bruttobetriebseinnahmen zu entnehmende jährliche Rücklage. Die Höhe dieser Jahresrücklagen ist unter Berücksichtigung der besonderen Verhältnisse und Bedürfnisse des einzelnen Unternehmens zu bemessen auf: a) 1—2% von dem zusammengerechneten Beschaffungswerte der Schienen, der Weichen und des Kleineisenzeugs, b) 2,5—5% vom Beschaffungswert der Schwellen, c) besonderen von der Genehmigungsbehörde zu bestimmenden Satz für elektrische Lokomotiven, d) 0,75—1,5% von dem Werte der Wagen.

Die Genehmigungsbehörden sind ermächtigt, auf Antrag des Unternehmens von der Zuführung weiterer Rücklagen zum Erneuerungsfonds dann zeitweilig abzusehen, wenn derselbe eine nach ihrem Ermessen ausreichende Höhe erlangt hat.

Der Erneuerungsfonds ist zur Bestreitung derjenigen Kosten bestimmt, welche erwachsen durch Erneuerung:

1. der Werkzeugmaschinen und Motoren, und zwar ganzer Maschinen, Motorwagen wie auch wichtiger Teile derselben, z. B. der Kosten neuer Achsen, neuer Radsterne, völliger Neuwickelung von Ankern und Schenkeln, aller Teile, welche einen Umbau erleiden müssen, durch den eine Verbesserung des Wagens herbeigeführt wird oder wenn Betriebsvorschriften Umbauten verlangen; 2. einzelner Teile des Leitungsnetzes im Kostenbetrage von je mehr als . . . (z. B. 1000 M.).

Alle übrigen Erneuerungs- und Reparaturkosten, insbesondere die laufenden gewöhnlichen Reparaturen zur Ermöglichung des Betriebes, werden als Betriebsausgaben verrechnet.

Dem Spezialreservefonds sind zuzuführen:

1. Der Betrag der verfallenen, nicht abgehobenen Dividenden und Zinsen; 2. die Zinsen des Fonds selbst; 3. eine aus dem Reinertrage zu entnehmende jährliche Rücklage.

Die Höhe der jährlichen Rücklagen zum Spezialreservefonds ist auf $^1/_2$—3% des Reinertrages zu bemessen. Erreicht der Spezialreservefonds den Betrag von 5% des Anlagekapitals, so können für die Dauer dieses Bestandes weitere Rücklagen unterbleiben. Die Genehmigungsbehörden sind ermächtigt, von der Pflicht zur Ansammlung eines Spezialreservefonds ganz zu befreien, wenn und solange die Erreichung seines Zweckes durch die Zugehörigkeit zu einem für zulässig erachteten Versicherungsunternehmen gewährleistet ist.

Ferner ist nach § 262 des Handelsgesetzbuches ein Bilanzreservefonds zu gründen. Es empfiehlt sich, diesen, wie die beiden zuerst genannten Fonds, in barem Gelde oder Wertpapieren anzulegen, damit, wenn einmal außergewöhnliche Ansprüche an die Gesellschaft gestellt werden, auf ihn zurückgegriffen werden kann.

Die bei vielen Bahnunternehmungen zeitlich beschränkte Genehmigung bedingt bei solchen Bahnen die Einrichtung eines Tilgungsfonds. In ihm wird so viel Kapital durch Rücklagen angesammelt, daß die Bahnbesitzer schadlos gehalten werden, wenn das Unternehmen wertlos für den augenblicklichen Besitzer geworden ist oder kostenlos anderen (z. B. den Wegeunterhaltungspflichtigen) überlassen werden muß.

Um der Wertverminderung Rechnung zu tragen, müssen auch alljährlich Abschreibungen erfolgen. Die Sätze hierfür sind bei den elektrischen Bahnen verschiedener Art sehr verschieden. Für Straßenbahnen ergeben sich ungefähr folgende Mittelsätze für die letzten Friedensjahre vor dem Weltkriege in Prozenten der Anschaffungskosten: Bahnanlagen 5—7%, Wagen 6—8%, Werkstatteinrichtungen 10%. Köln setzte die Höhe der Rücklagen auf Grund der Erfahrungen fest auf: Gebäude $^3/_4$%, Oberbau 6%, Stromleitung 3%, Wagen 5%, Fahrzeuge 10%, Mobilien und Utensilien 10%, Automobilomnibusse 25%, Werkzeuge und Maschinen 10%. Durch die ungeheure Materialverteuerung im Weltkriege haben sich natürlich alle Ansprüche an Abschreibung, Erneuerung und Rücklagen ganz außerordentlich erhöht.

Die Bildung weiterer Rücklagen (Köln „Erweiterungs-Rücklage", verschiedene Sicherheitsfonds und „stille Reserven") ist freiwillige Angelegenheit der Bahnunternehmen.

5. Tarife.

Die Festsetzung der Tarife ist im allgemeinen an die Bestimmungen des Eisenbahngesetzes vom 3. November 1838 (§§ 26—29) für die preußisch-hessischen Staatsbahnen (Haupt- und Nebenbahnen) oder des Kleinbahngesetzes vom 28. Juli 1892 (§ 14) gebunden.

Die Haupt- und Nebenbahnen sind in der Festsetzung von Fahrplan und Tarif für die ersten drei Betriebsjahre nach dem auf die Betriebseröffnung folgenden 1. Januar unabhängig und dürfen beim Tarif für sich einen Gewinn von 6 bis höchstens 10% der Ausgaben ihrem Etat zugrunde legen. Der Tarif wird dann alle 3—10 Jahre in Preußen vom Minister der öffentlichen Arbeiten festgesetzt und darf ohne Gesetzesänderung während der Zeit nicht erhöht, wohl aber herabgesetzt werden.

Nichtstaatliche Nebenbahnen haben nach den preußischen Normalkonzessionsbedingungen mit ihren Tarifen denen der preußischen Staatsbahn zu folgen und sich hinsichtlich des Tarifschemas und der Art der Berechnung nach den jeweilig geltenden Grundsätzen zu richten.

In Bayern werden die Tarife festgesetzt durch Finanzgesetz, in Württemberg und in Baden durch den Minister der auswärtigen Angelegenheiten.

Am 1. April 1921 gehen alle einzelstaatlichen Haupt- und Nebenbahnen auf das Reich über, alle Tarife werden vereinheitlicht und durch die Reichsregierung bzw. Reichsgesetzgebung festgelegt.

„Die Feststellung der Beförderungspreise (für Klein- und Straßenbahnen) steht innerhalb eines bei der Genehmigung festzusetzenden Zeitraumes von mindestens 5 Jahren nach Eröffnung des Bahnbetriebes dem Unternehmen frei. Das alsdann der Behörde zustehende Recht der Genehmigung der Beförderungspreise erstreckt sich lediglich auf den Höchstbetrag derselben. Hierbei ist auf die finanzielle Lage des Unternehmens und auf eine angemessene Verzinsung und Tilgung des Anlagekapitals Rücksicht zu nehmen."

Bei Kleinbahnen, insbesondere Straßenbahnen, die öffentliche Wege benutzen, haben sich oft die Wegeunterhaltungspflichtigen (z. B. Zweckverband Groß-Berlin) gegenüber dem Bahnunternehmer vertraglich das Recht der Tariffestsetzung oder der Mitbestimmung bei Festsetzung ausbedungen. Fehlten in solchen Verträgen Klauseln für die Möglichkeit außergewöhnlicher Änderungen des Tarifs (Kriegsklausel, Klausel für gleitende oder revisible Tarife), so entstanden daraus oft die schwersten Kämpfe zwischen Wegeunterhaltungspflichtigen (Kommunen), Öffentlichkeit und Bahnunternehmer, auch bei kommunalen Verwaltungen führen Festsetzung und Änderung der Bahntarife oft zu den schärfsten Auseinandersetzungen infolge der außerordentlichen sozialen Bedeutung derselben. Tarifpolitik ist ein Kapitel für sich, das sich hier nicht erschöpfend behandeln läßt. Es muß auf Sonderschriften verwiesen werden (s. Quellenverzeichnis).

Die Betriebsergebnisse der normalspurigen deutschen Eisenbahnen waren nach dem Stat. Jahrbuch für das Deutsche Reich folgende:

Jahr	Betriebseinnahmen Mill. M.			Betriebsausgaben Mill. M.			Überschuß	
	überhaupt	aus dem Personenverkehr	aus dem Güterverkehr	überhaupt	persönliche	sachliche	überhaupt Mill. M.	in % vom Anlagekapital
1910	3036	871	1962	2063	1030	1038	973	5,74
1911	3271	927	2132	2152	1081	1077	1119	6,41
1912	3477	985	2252	2346	1166	1186	1131	6,29
1913	3556	1017	2286	2490	1237	1260	1066	5,70
1914	3134	837	2042	2513	1298	1222	621	3,20
1915	3435	790	2304	2479	1284	1201	956	4,80

Die Ergebnisse für die folgenden Jahre sind nicht eingereicht worden.

Die Betriebsergebnisse der Schmalspurbahnen:

Jahr	Betriebseinnahmen 1000 M.	Betriebsausgaben 1000 M.	Überschuß	
			überhaupt 1000 M.	in % vom Anlagekapital
1910	14 896	11 480	3416	2,2
1911	15 875	12 381	3494	2,2
1913	16 841	13 958	2883	1,8
1913	17 326	14 552	2774	1,5
1914	14 565	13 431	1134	0,7
1915	14 005	13 092	913	0,5

Betriebsergebnisse der deutschen Kleinbahnen (Dampf und elektr.).

Jahr	Einnahmen		Ausgaben		Überschuß	
	überhaupt M.	auf 1 km Betriebslänge M.	überhaupt M.	auf 1 km Betriebslänge M.	überhaupt M.	auf 1 km Betriebslänge M.
1910	53 394 652	5801,3	35 800 514	3889,7	17 594 138	1911,6
1911	57 542 618	6103,8	38 433 522	4086,9	19 036 406	2024,3
1912	63 957 260	6362,3	43 101 718	4288,6	20 771 407	2066,8
1913	72 425 488	7140,0	48 825 216	4863,2	22 888 078	2279,8
1914	67 886 376	6404,7	48 159 050	4550,7	19 469 491	1839,7
1915	66 715 264	6267,5	48 529 382	4559,1	18 185 882	1708,5

Für die späteren Kriegsjahre (1916—1918) hat das Ministerium der öffentlichen Arbeiten Angaben über die Betriebsergebnisse der Klein- und Straßenbahnen nicht eingeholt.

Aus Geschäftsberichten einzelner Unternehmungen ergibt sich, daß die Überschüsse infolge außerordentlich gestiegener Löhne, Materialkosten, Wagenabnutzung usw. fortgesetzt stark gefallen sind.

Betriebsergebnisse der deutschen Straßenbahnen:

Jahr	Einnahmen		Ausgaben		Überschuß	
	überhaupt M.	auf 1 km Betriebslänge M.	überhaupt M.	auf 1 km Betriebslänge M.	überhaupt M.	auf 1 km Betriebslänge M.
1910	239 054 381	56 027	149 475 076	36 024	86 315 579	20 802
1911	260 722 504	60 038	163 529 223	39 198	93 596 365	22 472
1912	283 162 962	61 977	180 491 712	40 572	98 375 355	22 113
1913	295 899 302	60 030	193 678 461	41 312	97 712 265	20 859
1914	284 363 653	55 255	192 443 552	38 017	89 827 824	17 742
1915	278 476 641	54 109	192 061 081	38 042	84 343 643	16 706

Für die preußischen Haupt- und Nebenbahnen gelten der deutsche Eisenbahn-Personentarif und der Deutsche Eisenbahn-Gütertarif. Vor dem Weltkrieg betrug der Einheitsfahrpreis in Personen- und zuschlagfreien Eilzügen in Preußen für 1 km in I. Klasse 7 Pf., II. Klasse 4,5 Pf., III. Klasse 3 Pf., IV. Klasse 2 Pf. Außerdem wurden erhoben Fahrkartensteuer und in zuschlagpflichtigen Schnellzügen Zonenzuschläge.

Am 1. April 1918 und am 1. April 1919 wurden die Tarife für den Personenverkehr zunächst um 10% und dann um 25—100% je nach Klasse, für den Güterverkehr zunächst um 15%, dann um 60% erhöht. Dazu kam dann noch nach Durchführung des Verkehrssteuergesetzes vom 8. April 1917 eine Abgabe von 16% bei Fahrten in I. Klasse, von 14% in II. Klasse, von 12% in III. Klasse und von 10% in IV. Klasse. Zuschlagkarten wurden um 15% für die I. und II. Klasse und um 12% für die III. Klasse verteuert. Der Gepäckverkehr wurde mit 12%, der Güterverkehr mit 7% des Beförderungspreises besteuert. Eine weitere Tariferhöhung wird am 1. Oktober 1919 in Kraft treten. Kleinbahnen (außer Straßenbahnen) haben in der Regel nur II. und III. Klasse. Die Einheitskilometertarife bewegten sich vor dem Kriege zwischen 6 und 8 Pf. für die II. Klasse, zwischen 3 und 5,5 Pf. für die III. Klasse. Erhöhungen treten in und nach dem Weltkriege entsprechend den Staatsbahntarifen ein.

Auch Klein- und Straßenbahnen haben die Verkehrssteuer zu entrichten. Zum größten Teil haben sie diese durch Tariferhöhungen auf das Publikum abgewälzt.

Die untere Grenze der Tarife bestimmt sich durch die Selbstkosten des Unternehmens und die Forderung, daß die Bahn nach einigen Betriebsjahren imstande sein soll, ohne Zuschüsse zu bestehen. Die obere Grenze durch die Tarife benachbarter Unternehmungen, die bei niedrigerem Tarif der Bahn den Verkehr entziehen (Ehrenfeld—Mülheim früher teure Straßenbahn, billige Staatsbahn und Dampfer). Erfahrungsgemäß kann der Personentarif für ertragfähige Straßenbahnen in der Regel nicht niedriger als auf 4—6 Pf. für das Kilometer Strecke und jeden Fahrgast und 25—30 Pf. das Wagenkilometer festgesetzt werden. Die jährlichen Einnahmen müssen mindestens 15% des Anlagekapitals und die Betriebsziffer (der Betriebskoeffizient) 50—60 betragen.

Von Bedeutung bei der Tariffestsetzung ist die Form des Unternehmens, ob es nämlich Privatbetrieb oder kommunaler (oder gemischter) ist.

Ein Privatunternehmer wird, soweit es seine Abhängigkeit von der öffentlichen Meinung, den Aufsichtsbehörden, den Wegeunterhaltungspflichtigen und Konkurrenzunternehmungen gestattet, bestrebt sein, seinen Tarif so zu gestalten, daß gute Überschüsse erzielt werden, während für ein kommunales Unternehmen soziale und kommunalpolitische Erwägungen stärkeren Einfluß auf die Tariffestsetzung ausüben.

Die Tarife der städtischen Verkehrsmittel sind hauptsächlich bedingt durch die Landesgewohnheiten, die Kaufkraft der Bevölkerung und die Münzeinheit.

Am glücklichsten sind die amerikanischen Bahnen gestellt. Das kleinste gangbare Geldstück ist hier das 5-Cent-Stück = 21 Pf. Es bildet den Einheitsfahrpreis für alle städtischen Verkehrsmittel. Wenn auch der Geldwert in Amerika nicht so hoch ist wie in Deutschland und die für den Satz zu durchfahrenden Strecken oft recht lang, so ist doch der Einheitssatz immerhin recht hoch zu nennen. Zu berücksichtigen ist noch, daß die amerikanischen städtischen Bahnen keine Zeitkarten ausgeben, der Einheitssatz also zugleich der Durchschnittssatz ist.

Die Pariser Stadtbahn erhebt Einheitssätze von 25 Cent = 20 Pf. bzw. 15 Cent = 12 Pf. für die II. bzw. III. Klasse.

Die Central-London-Bahn (Nordschnellbahn) erhebt auf kurzen Strecken 2 Pence = 17 Pf., auf längeren 3 Pence, andere Londoner Röhrenbahnen sogar nur 1 Penny.

Bei den Berliner Vorortbahnen und bei den Stadtschnellbahnen war der Mindestsatz 10 Pf. für die III. und 25 Pf. für die II. Klasse, die mit der Entfernung gesteigert wird. Die Durchschnittseinnahme erhebt sich nur wenig über den Mindestsatz. Am ungünstigsten wirtschaften die Berliner Stadt-, Ring- und Vorortbahnen infolge Einführung billiger Zeitkarten.

Für Stadt- und Vorortbahnen kommen außer dem Entfernungstarif (Kilometertarif) noch in Frage der Stationstarif mit der Stationsentfernung als Einheit (bei allen deutschen Stadtbahnen), der Staffeltarif, bei dem der Kilometerpreis bei längeren Reisen ermäßigt wird oder für denselben Preis nach außen hin längere Strecken gefahren werden (also geeignet für begrenzte Vorortstrecken), der Zonentarif mit bestimmtem Satz für jede Zone, ohne daß diese dieselbe Länge zu haben brauchen (z. B. Berliner Vororttarif der Staatsbahn), der Einheitstarif, der für eine einzelne Fahrt ohne Rücksicht auf die Entfernung erhoben wird (amerikanische und Pariser Stadtbahnen), der Endtarif, bei dem wie beim Einheitstarif in der Regel ein fester Einheitssatz für eine beliebig lange Fahrt erhoben wird, der aber für kürzere Entfernungen noch einige billigere Sätze hat.

Im Berliner Stadt- und Ringbahnverkehr kostete vor dem Kriege die Einzelkarte III. Klasse bis zur fünften Station 10 Pf., II. Klasse 15 Pf., darüber hinaus für alle Entfernungen III. Klasse 20 Pf., II. Klasse 30 Pf. Im Berliner Stadtbahn-Vorortverkehr sind drei Zonen gebildet worden, die alle drei denselben Einheitssatz von 10 Pf. für die III. Klasse und 15 Pf. für die II. Klasse hatten, der 1918 auf 15 bzw. 20 Pf. erhöht wurde. (Die Entfernungen sind 2,5, 5 und 7,5 km.) Über diese Zonen hinaus wurden die Fahrpreise für Fernverkehr erhoben. Der Einheitsfahrpreis (Kilometerpreis) zeigt in den Außenbezirken für Einzelfahrkarten eine starke Steigerung. Dieses Tarifsystem ist deshalb nicht als sozialpolitisch und siedlungsfreundlich anzusprechen. Das Wohnen in gesunden Außenbezirken wird dadurch nicht gefördert. Eine Milderung erfährt der Tarif durch die Monatskarten.

Auf den meisten Stadt- und Vorortbahnen werden Fahrpreisermäßigungen gewährt für Militärkarten, Arbeiterwochenkarten und Zeitkarten (Monatskarten mit weiterer Ermäßigung für Nebenkarten, Jahreskarten). Dadurch erleiden die kilometrischen Einnahmen starke Verschiebungen. Petersen (Der Personenverkehr und die Schnellbahnprojekte) hat vor dem Kriege die Ergebnisse des Personenverkehrs im Berliner Stadt- und Ringbahnverkehr festgestellt auf 8,9 Pf. durchschnittliche Einnahme für die Fahrt. Schimpff schätzte danach den Fahrpreisertrag für das Personenkilometer auf der Wannseebahn zu 1,52 Pf. und für jede Fahrt zu 12,5 Pf. Der Tarif der Berliner Stadt-, Ring- und Vorortbahnen ist der niedrigste aller derartiger großstädtischer Verkehrsunternehmen. Ähnliche Unternehmen des In- und Auslandes hatten Einnahmen zwischen 11,2 und 21,5 Pf. für jede Fahrt. Die deutschen Stadtschnellbahnen (Berliner Hoch- und Untergrundbahn und die Hamburger Hochbahn) haben Stationstarif (Zonentarif). Die Berliner Hoch- und Untergrundbahn gibt nur Einzelfahrkarten aus. Der Fahrpreis betrug früher:

bis zum	5.	Bahnhof	III.	Klasse	10 Pf.,	II.	Klasse	15 Pf.
„ „	8.	„	III.	„	15 „	II.	„	20 „
„ „	12.	„	III.	„	20 „	II.	„	30 „
„ „	17.	„	III.	„	25 „	II.	„	35 „
„ „	18.	„	III.	„	30 „	II.	„	40 „

Die Stationsentfernung nach außen nimmt wesentlich zu, der Einheitsfahrpreis für das Kilometer mithin ab. Dieses Tarifsystem mit fallender Skala ist mithin sozialpolitisch und siedlungsfreundlich.

Im Frühverkehr bis $8^1/_4$ Uhr morgens waren diese Fahrpreise um je 5 Pf. ermäßigt.

1919 galten folgende Fahrpreise:

bis zum 5. Bahnhof	III. Klasse	20 Pf.,	II. Klasse	15 Pf.
„ „ 8. „	III. „	30 „	II. „	40 „
„ „ 9. „ u. weiter	III. „	35 „	II. „	45 „

Bei der Hamburger Hochbahn werden außer Einzelkarten, die auf die Kilometerstrecke umgerechnet etwas billiger als bei der Berliner Hoch- und Untergrundbahn sind, ermäßigte Frühkarten, eintägige Rückfahrkarten, Wochenkarten, Vierteljahrs- und Jahreskarten ausgegeben. Den Fahrpreisertrag aus allen Karten für das Personenkilometer schätzte Schimpff 1913 auf 2,15 Pf.

Die Straßenbahnen sind das Volksverkehrsmittel. Ihre Tarifgestaltung ist von besonderer volkswirtschaftlicher und sozialpolitischer Bedeutung. Die Forderung möglichster Berücksichtigung armer Bevölkerungsschichten würde einen niedrigen Einheitstarif als den besten erscheinen lassen. Er erfüllt die Forderung größter Einfachheit für Verwaltung und Fahrgäste.

Er ermöglicht die Anwendung des Zahlkastens und die Ersparung der Schaffner.

Der reine Einheitstarif von 10 Pf. hat sich jedoch nur bei wenigen Straßenbahnen voll bewährt und auf allen Linien durchführen lassen. Bei langen Strecken, vielen Linien mit Umsteigeverkehr, weitverzweigten Netzen, Vorort- und Überlandbahnen kann er wegen mangelnder Erträge nicht in Betracht kommen. Der Zahlkasten ergibt infolge nichtzahlender Fahrgäste (absichtliche und unabsichtliche) keine großen Ersparnisse, aber große Betriebserschwernisse (Bügelumlegen, Rolleneingleisen) und Verzögerungen (Achten des Führers auf das Zahlgeschäft).

Der 10-Pf.-Einheitstarif wurde am 1. Januar 1901 bei der Großen Berliner Straßenbahn eingeführt. Nach den Verträgen der Gesellschaft mit der Stadt Berlin wurde vor dem Kriege für eine ununterbrochene Fahrt innerhalb des Berliner Weichbildes und bis zu den Endpunkten in 17 Vororten ein Fahrpreis von 10 Pf. erhoben. Dieser reine 10-Pf.-Einheitstarif gilt jedoch nur für 79 Linien von den 132 der Gesellschaft und ihrer vier Tochtergesellschaften. Auch die anderen Berliner Straßenbahngesellschaften haben nur auf einzelnen Linien den Einheitstarif.

Im Jahre 1919 gibt es bei der Großen Berliner Straßenbahn einfache Fahrscheine für die ganze Strecke zu 20 Pf., Rückfahrscheine oder Doppelscheine zu 35 Pf., Scheine für 8 Fahrten zu 1,40 M. Seit 1. 9. 19 nur Einheitsfahrscheine zu 20 Pf.

Am häufigsten ist bei Straßenbahnen der Teilstrecken- (Zonen-) Tarif, bei Vorort- und Überlandbahnen ausschließlich. Jede Teilstrecke kostete in der Regel vor dem Kriege 5 Pf., doch wurden Fahrscheine unter 10 Pf. nicht ausgegeben. Die meisten Straßenbahnen haben auch Umsteigefahrscheine eingeführt. Man kann auf den für eine bestimmte Strecke gelösten Fahrschein auf eine andere Linie umsteigen ohne Nachzahlung oder nach Lösung eines um 5 Pf. teueren Fahrscheines „Umsteigefahrschein" bei Antritt der Fahrt. Das Umsteigen kann innerhalb eines Netzes (Schnellbahnnetz, Straßenbahnnetz) oder von einem Verkehrsnetz auf ein anderes erfolgen — „Netztarif". Eine Tariferhöhung im Umsteigeverkehr hält Schimpff für unbegründet und unberechtigt, da der Bahn keine Mehrkosten, dem Fahrgast aber Unbequemlichkeiten und Zeitverluste entstehen. Zweckmäßig sind auch Umsteigetarife für Straßenbahnen, die Zubringer zu den Schnellbahnen darstellen. Eingeführt sind solche Tarife in Berlin (Warschauer Brücke), Boston, Philadelphia und stellenweise in New York.

Wie schon erwähnt, findet man bei großen Straßenbahnnetzen häufig alle Arten von Tarifen angewandt.

Außer den Einzelfahrscheinen gibt es bei vielen Bahnen noch Schülerkarten, Monatskarten, Arbeiterwochenkarten, Frühkarten, Knipskarten für Erholungsbedürftige, Wohlfahrtskarten, Sonderwagenpreise, Spätbetriebskarten.

Der deutsche Eisenbahngütertarif wurde, wie schon erwähnt, für die Staatsdampfbahnen von den Vor- bis zu den Nachkriegsjahren ganz außerordentlich erhöht.

Es betrugen die Frachtsätze für 100 kg in Pfennig:

Jahr	Zone	Allgem. Stückgutklasse	Allgem. Wagenladungsklasse B	Spezialtarife			Allgemeine Ausnahmetarife für		
				I	II	III	Kohlen	Mehl	Kartoffeln
31. Juli 1914	auf 150 km	175	102	80	65	45	40	80	40
	„ 300 „	315	192	147	117	78	73	147	73
	„ 500 „	465	312	237	187	122	105	237	105
1. April 1919	„ 150 „	345	201	158	128	89	70	158	79
	„ 300 „	621	378	290	230	154	134	290	109
	„ 500 „	916	615	467	368	240	193	418	149

Die Gütertarife der Privatbahnen lehnen sich meistens (mit Ausnahme der Straßenbahnen) an den deutschen Eisenbahngütertarif an. Bei Hauptbahnen wird dieser ohne weiteres übernommen, bei Nebenbahnen bisweilen durch Weglassung einiger Unterklassen etwas vereinfacht, bei Kleinbahnen in der Regel nur in seinen Grundzügen und ohne Anwendung derselben Einheitssätze benützt, insbesondere fällt hier meistens der Begriff „Eilgut" weg. Der deutsche Eisenbahngütertarif ist ein sog. Reformtarif, bei dem der Frachtsatz nicht nur nach den Leistungen der Bahn, der Menge des Gutes und der Wagenausnutzung, sondern auch nach dem Wert des beförderten Gutes und der Schnelligkeit der Beförderung berechnet wird. Es ist ein Streckensatz und außerdem eine Abfertigungsgebühr zu zahlen. Elektrische Nebenbahnen mit unmittelbarem Staatsbahnanschluß haben meistens durchgehenden Staatsbahntarif. Die Staatsbahn erhebt die Frachten und vergütet der Nebenbahn den auf sie entfallenden Streckensatz und die halbe Abfertigungsgebühr. Bei den preußischen Klein- und Straßenbahnen besteht im Übergangsverkehr mit der Staatsbahn kein unmittelbarer Tarif. Durch Erlaß des Ministers der öffentlichen Arbeiten vom 16. Oktober 1903, wird den Kleinbahnen im Übergangsverkehr eine Kürzung der Staatsbahnfracht um 2 Pf. für 100 kg zugunsten der Verfrachter gewährt. Bei Schmalspuranschlüssen an Vollbahnen werden Umladegebühren und Gebühren für Benutzung des Rollschemels erhoben. Die Kleinbahntarife unterscheiden sich untereinander so wesentlich, daß hier nicht darauf eingegangen werden kann. (Vgl. Kayser, „Die belgischen Kleinbahnen", „Die Bahnen der Stadt Köln", Himbeck und Bandekow, „Wie baut und betreibt man Kleinbahnen?", Schoeningh, „Die Geschichte und wirtschaftliche Bedeutung der Kleinbahnen im rheinisch-westfälischen Kohlenrevier".)

Die Kölner Straßenbahn hatte vor dem Kriege folgenden einfachen Gütertarif: Bei einer Jahresbeförderung:

bis	25 000 t	. . . . . . 70 Pf.	für je 1000 kg
für die nächsten	15 000 t	. . . . . . 50 „	„ „ 1000 „
„ „ „	10 000 t	. . . . . . 40 „	„ „ 1000 „
darüber hinaus		. . . . . . 30 „	„ „ 1000 „

Am häufigsten ist bei Straßen- und Überlandbahnen die Milchbeförderung. Es wurden vor dem Kriege dafür Sätze von 2,5—3,5 Pf. für je 100 kg für das Kilometer berechnet.

Das Gepäck wird in der Regel bei allen Bahnen bis zu einem bestimmten Gewicht und Umfang frei befördert. Darüber hinaus sind bestimmte Sätze zu zahlen. Die Staatsbahn erhebt für aufgegebene Gepäckstücke Frachten nach Gewichtsstufen, Zonen (Entfernungen) und Anzahl der gelösten Fahrkarten. Hunde jeder Größe in Begleitung von Reisenden werden gegen Lösung von Hundekarten für $1^1/_2$ Pf. für das Kilometer befördert. Viele Kleinbahnen berechnen die Gepäckfracht nach den Sätzen der Staatsbahn, andere wenden einen reinen Zonentarif an ohne Unterschied des Gewichtes, manche gestatten die Unterbringung von Traglasten (Marktgepäck, Handwerkszeug usw.) im Packwagen unentgeltlich oder gegen eine mäßige Gebühr (besonders Vorort- und Überlandbahnen). Straßenbahnen behandeln das Gepäck unterschiedlich. Bei vielen werden keine Gebühren erhoben; es sollen dann aber die

Gepäckstücke keinen besonderen Platz beanspruchen. Bei den meisten Bahnen dürfen Gepäckstücke, die man nicht auf seinem Schoß aufbewahren kann, nur auf der vorderen Plattform untergebracht werden. Dann ist dafür der Fahrpreis für eine Person zu entrichten. Schoßhunde gehen frei, für größere ist ein Fahrschein zu lösen.

Im Weltkrieg hat der Güterverkehr auf Straßenbahnen einen bedeutenden Umfang angenommen. Die Tarife sind jedoch so verschieden, daß sie hier nicht aufgezählt werden können.

G. Betriebstechnische Grundlagen der Linienführung.

1. Bewegungswiderstände.

Der Bahnwiderstand setzt sich zusammen aus Widerständen der Reibung (auf der Fahrbahn und in den Betriebsmitteln), der Luft und der Bahngestaltung (Neigungen und Krümmungen, Beschleunigung und Verzögerung).

Die rollende Reibung auf der Fahrbahn ist sehr verschieden bei Vignolesschienenoberbau (bei eigenem Bahnkörper) und bei Rillenschienenoberbau. Während sich die Reibungsziffern bei Vignolesgleis mit einiger Zuverlässigkeit annähernd bestimmen lassen, schwanken sie bei Rillengleis stark, je nach Unterhaltung, Rillenreinigung bzw. Verstopfung oder Vereisung, Rillenschmierung, Rillenweite, Rillenform, Radflanschform usw. Doch bleiben diese Widerstände in der Regel noch klein gegenüber den Widerständen der Neigungen und Krümmungen.

Der Luftwiderstand ist abhängig von der Wagengröße und Zuglänge, der Fahrgeschwindigkeit und Bauverhältnissen (Bahnlage in geschlossenen Städten, Überlandstrecken oder in Tunneln [Schnellbahnen]). Winddrücke werden nur berücksichtigt bei Bahnen in Gegenden mit ständigen starken Winden.

Für die Größe der Krümmungswiderstände sind maßgebend Bahngestaltung (Anzahl Krümmungen, Krümmungshalbmesser und Bogenlängen), Spurweite und Bauart der Betriebsmittel (Radstand, Raddurchmesser und Konstruktion der Fahrgestelle). Sie werden in der Regel nur durch einen erfahrungsmäßigen Zuschlag bei der Berechnung des Gesamtkraftbedarfes berücksichtigt. Nur bei besonders ungünstiger Linienführung mit zahlreichen Krümmungen, großen Bogenlängen und kleinem Halbmesser wird Berechnung erforderlich. Sie ist nur annäherungsweise möglich und entsprechend dem veränderlichen Gleiszustand und der Verschiedenartigkeit der Bauausführung oft von der Wirklichkeit stark abweichend.

Der Widerstand in Steigungen ist natürlich auch abhängig von den Widerständen der Reibung und der Luft. Zu diesen kommt noch die Arbeit der Hebung des Wagengewichtes. Die Berechnung ist einfach.

Es sollen nachstehend die theoretischen Grundlagen für die Berechnung der Widerstände gegeben werden. Auf ihre nur bedingte Brauchbarkeit wird nochmals hingewiesen. Verfahren aus der Praxis zur Bestimmung der Widerstände, Zugkräfte und Motorstärke werden dann kurz angegeben werden.

a) Reibungswiderstände.

Widerstand der rein rollenden Reibung und der Reibung in den Achslagern auf der Geraden.

Die verschiedenen hierfür gegebenen Formeln haben sich als wenig brauchbar erwiesen.

Durch praktische Versuche wurde festgestellt:

für angetriebene Achsen auf Vignolesgleis $w_r = 2{,}8-3{,}1$ kg für die Tonne Wagengewicht,

für angetriebene Achsen auf Rillengleis $w_r = 3{,}8-6{,}8$ kg/t,

für Anhängewagen und nicht angetriebene Achsen auf Vignolesgleis $w_r = 1{,}0-1{,}3$ kg/t,

für Anhängewagen und nicht angetriebene Achsen auf Rillengleis $w_r = 2{,}0-2{,}5$ kg/t.

b) Luftwiderstand.

Nach Grashof („Hütte" 1905, 3. Abschnitt, VIII) beträgt der Winddruck auf ebene Flächen $w_l = 0{,}122\,Fv^2$.

Hierbei bezeichnet v die Geschwindigkeit des Windes. Es kann aber die Formel auch auf den bewegten Wagen (bei Annahmen von Windstille) angewandt werden. Es bezeichnet v dann die Fahrgeschwindigkeit des Wagens in m/sec. In Gegenden mit ständigen starken Winden wäre jedoch die Windstärke zu berücksichtigen. Die Formel würde dann lauten:

$$w_1 = 0{,}122\,F\,(v_1 + v_2)^2\,.$$

F (die vom Winddruck getroffene Fläche) wird in der Regel angenommen zu 13,3 qm für Lokomotiven, 6,5 qm für Motorwagen und 2,5 qm für Anhängewagen. Von Bedeutung ist der Luftwiderstand des Ankers des Schleifbügels und des Lüftungsaufbaues.

Für Fahrgeschwindigkeiten über 50 k/mSt. ist zu setzen $w_l = 0{,}0052\,V^2$ (V in km/St., w_l ergibt kg/qm). Von großer Bedeutung ist bei hohen Fahrgeschwindigkeiten die Kopfform des Triebwagens bzw. der Lokomotive. Durch abgeschrägte Vorderwände können mehrere hundert Kilogramm Druck bzw. 10—15% Kraftbedarf erspart werden.

Für die Summe der Widerstände auf der Geraden hat man durch Versuche bei geringer Fahrgeschwindigkeit ermittelt: $w_r + w_l = 2{,}5 + 0{,}0006\,V^2$ (V in km/St.). Sanzin gibt hierfür an: $w = 4{,}5 + 0{,}22\,V + 0{,}0015\,V^2$.

Bei Untergrundbahnen sind die Luftwiderstände wesentlich andere als bei oberirdischen Bahnen. Bei ihnen ist zu berücksichtigen Luftreibung an den Tunnelwänden, Sog und Länge des Zuges. Aspinall gibt dafür die Formel $w_l = 1{,}12 + \frac{V \cdot \frac{5}{3}}{250 + 0{,}45\,l}$, wobei V die Fahrgeschwindigkeit in km/St. und l die Länge des Zuges bedeutet.

c) Widerstand in Steigungen und Gefällen.

Bildet die Steigung mit der Wagerechten den Winkel α, dann kann man die Schwerkraft des Wagens zerlegen in eine Komponente $G \cdot \cos\alpha$ (senkrecht) und $G \cdot \sin\alpha$ (in der Steigungsebene). Widerstand der Steigung $w_s = G \cdot \sin\alpha$.

Für $\sin\alpha$ kann man $\operatorname{tg}\alpha$ setzen. Für Adhäsionsbahnen ist der größtzulässige Winkel etwa $7^1/_2{}^\circ$, sein sin = 0,130526, seine tg = 0,131653. $\operatorname{tg}\alpha$ bezeichnet aber das Steigungsverhältnis (z. B. 1 : 20 oder 50%). Man kann also einfach setzen $w_s = G \cdot S$ (z. B. 13 (t) $\pm$ 50 = 650 kg).

Im Gefälle entsteht nicht nur dieser Widerstand nicht, sondern er wirkt den übrigen Bahnwiderständen entgegen, vermindert sie. Ein Vorzug des elektrischen Betriebes besteht u. a. darin, daß diese Kraft zurückgewonnen werden kann.

d) Widerstand in Bahnkrümmungen (Bogenwiderstand).

Nach „Hütte", d. Ing. Taschenbuch, kann man setzen $w_k = \frac{k}{R - c}$, wobei k und c Erfahrungswerte sind.

						k	c
Für Vignolesgleis	auf	normalspurigen	Hauptbahnen			650	60
„	„	„	Nebenbahnen			650	30
„	„	„	Kleinbahnen			500	30
„	„	„ schmalspurigen	„	von	1,00 m	400	20
„	„	„	„	„	0,75 „	350	10
„	„	„	„	„	0,60 „	280	5
„ Rillengleis	mit	Normalspur				370	10
„	„	Schmalspur (1,00 m)				300	5

Hamelink gibt für Straßenbahnen auf Grund theoretischer Untersuchungen für den zusätzlichen Widerstand in Krümmungen die Formel:

$$w_k = \frac{k_1\,a + k_2\,s}{R},$$

worin a den Achsenabstand, s die Spurweite und k_1 und k_3 Konstanten bedeuten, die abhängig sind von der Reibungsziffer.

Die Formel lautet für eine Reibungsziffer

$$\text{von } f = \tfrac{1}{4} \text{ (oder 0,25)}: \; w = \frac{190\,a + 80\,s}{R},$$

$$\text{für } f = \tfrac{1}{6} \text{ (0,166)}: \; w = \frac{110\,a + 50\,s}{R}.$$

Adler empfiehlt nach praktischen Versuchen und Messungen für mittlere Straßenbahnbetriebe mit Rillenschienengleisen:

$$w = \frac{158\,a + 33\,s}{R}.$$

Zur Beseitigung der besonders für Straßenbahnen so wichtigen Bogenreibung schlägt Bäseler den Bau dreiachsiger Lenkachsenwagen vor, bei denen die Mittelachse seitlich verschiebbar und so mit den Endachsen gekuppelt ist, daß sie diese radial einstellt und bei denen auf jeder Achse ein Rad um sich selbst drehbar angeordnet ist.

Von Bedeutung bei Lokomotiven ist hier der Krümmungswiderstand und die Bauart (Anzahl gekuppelter Achsen, Zahnrad- oder Kuppelstangenantrieb, Laufachsenanordnung, Triebradgröße). Die Verhältnisse entsprechen ungefähr dem der Dampflokomotiven.

e) Widerstand infolge Beschleunigung.

Die Vermehrung der Geschwindigkeit (Beschleunigung) erfordert Arbeit. Den entsprechenden Widerstand nennt man den Widerstand infolge Beschleunigung. Solch eine Beschleunigung wird erforderlich nach jedem Halten und bei Durchfahren von Krümmungen mit wiederholtem Abbremsen und Anlassen des Motors. Die Verhältnisse sind so verwickelt, daß sich einfache Formeln nicht geben lassen. Häufig wird der Widerstand der Beschleunigung (w_b) durch einen Zuschlag bei der Kraftbemessung berücksichtigt. (Z. B. 25% bei größeren Anlagen mit vielen Wagen.)

f) Gesamtwiderstand. Widerstandsziffer (Traktionskoeffizient).

Theoretisch beträgt der Gesamtwiderstand:

$$w = w_r + w_l + w_s + w_k + w_b\,.$$

In der Praxis rechnet man mit einer Widerstandsziffer von 6—8 kg für die Tonne auf Vignolesgleis und 12—15 kg auf Rillengleis bei niedrigen Geschwindigkeiten und normalen Verhältnissen ohne Steigungen und starke Krümmungen.

Für Lokomotiven wurden durch Versuche auf der Mittenwaldbahn folgende Werte ermittelt:

$V = 0$ km/h,	$w = 4{,}5$ kg/t.
$V = 5$,,	$w = 5{,}6$,,
$V = 10$,,	$w = 6{,}8$,,
$V = 15$,,	$w = 8{,}2$,,
$V = 20$,,	$w = 9{,}5$,,
$V = 25$,,	$w = 11{,}0$,,
$V = 30$,,	$w = 12{,}5$,,
$V = 35$,,	$w = 13{,}0$,,
$V = 40$,,	$w = 15{,}7$,,

Bei anderen Versuchen wurden niedrigere Werte gefunden.

2. Adhäsion.

Adhäsion ist der Widerstand zwischen Rad und Schiene, der das Gleiten, das sog. „Schleudern" des angetriebenen Betriebsmittels verhindert. Das auf die angetriebenen Achsen entfallende Gewicht heißt Adhäsionsgewicht. Sind alle Achsen angetrieben, dann ist das Wagen- bzw. Lokomotivgewicht das Adhäsionsgewicht.

Die Reibungsziffer (der Adhäsionskoeffizient) ist abhängig von dem Oberflächenzustand der Schiene und der Geschwindigkeit der Betriebsmittel. Beim Anfahren ist die Reibungsziffer für trockene, saubere Schienen 0,24, bei nassen, sauberen 0,14, bei schmutzigen, nassen 0,05. Die Adhäsion ist das Produkt aus Adhäsionsgewicht mal Reibungszahl. Durch die Größe der Adhäsion sind die Maximalzugkraft und die Maximalbremskraft begrenzt. Durch die Maximalzugkraft ist die größtzulässige Steigung und die größtmögliche Beschleunigung festgelegt.

Bezeichnet:

Ga das erforderliche Adhäsionsgewicht,
P das übrige Zuggewicht,
f die Reibungsziffer,
Z die Widerstandsziffer (Traktionskraft),
S die Steigung in $^0/_{00}$,

dann ist:

$$\text{Adhäsion} \gtreqless \text{Bewegungswiderstand}.$$

$$1000\,Ga \gtreqless (Ga + P)(Z + S)\,.$$

Erforderliches Adhäsionsgewicht:

$$Ga \gtreqless \frac{P(Z + S)}{1000 f - (Z + S)} \text{ in t}\,.$$

Erforderliche Zugkraft:

$$Z = (Ga + P)(Z + S)$$

$$Z = 1000\,Ga \cdot a$$

$$Z = \frac{P(Z + S)}{1 - \frac{Z + S}{1000 f}} \text{ in kg}\,.$$

Größtzulässige Steigung (theoretisch):

$$1000\,Ga \cdot f = Ga\,(Z + S)$$

$$S = 1000 f - Z \text{ in } {}^0/_{00}\,.$$

In der Praxis wird die lebendige Kraft zur Überwindung der Steigung mit ausgenutzt. Es werden Steigungen bis $120^0/_{00}$ (1 : 8) mit Adhäsion befahren.

3. Zugkraft, Beschleunigung und Verzögerung.

Die Motorgröße wird in der Praxis nach annähernder rechnerischer Bestimmung der Bewegungswiderstände zeichnerisch ermittelt. Als Unterlagen benötigt man dazu Lageplan der Strecke (wegen Lage der Haltestellen, Krümmungen), Höhenplan (Steigungen und ihre Länge) und Fahrplan (zur Feststellung der Fahrgeschwindigkeiten). Die Bestimmung der Motorbelastung ist bei Straßenbahnen infolge nicht strenger Einhaltung des Fahrplanes, Störungen durch Straßenverkehr, Veränderlichkeit der Lage der Haltestellen, Schwankungen der Anfahrtsbeschleunigungen und elektrischer Bremsungen, Veränderlichkeit der Gleislage usw. lediglich Sache der Erfahrung. Einige Grenzen sind gegeben dadurch, daß die Lieferfirmen nur bestimmte Typen bauen oder z. B. bei schmalspurigen Wagen durch die Raumbeschränkung, die nur Motoren bis 50 PS zuläßt.

Bei Stadtschnellbahnen ist eine zuverlässige Bestimmung der Motorbelastung möglich, da meistens Fahrplan und Haltestellen unverändert festliegen, die Gleise dauernd in gutem Zustande gehalten werden und eine gleichmäßigere, sparsame Führung der Triebwagen erreicht wird. Das Verfahren ist kurz folgendes: Man zeichnet zunächst vorläufige Zugkraftlinien. Die vorläufigen Zugkraftlinien entstehen durch Auftragungen der Zugkräfte für Hin- und Rückfahrt (getrennt), zunächst unter Außerachtlassung der Beschleunigungen, dann durch Auftragung der Zeiten, während welcher die Zugkräfte geleistet werden (verbesserte Darstellung) und schließlich durch Eintragung der Beschleunigungen und Verzögerungen beim Anfahren bzw. Bremsen in die letzte Darstellung. Es werden dann Flächen (Diagramme) gebildet, aus denen sich für jeden Augenblick die nötigen Zugkräfte abgreifen lassen. Nach der mittleren Unterbelastung wählt man nun einen Motor. Von diesem wird nun die Leistungslinie aufgetragen, d. h. die Darstellung der voneinander abhängigen Größen: Zugkraft, Stromverbrauch und Geschwindigkeit. Nach Ermittlung der Beschleunigungskräfte und Zeichnung der Beschleunigungslinie ergibt sich die genaue Zugkraftlinie und die tatsächsächliche Motorbelastung. Nach ihr ergibt sich die Zulässigkeit des gewählten Motors oder die Notwendigkeit der Wahl eines stärkeren oder schwächeren Motors.

Die Schweizer Studienkommission für den elektrischen Betrieb der Bundesbahnen hat als durchschnittlichen Kraftbedarf für 1 tkm ermittelt 0,0384 PS-Stunden oder 28,3 Wattstunden am Radumfang. Zwischen Radumfang und Turbinenwelle im Kraftwerk ist ein Wirkungsgrad von 40% angenommen.

Die Anfahrbeschleunigung ist, abgesehen von der Motorenstärke, von der Verhältniszahl der angetriebenen Achsen zur gesamten Achsenzahl des Zuges abhängig. Bei der Berliner und Hamburger Hochbahn wird die Hälfte aller Achsen angetrieben. Die erzielte mittlere Beschleunigung beträgt bei der Berliner Hochbahn 0,55 m/sec^2, bei der Hamburger Hochbahn, die stärkere Motoren besitzt, 0,67 m/sec^2.

Die mittlere Bremsverzögerung beträgt bei der Berliner Hochbahn 0,95 m/sec^2, bei der Hamburger Hochbahn 1 m/sec^2.

4. Neigungsverhältnisse.

a) Allgemeines.

Maßgebende Steigung ist die größte anhaltende, oder diejenige, die mit einer Krümmung zusammenfallend den größten Bahnwiderstand ergibt. Kurze, sehr starke Steigungen (Rampen), die mit Anlauf genommen werden können, zählen nicht mit. Die maßgebende Steigung ist in Krümmungen und in Tunneln zu ermäßigen.

Bei elektrischen Bahnen ist aber die sog. „maßgebende Steigung" nicht für die Motorstärke allein bestimmend, vielmehr wird diese unter Berücksichtigung anderer Größen bemessen. (Siehe „Zugkraft, Beschleunigung und Verzögerung".) Das Gefälle, in dem keine Zugkraft mehr erforderlich, aber auch noch kein Bremsen nötig wird, heißt Bremsgefälle. Steigungen unter dieser Grenze nennt man unschädliche, darüber liegende schädliche, vorausgesetzt, daß bergauf und bergab ungefähr die gleichen Lasten befördert werden. Hierbei sei darauf hingewiesen, daß bei elektrischen Bahnen bei der Talfahrt Strom wiedergewonnen werden kann. Verlorene Steigungen sind solche, die von der einheitlichen Steigung abweichen und eine Erhöhung der Zugkraft erfordern. (Gegengefälle, die keine Erhöhung der Zugkraft erfordern, haben keine verlorene Steigung.)

b) Vorschriften für die Neigungsverhältnisse.

α) Für Hauptbahnen:

„Die Längsneigung auf freier Strecke darf in der Regel 25‰ (1 : 40) nicht überschreiten. Die Anwendung einer stärkeren Steigung als 12,5‰ (1 : 80) bedarf der Genehmigung der Landesaufsichtsbehörde und der Zustimmung des Reichseisenbahnamtes.

Das Steigungsverhältnis von Bahnhofsgleisen darf, abgesehen von Rangiergleisen, nicht mehr als 2,5‰ (1 : 400) betragen, jedoch dürfen Ausweichgleise in die stärkere Neigung der freien Strecke eingreifen. Ausnahmen können von der Landesaufsichtsbehörde zugelassen werden.

Steigt von zwei in entgegengesetztem Sinne und stärker als 5‰ (1 : 200) geneigten, aneinanderstoßenden Strecken die eine mehr als 10 m an, so ist eine mindestens 500 m lange, höchstens 3‰ geneigte Zwischenstrecke einzuschalten. In die Länge der 500 m dürfen die Tangenten der Ausrundungsbogen eingerechnet werden." (B. O. § 7.)

β) Für Nebenbahnen:

„Die Längsneigung auf freier Strecke darf in der Regel 40‰ (1 : 25) nicht überschreiten. Die Anwendung einer stärkeren Steigung als 40‰ (1 : 25) bedarf der Genehmigung der Landesaufsichtsbehörde und der Zustimmung des Reichseisenbahnamtes." (B. O. § 7.)

Für Bahnhofsgleise gelten dieselben Vorschriften wie für Hauptbahnen. Für Gefällausrundung bestehen keine Vorschriften, doch ist die Befolgung der für Hauptbahnen gegebenen zu empfehlen.

γ) Für nebenbahnähnliche Kleinbahnen:

„Die Längsneigung der Bahn soll bei Reibungsbahnen in der Regel das Verhältnis von 40‰ (1 : 25) nicht überschreiten.

Bei vollspurigen Zahnstangenbahnen, auf die Fahrzeuge von Haupt- und Nebenbahnen übergehen, soll die Längsneigung nicht über 100‰ (1 : 10), bei den anderen Zahnstangenbahnen in der Regel nicht über 250‰ (1 : 4) betragen. Stärkere Steigungen sind zulässig. Es sind jedoch in solchen Fällen ergänzende, von den Ergebnissen eines Probebetriebes abhängig zu machende Sicherheitsvorschriften, deren Festsetzung durch die eisenbahntechnische Aufsichtsbehörde zu erfolgen hat, zu erlassen.

Das Steigungsverhältnis der zur Aufstellung von Zügen und Wagen dienenden Bahnhofsgleise, zu denen auch die Gleise der Ladestellen auf freier Strecke zu rechnen sind, darf nicht mehr als 2,5‰ (1 : 400) betragen, jedoch dürfen Ausweichgleise in die stärkere Neigung der freien Strecke eingreifen. Ausnahmen können von der eisenbahntechnischen Aufsichtsbehörde zugelassen werden.

Steigungswechsel sind nach einem Kreisbogen von mindestens 1000 m Halbmesser auszurunden. Der Halbmesser ist auf mindestens 2000 m zu vergrößern, wenn die Bahn mit mehr als 30 km Geschwindigkeit befahren werden soll, oder wenn der Steigungswechsel in einer Krümmung liegt. Bei Gleisen, die nicht auf eigenem Bahnkörper liegen, können Ausnahmen von der eisenbahntechnischen Aufsichtsbehörde zugelassen werden." (Min. Erl. vom 15. Januar 1914 und Grz. f. Lokalb. vom 3/5. 9. 1908.)

δ) Für Straßenbahnen:

„Die Längsneigung einer Straßenbahn soll bei Reibungsbahnen in der Regel das Verhältnis von 1 : 15 nicht überschreiten. Stärkere Steigungen sind auf kürzere Strecken und dann zulässig, wenn durch einen Probebetrieb die Möglichkeit eines sicheren Betriebes nachgewiesen ist. In diesen Fällen sind ergänzende Sicherheitsvorschriften durch die eisenbahntechnische Aufsichtsbehörde zu erlassen." (Bau- u. Betr.-Vorschr. f. Lkb. m. Masch.-Betr. vom 26. September 1906.)

Einige elektrische Adhäsionsbahnen mit besonders starken Steigungsverhältnissen seien hier angegeben. Die stärkste Steigung beträgt bei der meterspurigen Berninabahn 1 : 14,3, bei der normalspurigen Überetscher Bahn 1 : 16, bei der normalspurigen Riesengebirgsbahn 1 : 20, bei der Schnellbahn Philadelphia 1 : 20, bei der Berliner Hoch- und Untergrundbahn (Kleinbahn) 1 : 25 (in kurzen Rampen), sonst über 1 : 30, bei der Hamburger Hoch- und Untergrundbahn 1 : 20 (in kurzen Rampen), sonst über 1 : 40, bei der Straßenbahn Le Havre 1 : 8, bei der Straßenbahn Kiew 1 : 10,7, bei der Straßenbahn Stuttgart 1 : 12.

Die stärkste Steigung bei der Großen Berliner Straßenbahn beträgt auf der Geraden 1 : 20, in Krümmungen 1 : 33,3.

e) Bauausführung.

Die elektrische Zugförderung ist für schwierige Geländeverhältnisse besonders geeignet. Sie gestattet ein gutes Anschmiegen an die Bodengestaltung. So würde z. B. die Mittenwaldbahn bei Dampfbetrieb 4 km Längenentwicklung mehr erfordert haben. Besonders bei städtischen Straßenbahnen in hügligen Orten zeigen sich die Vorteile; doch ist auch hier bisweilen die Benutzung steiler Straßen (manchmal noch mit engen Krümmungen) unmöglich, eine Verlegung der Bahn in Nachbarstraßen oder besser eine Umgehung des ganzen Ortes auf eigenem Bahnkörper wird sich oft trotz wirtschaftlicher Nachteile nicht vermeiden lassen. Während Straßenbahnen in der Regel eine Steigung von 1 : 15 nicht überschreiten sollen, haben Straßen in Hügelland häufig Steigungen bis 1 : 12 und im Gebirge von 1 : 8, wobei noch Rampen mit wesentlich steileren Steigungen vorkommen können.

Die Steigungsverhältnisse von mitbenutzten Wegen erfordern große Aufmerksamkeit. Alte Straßen haben oft auf ganz kurzen Strecken ohne ersichtlichen Zweck mehrere Steigungswechsel. (Entstanden durch nicht gleichzeitige oder lässige Bauausführung, durch Umbauten und Nachbeschotterungen einzelner Strecken, Senkungen usw.) So vorteilhaft und richtig es nun wäre, ein möglichst kurzes einheitliches Gefälle für die Straßenbahn herzustellen, so ist dies doch häufig nicht möglich ohne große, teure Straßenumbauten oder Umpflasterungen. Es wird meistens nichts übrigbleiben, als die häufigen Steigungswechsel der Straße (bisweilen gar Wellenform) in der Bahnlinie mitzumachen, kann man nicht abgetrennten Bahnkörper auf dem Bürgersteig oder eigenen Bahnkörper neben der Straße schaffen.

Vor einer selbst möglichen und nicht teuren Änderung der Höhenlage öffentlicher Wege muß dringend gewarnt werden, solange nicht alle Verhältnisse klar gestellt und jeder mögliche Schaden sich vermeiden läßt.

Die Anlieger warten bei der Bauausführung nur auf die Gelegenheit auf Grund vermeintlicher oder wirklicher Schädigung hohe Entschädigungssummen aus dem Unternehmen herauszuschlagen. Sie klagen über Abfluß des Oberflächenwassers der höher gelegten Straße in ihr Grundstück oder Gebäude, über Feuchtigkeit ihrer Wohnung, über Entziehung der Vorflut, über Gesundheitsschädigung und Belästigung durch entstandene stehende Gewässer usw. Da das Unternehmen, solange es nicht die Grundlosigkeit derartiger Klagen und Ansprüche klar beweisen kann, als der wirtschaftlich Stärkere stets im Unrecht bleibt, lassen sich hohe Abfindungssummen oder kostspielige Änderungen an Einfahrten, Hauseingängen, Be- und Entwässerungsanlagen usw. nicht vermeiden.

Es kann auch der Fall eintreten, daß ein Geländehindernis die Erhöhung eines Weges unbedingt zu erfordern scheint. In alten ländlichen

Ortschaften überschreitet die Straße bisweilen kreuzende Bäche mit derartig steil angerampten Durchlässen, daß die Bahn die Steigungswechsel nicht mitmachen kann. Auch dann ist wohl zu überlegen, ob eine Änderung der Rampen, Höherlegung der anschließenden Wegestrecken und die Änderungsanlagen an den zunächst liegenden Anwesen bestimmt keine höheren einmaligen Ausgaben und laufende Entschädigungssummen usw. erfordern, als der Bau einer Umgehungsstrecke mit eigener Überführung. Dabei wäre noch zu berücksichtigen, daß vielleicht in absehbarer Zeit die Bahn ihren Betrieb unterbrechen müßte, wenn ein neuer Durchlaß den alten ersetzen und die Straße umgebaut werden müßte.

Bei Ortschaften, die mehrere schwierige Stellen enthalten (starke Steigungen, enge Krümmungen, Straßenverengungen, ungünstige Straßenkreuzungen, ungünstige Brücken und Durchlässe usw.) empfiehlt es sich nicht, von Fall zu Fall die Hindernisse durch Ausschwenkungen, eigenen Bahnkörper, besondere Bauwerke usw. zu umgehen, man tut vielmehr gut, dann die Ortschaft überhaupt nicht zu durchfahren, sondern die Bahn auf eigenem Bahnkörper um sie herumzuführen. Die Schaffung guter Zufuhrmöglichkeiten und geeigneter Haltestellen sind dann Geschicklichkeitssache des Entwerfenden.

5. Krümmungsverhältnisse.

a) Für die Krümmungsverhältnisse sind maßgebend die Geländeverhältnisse und die Bauart, besonders der Radstand der Triebwagen bzw. Lokomotiven. (Hierüber vgl. Kapitel „Betriebsmittel".) Gehen Wagen von einer Bahn höherer Ordnung auf eine niederer Ordnung über, so müssen die Steigungs- und Krümmungsverhältnisse dieser für die höherer Ordnung eingerichtet sein.

b) Vorschriften für die Krümmungsverhältnisse.

α) Bei Hauptbahnen:

„In durchgehenden Hauptgleisen sind Krümmungen von weniger als 180 m Halbmesser nicht zulässig. Die Anwendung eines Halbmessers unter 300 m auf freier Strecke bedarf der Genehmigung der Landesaufsichtsbehörde und der Zustimmung des Reichseisenbahnamtes. In den durchgehenden Hauptgleisen sind zwischen geraden und gekrümmten Strecken Übergangsbogen einzulegen. Entgegengesetzte Krümmungen der durchgehenden Hauptgleise sind durch eine Gerade zu verbinden, die zwischen den Endpunkten der Überhöhungsrampen mindestens 30 m lang sein muß." (B.-B.-O. vom 4. November 1904, § 7.)

β) Bei Nebenbahnen:

„In durchgehenden Hauptgleisen sind, wenn Fahrzeuge der Hauptbahnen übergehen sollen, Krümmungen von weniger als 180 m Halbmesser, im übrigen von weniger als 100 m Halbmesser nicht zulässig." Weitere Bestimmungen wie bei Hauptbahnen. Die Zwischengerade muß mindestens 10 m lang sein. (B.-B.-O. vom 4. November 1904, § 7.)

γ) Bei nebenbahnähnlichen Kleinbahnen:

„Der Halbmesser der Krümmungen soll bei Vollspurbahnen in den Gleisen, auf die Hauptbahnlokomotiven übergehen, nicht kleiner als 180 m, in den Gleisen, auf die sonstige Fahrzeuge der Haupt- und Nebenbahnen übergehen, nicht kleiner als 140 m, im übrigen nicht kleiner als 100 m, bei Schmalspurbahnen mit 1,00 m Spurweite nicht kleiner als 50 m, mit 0,75 m Spurweite nicht kleiner als 40 m, mit 0,60 m Spurweite nicht kleiner als 30 m sein. Kleinere Halbmesser sind zulässig, wenn die Fahrzeuge derartig gebaut sind, daß sie Krümmungen mit kleinerem Halbmesser anstandslos durchfahren können. In den durchgehenden Hauptgleisen sind zwischen geraden und gekrümmten Strecken Übergangsbogen einzulegen. Entgegengesetzte Krümmungen der durchgehenden Hauptgleise sind durch eine Gerade zu verbinden, die zwischen den Endpunkten der Überführungsrampen mindestens 10 m lang sein muß. Bei Gleisen, die nicht auf eigenem Bahnkörper liegen, können Ausnahmen von der eisenbahntechnischen Aufsichtsbehörde zugelassen werden.“ (Erl. d. Min. d. ö. Arb. v. 15. Januar 1914, § 3.)

δ) Bei Straßenbahnen:

„Der Halbmesser der Krümmungen soll auf den dem öffentlichen Verkehr dienenden Strecken in der Regel nicht kleiner als 15 m sein (an der Innenschiene gemessen). Kleinere Halbmesser können dann zugelassen werden, wenn nachgewiesen wird, daß die Betriebsmittel sie anstandslos durchfahren können. Falls es die Verhältnisse gestatten, ist der äußere Schienenstrang angemessen höher zu legen.“ (Bau- u. Betriebsvorschr. für Straßenbahnen § 4.)

c) Bauausführung.

Der vorschriftsmäßigen Ausführung der Krümmungen stellen sich bei Bahnen mit eigenem Bahnkörper selten sehr große Hindernisse entgegen, anders bei Straßenbahnen und Untergrundbahnen.

Beim Bau von Untergrundbahnen werden oft Linienverlegungen, Erwerb, Abbruch oder schwierige oder teure Unterfahrungen von Gebäuden notwendig.

So war es z. B. an der Untergrundbahnstrecke Leipziger Platz—Spittelmarkt in Berlin nicht möglich, wie anfangs beabsichtigt, die Bahn quer über den Potsdamerplatz in der Richtung Königsgrätzerstraße—Budapesterstraße bis Ecke Voßstraße zu führen und dann in diese abbiegen zu lassen, es mußte vielmehr die Unterquerung des Leipziger Platzes mit den kostspieligen und schwierigen Unterfahrungen des „Fürstenhofes“ und des Warenhauses Wertheim gewählt werden.

Der kleinste Krümmungshalbmesser beträgt in Hauptgleisen bei der Berliner Hoch- und Untergrundbahn 60 m, bei der Hamburger Hochbahn 71 m, in Nebengleisen 60 m, bei der Pariser Stadtbahn 50 m (in Schleifen 30 m), bei der Neuyorker Hochbahn 27,4 m, bei der Berninabahn 40 m. Im Interesse höherer Fahrgeschwindigkeit strebt man bei Schnellbahnen neuerdings größere Krümmungshalbmesser an.

Bei Straßenbahnen mit Straßenbenutzung sind die örtlichen Verhältnisse von ausschlaggebender Bedeutung. Wie in den Steigungsverhältnissen, so ist die Bahnanlage auch an die bestehenden, oft recht schlechten Krümmungsverhältnisse gebunden, nur selten läßt sich ohne große Kosten und Nachteile eine Verbesserung beim Bau der Bahn erzielen. Ästhetische Rücksichten dürfen nicht maßgebend sein. Häufig wird man gezwungen sein, statt einer durchgehenden Krümmung mehrere Krümmungen mit verschiedenen Halbmessern oder auch zwei Krümmungen mit Zwischengeraden einzubauen, z. B. wenn die Straße in der Krümmung nicht mit derselben Breite wie in der Geraden weitergeführt, sondern die Innenseite verbreitert, durch einen Kreisabschnitt ausgefüllt ist. Es empfiehlt sich auch schon deshalb meistens ein genaues Anschmiegen an die Straßenrichtung, um den Fahrdraht überall in gleicher Entfernung von den Maststandorten (Bürgersteigkante) führen und gleichlange Ausleger verwenden zu können. Gesetzliche Vorschriften für die kleinsten Straßenkrümmungshalbmesser bestehen in den meisten Staaten nicht. In Preußen wird nur verlangt, daß bei Halbmessern unter 75 m die Straße angemessen verbreitert wird; in Bayern soll der Halbmesser in der Regel nicht unter 30 m betragen, nötigenfalls die Straße verbreitert werden; in Württemberg betragen die kleinsten Halbmesser in der Regel 25 m, bei Wendeplatten 13 m. Es kommen jedoch, besonders in alten Ortschaften nicht selten Halbmesser bis 10 m, in Ausnahmefällen darunter vor. Der ästhetischen Forderung der Städtebauer keine langen, geraden Straßen zu bauen, die öde wirken und in denen der Wind zu lange Staubwolken vor sich her treiben kann, stehen die betriebstechnischen Ansprüche der Straßenbahnen entgegen. Ein Mittelweg muß hier für beide Teile gefunden werden.

Für alle Bahnarten ist in der Regel die Anwendung von Übergangsbögen zu empfehlen. Bei Straßenbahnen mit Rillengleis kann in Krümmungen von über 50 m Halbmesser darauf verzichtet werden.

Für Haupt- und Nebenbahnen sind die Übergangsbögen nach der Form der kubischen Parabel auszuführen, bei Straßenbahnen mit Rillengleis (und häufig fehlender Überhöhung) nach der Form eines Korbbogens. Es empfiehlt sich hier den Halbmesser des Übergangsbogens doppelt so groß zu nehmen als der Bogenhalbmesser selbst wird. Bei längeren Übergangsbögen der Haupt- und Nebenbahnen sind zwei Kreisbögen einzulegen, je einer für das auf den Kreisbogen und auf die Gerade entfallende Stück der Parabel. Der Eigenart der Parabel nach dem Kreisbogen hin stärker gekrümmt zu sein, kann man die zwei Kreisbögen mit verschieden großen Halbmessern gut anpassen.

Zu empfehlen bei engen Straßenkrümmungen ist ferner großer Radstand der Betriebsmittel unter Anwendung von Lenkachsen oder Drehgestellen, sorgfältige Formengebung der Schienen, Spurverengung bis in die Geraden (aber keine Spurerweiterung!), Rillenerweiterung und gute Kurvenschmierung. Auf die durch Einlegung der Übergangsbögen entstehende Verschiebung der Gleisachse und dem etwa entgegenstehende Hindernisse ist beim Abstecken zu achten. Flachrillenschienen im äußeren Strang können die erwünschte Überhöhung von 1 cm erbringen. Sehr groß ist dieser Vorteil jedoch nicht, wogegen die Kosten meist nicht unerheblich sind.

Bei Überlandbahnen mit eigenem Bahnkörper und Vignolesgleis sind für Krümmungen unter 100 m Halbmesser erhöhte Radlenker am Innenstrang zu empfehlen bei 50 mm breiter Zwangsrille.

Bei Straßenbahnen läßt sich die Überhöhung des äußeren Schienenstranges nicht immer erreichen, da die Schienen an das Querprofil der Straße gebunden sind. Sie tritt von selbst ein, wenn bei Straßenkreuzungen und Abschwenken der Bahn die eine Schiene über dem Straßenkreuz, die andere in der Querneigung der Straße liegt.

Die A. E. G.-Schnellbahn gibt ihren Neubauten folgende Neigungs- und Krümmungsausmaße:

Kleinster Krümmungshalbmesser der Hauptgleise auf freier Strecke 95 m, in den Haltestellen 300 m.

Spurerweiterung $\frac{3000}{R_m} - 6$ in Millimeter,

Überhöhung der äußeren Schienen in Krümmungen $\frac{11,8\,(V^{\mathrm{km/st}})^2}{R_m}$,

Mindestneigung der Überhöhungsrampen 1 : 100,

Übergangsbogen je nach örtlichen Verhältnissen,

Kleinste Zwischengerade bei Gegenkrümmungen zwischen den Endpunkten der Übergangsbögen 10 m.

H. Verkehrstechnische Grundlagen der Linienführung.

1. Weltverkehr.

Der Anteil Deutschlands an dem Welthandel war vor dem Weltkrieg ganz außerordentlich. Nach dem Bericht der Deutschen Bank für 1912/13 betrug er:

für England	22 858 000 000 M.
„ Deutschland	19 280 000 000 „
„ die Vereinigten Staaten von Amerika . . .	17 714 000 000 „
„ Frankreich	11 816 000 000 „

Die Haupthandelsplätze des Welthandels bilden die Knotenpunkte für die Hauptbahnen ersten Ranges. Die kürzeste Verbindung zwischen ihnen ist stets anzustreben. Da jedoch nur wenige Reisende ohne Unterbrechung eine große internationale Strecke (z. B. Ostende—Wien) durchfahren, diese also sich kaum ertragreich gestalten würde, werden ohne große Umwege noch eine Anzahl Großstädte berührt (z. B. Frankfurt a. M., Nürnberg), auf denen ein lebhafter Austausch der Reisenden stattfindet.

2. Der Inlandsverkehr.

Im Gegensatz zu den Hauptbahnen ersten Ranges, die vornehmlich dem Weltverkehr dienen, sind die Hauptbahnen zweiten Ranges mehr auf den größeren Inlandsverkehr angewiesen. Um größere Ortschaften oder Industriezentren zu berühren, sind auch Umwege zulässig. Derartige Strecken sind z. B. Leipzig—Döbeln—Dresden und Stettin—Breslau.

Der große Vorteil elektrischen Betriebes gegenüber Dampfbetrieb tritt besonders deutlich in Erscheinung bei Gebirgsbahnen. Durch die größere Zugkraft der elektrischen Betriebsmittel werden wesentlich stärkere Steigungen und damit Linienverkürzung und Ersparnisse an Anlagekosten möglich. Bei der Lötschenbergbahn konnte die Linie infolge stärkerer Steigungen in 13,5 km Länge statt 21,5 km für Dampfbetrieb ausgeführt werden. Es wurden 25 Mill. Fr. Anlagekosten erspart.

Eine besondere Bedeutung haben in den letzten Jahren die Städtebahnen, auch Nachbarstadtbahnen genannt, erlangt. Sie dienen, wie schon der Name sagt, dem unmittelbaren Schnellverkehr zwischen zwei großen Nachbarstädten, von denen häufig die eine eine Ergänzung der anderen darstellt, die aber beide wirtschaftlich und politisch vollständig selbständig und beide räumlich voneinander (durch größere Strecken) getrennt sind (z. B. Köln—Bonn).

Sie haben folgende Forderungen zu erfüllen:

1. Große Reisegeschwindigkeit,
2. dichte Zugfolge,
3. unbedingte Pünktlichkeit,
4. starrer Fahrplan,
5. bequemste Aufnahme und Verteilung des Verkehrs in den verschiedenen Teilen beider Städte.
6. für die Linienführung ist soweit irgend möglich der kürzeste Weg zu wählen,
7. an der freien Strecke sind keine Verzweigungen statthaft,
8. alle anderen Verkehrswege sind schienfrei zu kreuzen,
9. der Ausbau hat zweigleisig und entsprechend den Staatsfernbahnen zu erfolgen. Die Einführungsstrecken in die Städte können als Straßenbahn oder als Stadtschnellbahn ausgebildet werden.

Überland- und Vorortbahnen haben die Aufgabe, die weitere Umgebung einer Großstadt oder stark bevölkerte Industriegegenden aufzuschließen. Überlandbahnen folgen zwischen den Ortschaften hauptsächlich bestehenden Straßen, innerhalb der Ortschaften haben sie reinen Straßenbahncharakter, bei der Linienführung in Großstädten gehen sie bisweilen auf andere Bahnen (z. B. in Philadelphia auf die Untergrundbahn) über.

Ein großer Vorteil des elektrischen Bahnbetriebes vor dem Dampfbetrieb ist der, daß elektrische Fahrzeuge in Straßen und unter Straßen möglich sind, wo Dampflokomotiven nur sehr schwer oder gar nicht angewendet werden können. Die elektrischen Bahnen können ins Stadtinnere eindringen, während die Dampfbahnen weit draußen vor den Städten Halt machen müssen. Es ist nun Aufgabe der elektrischen Bahnbauer, sich noch viel mehr und eingehender mit der Frage der besten Linienführung elektrischer Bahnen zu befassen. Hier ist die Möglichkeit gegeben, durch Einführung oder Durchführung aller Bahnen, Fern-, Überland- und Ortsbahnen und durch beste Übergangseinrichtungen Wegescheiden des Verkehrs zu überbrücken, verwickelte Knotenpunkte aufzulösen, bisher unzugängliche Orte zu erschließen. Jeder Einwohner muß mit dem geringsten Zeitaufwand einen Zug besteigen können, der ihn ohne zu häufiges Umsteigen, ohne riesenhafte Zwischenwege von Bahnhof zu Bahnhof (Groß-Berlin) an sein Ziel bringt. Das System der Einführung von Fern-, Vorort- oder Städtebahnen in das Stadtinnere ist in Deutschland nicht entfernt so ausgebildet wie in Amerika. Auf diesem Gebiete bleibt noch außerordentlich viel zu tun.

Bei den Vorortbahnen müssen wir unterscheiden zwischen straßenbahnähnlichen und hauptbahnähnlichen (Stadt-, Ring- und Vorortbahnen). Beide werden wir im nächsten Abschnitt besprechen.

Um für die besonders für Industriebezirke überaus wichtigen Überlandbahnen die verkehrspolitischen Grundlagen richtig beurteilen zu können, ist es nötig, Bevölkerungsdichte, Bevölkerungszunahme, Art der Volkswirtschaft (Berufsverteilung) und Bevölkerungsverschiebung zu erkennen. Im Jahre 1910 betrug die Bevölkerungsdichte in Belgien 243 Einwohner auf 1 qkm, in England 215, in Deutschland 112, in Frankreich 72. In Westfalen kamen 238 Einwohner auf 1 qkm. Die Bevölkerungszunahme betrug in den Jahren 1900—1910 im Deutschen Reich 15,2%, in der Provinz Westfalen 29,4%. Die Berufsverteilung in Rheinland-Westfalen war 1907 folgende: 32,7% in Landwirtschaft, 37,2% in Bergbau und Hüttenwesen, 11,5% in Handel und Verkehr. Auf Industrie, Handel und Gewerbe kamen 56,2% der Bevölkerung, auf Landwirtschaft 28,6%. Von der landwirtschaftlichen Bevölkerung waren 40% steuerpflichtig, von der städtischen 60%. 1871 waren etwa zwei Drittel der Bevölkerung auf dem Lande, ein Drittel in Städten ansässig; heute ist das Verhältnis umgekehrt. Die Binnenwanderung geht dem günstigsten Angebot nach. Die größte Werbekraft bieten die Industrie mit ihren hohen Löhnen und die Großstädte mit ihren vielfachen Erwerbsmöglichkeiten, Vergnügungen usw. Die Bevölkerungszahl der Großstädte verdoppelt sich in 20—25 Jahren. Groß-Berlin hatte 1890 2,113 Mill. Einwohner, 1913 4,222 Mill. Der Verkehr wird am stärksten und unmittelbarsten durch die Einwohnerzahl beeinflußt. Er wächst bedeutend schneller als die Einwohnerzahl. In Groß-Berlin betrug der Personenverkehr im Jahre 1890 211 Mill. Fahrgäste, 1913 1290 Millionen.

3. Der örtliche Verkehr.

a) Verkehrspolitik und Wohnwesen.

Von dem örtlichen Verkehr interessiert vor allem der Großstadtverkehr.

Von der größten Bedeutung für Bau und Linienführung elektrischer Bahnen im Bereiche von Großstädten ist die von diesen befolgte Verkehrspolitik. Eine gedeihliche Entwicklung des Gemeinwesens ohne weitgehende Berücksichtigung der Verkehrsanlagen ist nicht möglich. Die großen Verbindungsglieder der Volkswirtschaften sind in erster Linie die Verkehrsmittel, dann der Handel und die Banken. (Philippovich, Grundriß der politischen Ökonomie.) Die Verkehrspolitik hängt aber in der Hauptsache ab von der baulichen Entwicklung und den Wohnverhältnissen der Großstadt. Die Grundlagen des Städtebaues sind Bauordnung und Bebauungsplan.

Die Bauordnung hat die Anforderungen festzusetzen, die an den Häuserbau im Interesse der Standfestigkeit, der Feuersicherheit, der Gesundheit, der nachbarlichen Beziehungen und des Verkehrs zu stellen sind.

Der Bebauungsplan enthält die Aufteilung des Baulandes durch Straßen, Plätze und Verkehrslinien. Für den städtischen Bebauungsplan ist allgemein die Forderung aufzustellen, daß das konzentrische, Ring um Ring legende Schema verlassen und als Grundform der Stadtanlage die radiale, den ausstrahlenden Verkehrslinien folgende Bebauung angenommen wird, und daß die Verkehrslinien das Gerippe des Bebauungsplanes bilden, dem die Bebauung zu folgen hat. Einer der Grundfehler des deutschen Städtebaues liegt ferner in der falschen Bewertung und zweckwidrigen Gestaltung der Straßen, die sich in dem schematischen „Straßennetz" kundgibt. Der Bebauungsplan muß vielmehr beruhen auf dem Grundsatz der Scheidung der Straßen in Verkehrsstraßen und Wohnstraßen. Die Verkehrsstraße soll nach ihrer Anlage, Breitenabmessung und Befestigung den Anforderungen des Verkehrs entsprechen. Die Wohnstraßen sollen der vorteilhaftesten Aufschließung und Aufteilung des Wohngeländes dienen und insbesondere jede Verteuerung des Baulandes vermeiden. Grundverkehrt ist auch die schachbrettartige Anlage der Straßenzüge. Bei Ausbau der Verkehrslinien werden immer kostspielige Durchbrüche zur Schaffung von Diagonalstraßen notwendig. Frankreich gebührt das Lob, auf dem Gebiet der „Bauanordnungen" und der inneren Stadtverbesserungen vorbildlich vorangegangen zu sein, England ist unerreicht in seiner großartigen Tätigkeit zur Sanierung schlechter Wohnungen, Belgien hat durch das Zonenenteignungsgesetz den Gemeinden das wirksamste Mittel gegeben, in den Ausbau der Stadt und in die Wohnungsfrage unmittelbar einzugreifen, Holland hat auf allen erwähnten Gebieten Hervorragendes geleistet, aber deutschen und deutsch-österreichischen Ursprungs ist der Gedanke, die ganze unbebaute Stadtumgebung mit einem einheitlichen Bebauungsplan zu überziehen und für dessen einzelne Teile die verschiedenen Bebauungsarten, den voraussichtlichen Wohnungsbedürfnissen entsprechend, von vornherein allgemein festzulegen.

Bei modernen Großstädten läßt sich folgende Stadteinteilung feststellen:

1. Die innere Stadt, City, Geschäftsstadt, mit Geschäften, Großfirmen, Hotels, aber sehr wenig bürgerlichen Wohnungen,
2. der gewerbliche Ring mit vereinigten Geschäfts- und Wohnhäusern,
3. der Wohnring in der Hauptsache mit Wohnungen und
4. der Außenring mit getrennten Vororten für Wohlhabende und Arbeiter.

Die Projektierung von Stadterweiterungen besteht wesentlich in der Feststellung der Grundzüge aller Verkehrsmittel: Straßen, Bahnen, Kanäle usw. Zur Durchführung des Bebauungsplanes stehen den Gemeinden in Deutschland folgende Rechte zur Verfügung: 1. Beschränkung der Baufreiheit, 2. Enteignung des Straßenlandes, 3. Umlegung der Grundstücke, 4. Verteilung der Straßenkosten auf die Anwohner. Neuerdings rechnet man bei Stadterweiterungen ein Drittel der Fläche für Straßen und Plätze, zwei Drittel für Bauplätze einschließlich Parkanlagen, Friedhöfe, Bahnhöfe usw. Für den Entwurf von Verkehrswegen mit Rücksicht auf die zukünftige Entwickelung unserer Großstädte ist neben der Ermittlung des zu erwartenden Bevölkerungszuwachses auch die zahlenmäßige Feststellung der Bevölkerungsdichte und deren Entwicklung von weittragender Bedeutung. Die roheste Art, die Wohndichte in den Städten zu bestimmen, besteht in der Teilung der Einwohnerzahl durch die Fläche des Stadtgebietes, ganz unabhängig davon, ob noch große Teile des Stadtgebietes unbebaut sind, und ob sich die Bevölkerung tatsächlich auf einer viel kleineren Fläche zusammendrängt. Danach ergäbe sich für Groß-Berlin im Jahre 1910 eine Wohndichte im Stadtgebiet von 326,1 Einwohner/ha. Genauer wird die Ermittlung, wenn man nur die wirklich bebaute Stadtfläche in Ansatz bringt, also z. B. ausscheidet: Straßen, Friedhöfe, Eisenbahnen, Parkanlagen. Es ergäbe sich dann für Groß-Berlin eine Wohndichte von 704 Einwohner/ha. Doch auch diese Feststellung ergibt noch kein Bild von der Wohndichte in den verschiedenen Stadtteilen. Man nähert sich der Wirklichkeit schon mehr, wenn man die Wohndichten der einzelnen Bauklassen für sich betrachtet, doch sind auch innerhalb einer Bauklasse noch Schwankungen vorhanden. Am genauesten wird die Zahl, wenn man die Stadtteile und in diesen die einzelnen Bauklassen für sich gesondert untersucht. Während London in seinen ärmsten Stadtvierteln eine Wohndichte von 350/ha hat, beträgt sie im Norden von Berlin bis 900/ha.

Noch genauer läßt sich die Wohndichte feststellen durch Untersuchung des einzelnen Baublockes oder des einzelnen Hauses oder gar Zimmers.

Die Zahlen gelten für Nachtsanwesende, bei einer Zählung nur für die Tagstunden würde sich eine Bevölkerungsverdichtung im Stadtinnern und in den Industrievierteln herausstellen. Je strenger der Grundsatz der Trennung von Wohn- und Arbeitsstätte durchgeführt ist, desto größer wird die Verschiebung zwischen Tag- und Nachtbevölkerung sein. Diese Verschiebungen kennenzulernen, ist die wichtigste Aufgabe des Verkehrstechnikers. Erst die Kenntnis des wichtigsten Verkehrs einer Großstadt, des Verkehrs zwischen Wohnort und Arbeitsstätte, ermöglicht die Entscheidung über die geeigneten Mittel zu seiner Bewältigung. Die nächste wichtige Zahl ist die des Geschäfts- und Einkaufsverkehrs, die angibt, wieviel Personen die Geschäftsstadt nur vorübergehend aufsuchen. Dieser Verkehr ist der Richtung nach nur oberflächlich zu erfassen. Über den Wohnverkehr dagegen ist für jeden Bewohner eine statistische Untersuchung möglich, da hierzu die Steuerveranlagungslisten mit Angabe der Wohn- und Arbeitsstätte die Unterlage liefern.

b) Verkehrszählungen.

Die fortgesetzte, eingehende, umfangreiche und übersichtliche Führung einer Statistik des Verkehrs ist für alle städtischen Bau- und Verkehrsämter eine außerordentlich wichtige Aufgabe, die an vielen Orten noch nicht genügend gewürdigt sind. Auf ihr beruhen nicht nur die Pläne für neue Verkehrsunternehmungen, nach ihnen richten sich Stadterweiterungen, Platzumbauten, Straßendurchbrüche, Straßenverbreiterungen, Straßenquerschnitte und Straßenbefestigung. Für die Einschätzung des Verkehrs für eine neu zu erbauende Bahn ist man, abgesehen von bestehenden Bahnen, zunächst auf Feststellung des Straßenverkehrs angewiesen. Es handelt sich nun nicht nur darum, jede Art des Verkehrs zu zählen, sondern es muß auch die Belastung der Straße, die für eine Bahnlinie in Betracht kommt, mit berücksichtigt werden. Die Breite des Fahrdammes, die Art der Fuhrwerke, ihre Geschwindigkeit und Beweglichkeit ist wichtig. Ferner ist von großer Bedeutung die zeitliche Verteilung des Verkehrs.

Es ist leicht ersichtlich, daß ein schnellfahrender Kraftwagen die Straße bei weitem nicht derartig in Anspruch nimmt, wie ein langsames Güterfuhrwerk oder ein Straßenbahnwagen, der nicht ausweichen kann. Eine Straße, die vorwiegend vom Droschkenverkehr in Anspruch genommen wird, ist meistens aufnahmefähiger als eine gleich breite Zufuhrstraße zu einem Güterbahnhof.

Das Londoner Verkehrsamt hat vorgeschlagen, für jedes Verkehrsmittel eine bestimmte Anzahl Belastungseinheiten (Wertigkeitsziffer) festzulegen, und zwar folgende:

1. Lastfuhrwerke:		
a) mit 2 Pferden, langsamfahrendes	10	Einheiten
b) mit 1 Pferd, ,,	7	,,
c) mit 2 Pferden, schnellfahrendes	4	,,
d) mit 1 Pferd, ,,	3	,,
e) Lastkraftwagen, langsamfahrend	5	,,
f) Lastkraftwagen, schnellfahrend	2	,,
g) Handkarren	6	,,
2. Personenfuhrwerke:		
a) Elektrische Straßenbahn	10	,,
b) Pferdeomnibus	5	,,
c) Kraftomnibus	3	,,
d) Pferdedroschke und Fuhrwerk	2	,,
e) Kraftdroschke	1	,,
f) Fahrrad	0,5	,,

Es sind dann die Einheiten für 1 Minute in der Stunde des stärksten Verkehrs festzustellen und in Beziehung zu bringen zu 1 m Fahrdammbreite.

Bei der großen Wichtigkeit, die solchen Verkehrszählungen in unseren Großstädten beigelegt werden muß, ist vor allem auf eine geschickte Art der Zählform zu achten. Eine erschöpfende Zählung muß außer der Trennung der Verkehrsmittel nach Art und Geschwindigkeit auch ihre Fahrtrichtung und die Zeit erfassen. Ebenso ist es von Bedeutung, den Fußgängerverkehr in die Zählung einzubeziehen, denn oft wird die Überlastung einer Straße gerade durch das Zusammentreffen beider Verkehrsarten hervorgerufen. Bei wiederholten Zählungen ist möglichst nach denselben Gesichtspunkten wie bei den vorhergehenden zu verfahren, vor allem aber sind die früheren Zählarten beizubehalten und die Zählung an demselben Wochentage desselben Monats vorzunehmen, sowie für dieselben Stunden der früheren Zählungen.

Die Ergebnisse trägt man in Tabellen ein oder trägt sie zeichnerisch in Stadtplänen auf.

Wo schon Bahnen vorhanden sind, benutzt man deren Verkehrszahlen. Die Zählungen werden vorgenommen durch das Zugbegleitpersonal, durch besondere Zählbeamte, die an Haltestellen aufgestellt sind oder durch Zählapparate. Große Städte teilt man dazu in eine größere Anzahl Bezirke ein.

Die Ergebnisse werden niedergelegt in Schaulinien für Platzangebot und Verkehrsbedürfnis in Verkehrsschablonen, in graphischen Fahrplänen, in Zahlentabellen oder in Stadtplänen bzw. Bezirksplänen. Am übersichtlichsten sind die Schaulinien. Die Schablonen lassen besonders schnell höchste Spitzen und tiefste Stellen erkennen. Zur Auswertung zahlreicher Zählungen bedient man sich oft moderner Sortier- und Tabelliermaschinen.

c) Die großstädtischen Verkehrsmittel.

(Tabelle s. Abschnitt δ.)

Die Hauptverkehrsrichtungen einer Großstadt werden bestimmt durch den Verkehr zwischen den Wohnorten, in der Regel den Außenbezirken, und den Arbeitsstätten, dem Geschäftsviertel, der Innenstadt oder City. Bei vielen Orten sind noch Hauptverkehrsrichtungen gegeben durch große Industrie- oder Handelsviertel. Hafenstädte haben ihren Verkehrshauptpunkt in der Nähe des Hafens; von hier gehen zahlreiche Bahnen strahlenförmig aus. Auch die geographische Lage einer Stadt kann den Verkehr in bestimmte Richtungen zwingen, z. B. die Lage in einem langgestreckten Tal, wie bei Elberfeld-Barmen, oder die Lage an großen Wasserflächen oder Flüssen, wie Chicago, Philadelphia. Auch bei geographisch nicht beschränkten Städten gibt es Verkehrshindernisse oder Verkehrsweiser. Hindernisse sind ausgedehnte Bahnhofsanlagen, Anziehungspunkte große Parks oder Waldflächen.

α) Stadt- und Vorortbahnen.

Die alten Stadt- und Vorortbahnen sind meistens aus Fernbahnen entstanden. Ihre Linienführung hat sich also wenig nach den Bedürfnissen der Stadt gerichtet und ist deshalb oft verkehrspolitisch recht mangelhaft, z. B. die entfernte Lage vieler Bahnhöfe vom Mittelpunkt der Stadt und voneinander in Berlin, New York u. a. Bei neuen Vorortbahnen ist von anderen Bahnen vollständig getrennte Linienführung und Einführung ins Stadtinnere soweit als möglich und unmittelbare Verbindung der Bahnhöfe untereinander zu fordern. Alle im Weichbilde der Großstadt oder an seinem Rande liegenden Eisenbahnbetriebsanlagen — Rangierstationen, Werkstätten, Lokomotivschuppen, Umladeschuppen, Aufstellgleise — sind möglichst weit nach außen zu verlegen, um Platz für neue Verkehrsanlagen zu gewinnen. Insbesondere ist der Güterverkehr durch Anlage besonderer Güterumgehungsbahnen von dem Stadt- und Vorortverkehr zu trennen (Berliner Ringbahn-Güterverkehr!). Viele deutsche Vorortbahnen werden noch auf demselben Bahnkörper mit den staatlichen Fernbahnen geführt. Dadurch wird die Vermehrung der Ferngleise und die Erweiterung der Bahnhöfe außerordentlich erschwert oder ungeheuer verteuert. Beim Umbau der New Yorker Central and Hudson River R. R. für elektrischen Betrieb wurde eine wesentliche Herabsetzung der Baukosten dadurch erreicht, daß kurz vor der Endstation in Neuyork der bis dahin mit dem Fernverkehr auf gleichem Bahnkörper geleitete Vorortverkehr mittels steiler Rampen unter die Ferngleise gebracht wurde, so daß in der Grand Central Station in New York Fern- und Vorortbahnsteige unmittelbar untereinander liegen.

Für die Linienführung der Stadtbahnen gelten im wesentlichen dieselben Grundsätze wie für städtische Straßenbahnen: Möglichste Erfassung des Geschäftsverkehrs durch gerade Durchmesserlinien, vorbei an Hauptverkehrspunkten, Verlauf der Bahn möglichst in der Nähe der Hauptverkehrsstraßen, Möglichkeit des Übergangs auf andere Verkehrsmittel ohne weite Wege und möglichst ohne große Unkosten (Übergangstarife). Haltestellenentfernung in der Geschäftsstadt 600 m, weiter nach außen in noch geschlossenem Baugebiet 900 m, in offenem Baugebiet 1800—2000 m (Südende—Lankwitz 1200 m, Lankwitz—Groß-Lichterfelde 1500 m, Zehlendorf (Wannsee)—Zehlendorf—Beerenstraße 2000 m).

Besonders lehrreich für eine falsch geführte Stadtbahn ist Wien. Diese Bahn ist nicht nur nicht ertragsfähig, sondern erfordert alljährlich Millionenzuschüsse. Für ihre Linienführung waren alle möglichen Rücksichten, u. a. militärische, maßgebend. Die Bedürfnisse des Großstadtverkehrs wurden nicht erkannt oder nicht befolgt. Es fällt keinem Menschen ein, aus den nordwestlichen Vororten mit der Stadtbahn nach der Innenstadt zu fahren, wenn er mit der Straßenbahn schneller und billiger hinkommt.

β) Stadtschnellbahnen.

Die Linienführung der meisten Stadtschnellbahnen erstrebt eine möglichst kurze und schnelle Verbindung der Bahnhöfe untereinander (London, Paris), danach erst eine Verbindung der Handelszentren (Charlottenburg—Berlin, Berlin C—Berlin O). Der hohen Baukosten wegen hat im Interesse der Wirtschaftlichkeit die Linienführung im Stadtinnern den Hauptverkehrsstraßen zu folgen, in Außenbezirken kann man Nebenstraßen wählen oder sie zwischen Häuserblocks durchführen. In Amerika führte das ziemlich allgemein übliche Kleinwohnhaus zu großen Ausdehnungen der Wohngebiete, die Verdichtung des Geschäftslebens in der „Unterstadt“ mit ihren vielstöckigen Hochbauten aber zu einem ungemein lebhaften Verkehrsaustausch im Geschäftsviertel selbst und zwischen diesem und den Wohngebieten. Wegen der großen Erstreckung der besiedelten Fläche werden die zum Geschäftsmittelpunkt zurückzulegenden Wege lang und zeitraubend, das Bedürfnis nach schnellfahrenden, den ausgeprägten Verkehrsspitzen in den Früh- und Abendstunden genügenden Verkehrsmitteln ist also dringender als in Großstädten gleicher Einwohnerzahl in Europa.

Der Anteil der Stadtschnellbahnen am Verkehr betrug:

in New York im Jahre 1912 . . . . 49,5 %
„ Chicago . . . . 26,6 „
„ Boston . . . . 17,5 „
„ Philadelphia . . . . 7,9 „
„ Berlin im Jahr 1913 5,6%, 1914 6,4%, 1915 6,2%, 1916 6,6%, 1917 8,2 „

(Siehe auch Abschnitt δ, sonstige großstädtische Verkehrsmittel.)

In New York sind viele Schnellbahnlinien viergleisig, je zwei für den Nah- und den Fernverkehr, während alle Berliner nur zweigleisig sind.

Die Schnellbahnlinien werden im allgemeinen nur in den Geschäftsstraßen als Unterpflasterbahnen ausgeführt, weil die Straßenoberfläche für den ständig wachsenden Oberflächenverkehr so wertvoll geworden ist, daß sie durch keinerlei Einbauten mehr geschmälert werden darf. Wo in den Bebauungsplänen, insbesondere in Außenbezirken und Vorstädten, reichlich breite Straßenzüge vorgesehen sind, sind Hochbahnen, noch weiter hinaus in Vororten Damm- oder Einschnittbahnen am Platze, die in der Herstellung wesentlich billiger und für die Fahrgäste gesundheitlich zuträglicher und angenehmer sind. Halbeinschnittbahnen, wie sie in der Literatur vereinzelt empfohlen sind, sind als technisch unvollkommen zu verwerfen. Auch für das Zwischending zwischen Schnellbahn und Straßenbahn, die sog. „Schnellstraßenbahn", läßt sich nicht viel Empfehlendes sagen, wenn man sich sagt, daß für die Erfüllung großstädtischer Verkehrsbedürfnisse das Beste nur eben gut genug ist. Mangelnde Rentabilität von Vorort-Schnellbahnstrecken ist durch Aufwendungen der Grundbesitzer, Kommunen und Staat zu beheben. Untergrundbahnen, die z. B. in London 30 m unter der Erdoberfläche liegen, werden heute, wo irgend möglich, als Unterpflasterbahnen, d. h. dicht unter der Straßendecke, ausgeführt, um an Baukosten und Zu- und Abgangszeiten zu den Haltestellen von der Straße aus zu sparen. In Berlin sind Untergrundbahnstrecken besonders teuer wegen des hohen Grundwasserstandes und des schlechten Baugrundes. Hochbahnen sind wegen ihrer Geräuschvermehrung unbeliebt, müssen jedoch, da sie weit billiger als Untergrundbahnen sind, häufig aus wirtschaftlichen Gründen gewählt werden.

Einschnittbahnen sind am billigsten in Außenbezirken mit niedrigen Grundstückspreisen, aber nicht möglich in vollständig bebauten Gegenden und bei hohem Grundwasserstand; ausnahmsweise kann man bei Grundwasser den unteren Teil des Einschnittes als wasserdichten Trog ausbilden. Die Durchführung von Versorgungsleitungen wird durch sie ebenso erschwert wie durch Untergrundbahnen. Bei zunehmender Bebauung der angrenzenden Grundstücke kann die Einschnittbahn in eine Untergrundbahn umgebaut werden.

Dammbahnen (Breite 20—25 m) haben den Vorteil niedriger Baukosten, doch erschweren sie die Übersicht über Straßen und Gelände.

Flachbahnen können nur dann als Schnellbahnen ausgebildet werden, wenn sie gar nicht oder nur ganz selten von Straßen gekreuzt werden.

γ) Straßenbahnen.

Die elektrischen Straßenbahnen in Städten, sowohl in ihrer Beschränkung auf das Stadtgebiet, als auch besonders in ihren Fortsetzungen als Vorort- und Überlandbahn, seien sie selbständig oder nur die Zubringer bzw. Fortführung anderer Bahnen, z. B. Staats-, Fern- oder Vorortbahnen oder städt. Schnellbahnen bilden trotz ihrer vielen Mängel wie geringe Reisegeschwindigkeit, Unpünktlichkeit, Unzuverlässigkeit, unvollkommener Ausbau, Erschwerung des Straßenverkehrs, doch das Hauptverkehrsmittel aller Städte. In Berlin betrug im Jahre 1913 der Anteil der Straßenbahnen am Gesamtverkehr nahezu 50%, in Wien im Jahre 1912 83%.

Schnellbahnen sind so kostspielig in der Anlage, daß sie zunächst nur in den größten Städten für die Hauptverkehrsrichtungen mit wenigen Haltestellen an den Hauptverkehrspunkten erbaut werden können.

Straßenbahnen können fast in allen Straßen angelegt werden. Sie bilden häufig ein engmaschiges Netz und haben so viel kurz aufeinander folgende Haltestellen, daß sie allenthalben eine außerordentlich leicht erreichbare und zum Ziele führende Verkehrsgelegenheit bieten. In Vororten sind sie oft die Zubringer für Schnellbahnlinien, im Stadtinnern sind sie die Verteiler. Selbständig treten sie auf große Strecken da erfolgreich auf, wo noch keine Schnellbahn besteht oder nicht ertragsfähig sein kann. Bei kluger Verkehrspolitik ist es möglich, eine Konkurrenz zwischen Straßenbahn und Schnellbahn zu vermeiden; beide können zueinander die notwendige Ergänzung bilden.

δ) Sonstige großstädtische Verkehrsmittel.

Von elektrischen Großstadt-Verkehrsmitteln ist noch nicht besprochen die Schwebebahn. Sie hat die meisten Eigenschaften der Hochbahn. In einigen Punkten übertrifft sie diese, in anderen steht sie ihr nach. Sie ist ebenso leistungsfähig wie jede andere Stadtschnellbahn. In der Geschwindigkeit ist sie überlegen, da sie bei einer Schiene einen geringeren Zugwiderstand hat; außerdem kann sie Krümmungen wegen der Möglichkeit freien Ausschwingens schneller durchfahren. Sie ist auch in ihrer Linienführung freier und auch in engen Straßen möglich. Ihr Nachteil besteht in den schwerfälligen und kostspieligen Weichenanlagen. Ferner fehlt die Möglichkeit des unmittelbaren Übergangs auf eine andere Bahnart. Sie erzeugt Geräusch und benötigt Platz für Stützen.

Von sonstigen großstädtischen Verkehrsmitteln interessieren hier nur noch die Kraftomnibuslinien. Ihr Vorteil, nicht an Gleise gebunden zu sein, ihr gutes Einfügen in den großstädtischen Verkehr, die Möglichkeit leichten und schnellen Besteigens und Verlassens u. a. hatten sie vor dem Weltkrieg zu einer beachtenswerten Konkurrenz der Straßenbahn werden lassen, so daß sich große Verkehrsunternehmungen (Große Berliner Straßenbahn, Hochbahngesellschaft) veranlaßt gesehen haben, Aktien derartiger Omnibuslinien zu erwerben oder selbst solche einzurichten. Durch die Anforderungen der Kriegführung sind diese Wagen fast ganz wieder verschwunden, ihr Wiedererscheinen im Großstadtverkehr ist aber nur eine Frage der Zeit. Immerhin betrug der Anteil des Omnibusverkehrs am gesamten Großstadtverkehr Berlins vor dem Kriege höchstens 15%.

Es wurden befördert in Groß-Berlin: (nach Giese, Schnellbahnen.)

Im Jahre	Durch Pferde- u. Autoomnibusse Personen	Durch Straßenbahnen Personen	Durch Stadtschnellbahnen Personen	Durch die Stadt- und Ringbahn Personen	Durch die staatlichen Vorortbahen Personen	Insgesamt Personen
1913	169655083[1]	651628498	73098855	196295000[2]	199289000[3]	1289966436
1914[4]	155521192	607006117	79172826	193000000[5]	190000000[5]	1224700135
1915	100524009	619144481	71609075	186000000[5]	180000000[5]	1157277565
1916	73552864	715514879	81117425	174000000[5]	174000000[5]	1218185168
1917	33164182	896492624	111504000	163000000[5]	148000000[5]	1352160806

Jährliche Fahrten auf den Kopf der Bevölkerung von:

Im Jahre	Omnibusverkehr[6]	Straßenbahnverkehr[7]	Schnellbahnverkehr[7]	Stadt- und Ringbahnverkehr[7]	Vorortbahnverkehr[8]	Insgesamt[8]
1913	82	165	19	50	47	306
1914	78	157	20	50	46	296
1915	55	173	20	52	47	303
1916	42	208	24	51	47	331
1917	19	264	33	48	41	374

4. Die Linienführung der Straßenbahnen.

a) Das Straßennetz.

In vollständig ausgebauten Stadtteilen sind die Straßenbahnen auf die Benutzung der vorhandenen Straßenzüge angewiesen. Es ist deshalb am Platze, kurz die Gestaltung der Stadtanlage insbesondere des Straßennetzes zu besprechen.

---

[1]) Hiervon entfallen 64 400 000 auf Autoomnibusse, der Rest auf Pferdeomnibusse.

[2]) Diese Zahl ist ermittelt unter Anrechnung von 90 Fahrten für eine Monatskarte, 12 für eine Arbeiterwochenkarte und 2 für einen Fahrtag der Schülerkarten. Sie ergibt sich aus 64 323 000 einfachen Fahrkarten, 1 001 600 Monatskarten, 3 386 000 Arbeiterwochenkarten und 598 000 Zeitkarten für Schüler (Fahrtage).

[3]) Diese Zahl ergibt sich aus 81 661 000 einfachen Fahrkarten, 800 000 Monatskarten, 3 742 000 Arbeiterwochenkarten und 362 Zeitkarten für Schüler.

[4]) Hiervon entfallen sieben Zwölftel auf Friedens- und fünf Zwölftel auf Kriegsmonate.

[5]) Geschätzte Zahlen.

[6]) Bezogen auf das Gebiet der Stadt Berlin.

[7]) Bezogen auf das Schnellverkehrsgebiet Groß-Berlins.

[8]) Bezogen auf das Verbandsgebiet Groß-Berlins (einschl. Kreis Teltow, Niederbarnim).

Verkehrs- und Wohnstraßen bilden zusammen das Straßennetz. Bei einem großen Teil der alten deutschen Städte lassen sich weder Verkehrs- und Wohnstraßen unterscheiden, noch ist überhaupt ein bestimmtes System in der Stadtanlage zu erkennen. Bei neueren Stadtanlagen lassen sich jedoch unterscheiden: Rechteck-, Dreieck-, Radial- und Diagonalsystem.

Beim Rechtecksystem schneiden sich alle Straßen unter annähernd rechten Winkeln. Es widerspricht allen Verkehrsanforderungen und gewährt auch ästhetisch keine Befriedigung. Zuzulassen ist es nur für langgestreckte Stadtanlagen in engen Tälern mit einer einzigen Verkehrsrichtung, dem Talweg, für abgelegene Fabrik- und Arbeiterviertel kleineren Umfangs, für die Straßenbahnen nicht geplant sind.

Das Dreiecksystem ist das natürlichste, durch möglichst gerade Verbindung der Hauptverkehrsmittelpunkte entstanden. Die Wohnstraßen werden zwischen den Hauptstraßen in jedem einzelnen Dreieck für sich oder auch durch mehrere hindurchgehend in Rechteckform eingelegt. Schwierigkeiten für Straßenbahnen entstehen beim Dreiecksystem, wenn die Bruchwinkel der Hauptverkehrsstraßen sehr klein werden; hier muß durch Abschrägungen Vorsorge für den Verkehr getroffen werden.

Beim Radialsystem geht ein Strahlenbündel von Straßen vom Stadtmittelpunkt aus. In Außenbezirken werden dann die Hauptverkehrsstraßen durch Ringstraßen untereinander verbunden. Eine mathematisch strenge Durchführung dieses Systems würde den Nachteil haben, daß es den ganzen von den Vorstädten hereinströmenden Verkehr nach dem Stadtinnern zu immer mehr zusammenpreßt. Zur Entlastung sind zwar die Ringstraßen vorhanden, doch wird auf diesen (richtige Anordnung vorausgesetzt) nur ein Teil des Verkehrs abgelenkt. Es ist deshalb durch Vorbeiführung der Straßen an dem Mittelpunkt, durch Vereinigung mehrerer Straßenzüge vor dem Mittelpunkt, durch Platzanlagen usw. auf eine Verkehrserleichterung Bedacht zu nehmen.

Das Diagonalsystem hat wie das Dreiecksystem den Zweck, kurze Verbindungsstraßen für die Richtungen des Hauptverkehrs zu schaffen. Es wird häufig mit einem der anderen Straßensysteme kombiniert. Für Stadterweiterungen werden Diagonalstraßen in Verbindung mit rechteckigen Blöcken, somit eine Vereinigung von Radial- und Dreiecksystem als die beste Lösung angesehen. Vom Verkehrsstandpunkt aus kommt den Diagonalstraßen in Großstädten die größte Bedeutung zu.

Für den Verkehr wäre eine vollständig gerade Führung der Hauptverkehrsstraßen das technisch richtige. Bei großer Länge wirken sie jedoch öde. Bei gewissen Lagen entstehen Wind- und Staubtreiben. Deshalb soll die Länge möglichst nicht mehr als das 25fache der Breite, keinesfalls aber mehr als 1 km betragen. Die Städtebauer unterbrechen neuerdings solche Straßen öfter durch Einfügen von Pflanzungen, Denkmalsanlagen, Uhrenhäuschen, Kirchen oder sonstigen Querprofilswechsel. Für eine Straßenbahn kann solche Unterbrechung sehr unangenehm werden. Es ist zu fordern, daß sie die einigermaßen gerade Linienführung nicht zu sehr beschränken, daß ein Wechsel nicht zu häufig eintritt und daß die Aussicht für den Wagenführer nicht behindert wird. Leichte Krümmungen, die die Straßen unserer alten Städte so häufig zeigen und die heute aus ästhetischen Rücksichten gern wieder angewendet werden, sind für die Straßenbahn keine Erschwernis.

b) Durchmesserlinien (Radiallinien).

Der Stadtverkehr und seine Verkehrseinrichtungen lassen sich nicht in ein festes System bringen, doch kann man Hauptzüge feststellen. Die Hauptverkehrsrichtung ist immer die von Außenvierteln und Vororten nach dem Stadtmittelpunkt zeigende. Dort ist auch stets der Geschäftsmittelpunkt, ausgenommen bei Hafenstädten, wo dieser am Wasser liegt. Aber auch dann streben die Hauptverkehrsrichtungen diesem Handelspunkt in möglichst geraden, die Stadt durchschneidenden Durchmesserlinien zu. Bei Weltstädten können auch mehrere Geschäftsknotenpunkte entstehen. Diese bilden dann für sich Knotenpunkte des Verkehrs, die dann untereinander verbunden werden, z. B. Berlin und Charlottenburg.

Strahlenlinien kann man solche nennen, die nur bis zum Zentrum führen (also halbe Durchmesser- oder Radiallinien). Sie sind bei Straßenbahnen nicht so häufig wie bei Vorortbahnen, besonders solchen, die aus Fernbahnen entstanden sind (Berlin). Sie enden dann häufig schon am Rande der Geschäftsstadt.

Betrachtet man die von Außenbezirken einer Stadt dem Zentrum zuzuführenden Verkehrslinien beim Entwurf als ein Strahlenbüschel, so hat man sich darüber klar zu werden, welche seitliche Entfernung je zwei Strahlen voneinander haben können, ohne daß sie ein überflüssiges Verkehrsangebot darstellen oder umgekehrt, damit sie auch jedem Verkehrsbedürfnis genügen. Baut man zu früh zwei Linien dicht nebeneinander in der gleichen Verkehrsrichtung, so wird man, solange der Verkehr noch nicht so groß geworden ist, keine dichte Wagenfolge auf beiden Linien einrichten können. Für die Fahrgäste ist aber ein etwas weiterer Zuweg zu einer Bahn nicht so unangenehm, wie ein langes Warten bei weiter Wagenfolge. Nicht nur dies ist zu bedenken, sondern vor allem die doppelten Anlagekosten für zwei Linien statt einer. Die richtige Zeit für den Ausbau der zweiten Linie zu finden ist nun Geschicklichkeitssache des Bahnunternehmens. Von Einfluß ist natürlich neben dem Verlangen der Öffentlichkeit und vertraglichen Ausbauverpflichtungen die Bebauung oder der Bebauungsplan. Danach werden auch die Entfernungen der einzelnen Linien voneinander in jedem Fall besonders bestimmt werden, jedoch hat man durchschnittlich festgestellt, daß eine Entfernung zweier Bahnen von 600 m in gut bebauten Stadtteilen, 800 m in Außenstadtbezirken und 1000 m in Villenvororten Maße sind, bei denen eine gute Aufschließung des Baugeländes möglich ist.

c) Ringlinien.

Der Verkehr auf Ringlinien ist fast immer bedeutend schwächer als auf Durchmesserlinien. Gleichmäßig ist er auch hier nicht. Auch die Linienführung ist nicht immer nahezu kreisförmig, wie ja auch die Stadtbebauung und die Verteilung der Geschäftsviertel nicht in symmetrischen Ringen um den Stadtmittelpunkt erfolgt ist. Eine Ringlinie wird sich also auf Teilstrecken durch ziemlich öde, unbebaute Gegenden bewegen und auf anderen wieder lebhaftere Stadtviertel berühren. (Deshalb werden solche Linien bisweilen auch ,,Tangentiallinien" genannt.) Bei Großstädten werden oft eine Reihe von Ringlinien um Innenstadt und Außenstadt erforderlich. Ein geringerer Abstand als 2—3 km zweier Ringlinien voneinander wird selten ein wirtschaftlich befriedigendes Ergebnis haben. Weit abgelegene, in sich geschlossene Vororte lassen sich nur selten durch eine rentable Ringstraßenbahn verbinden.

d) Zusammengesetzte Linien.

Zusammengesetzte Linien aus Ring- und Durchmesserlinien sind zu verwerfen. Ebenso verkehrt ist es, eine Durchmesserlinie in einem Vorort hakenförmig umzubiegen, in dem Bestreben, der Bebauung nachzugehen. Die Bebauung setzt sich eines Tages wieder in Richtung der Durchmesserlinie fort und nun muß auch diese verlängert werden. Die Folge wäre ein unfruchtbarer Pendelbetrieb auf dem Hakenstück.

Auch die Verbindung zweier Durchmesserlinien im Außenbezirk unter Bildung einer geschlossenen Schleife ist verkehrt.

Es muß dann für beide Linien ein einziger Fahrplan aufgestellt werden. Während früher die eine Linie vielleicht eine sehr dichte, die andere eine weite Wagenfolge hatte, muß jetzt die dichte Wagenfolge durchweg eingeführt werden. Etwas anderes ist die Vereinigung von mehreren Durchmesserlinien im Stadtinnern.

Haben sich zwei Linien auf mehr als 400—600 m genähert, so empfiehlt sich bei günstigen örtlichen Verhältnissen die Zusammenfassung. Besonders notwendig wird dies vor Platzanlagen im Stadtinnern. Es ist nicht angängig und im Verkehrsinteresse zu vermeiden, daß eine Reihe von Linien aus allen Richtungen einen großen Platz durchschneiden und in unzählige Segmente zerlegen. Hier faßt man am besten schon eine gewisse Strecke vor dem Platz an Straßeneinmündungen die Linien zusammen und führt sie geschlossen über den Platz oder besser an einer Seite entlang oder um den Platz herum.

e) Straßeneinmündungen und Straßenkreuzungen.

Besondere Aufmerksamkeit erfordern Linienführung und Gleislage an Straßeneinmündungen und -kreuzungen. Diese bilden stets mehr oder minder große Gefahrpunkte für jeden Verkehr. Da aber erfahrungsgemäß bei Unfällen das Straßenbahnunternehmen fast immer der kostentragende Teil ist, empfiehlt es sich, bei Entwurf und Bauausführung keine Mühen und Kosten zu scheuen, um die Gefahrmöglichkeiten möglichst herabzumindern. Die erste Forderung, die zu erfüllen ist, heißt: möglichste Übersichtlichkeit für den Wagenführer in alle einmündenden Straßen; die zweite: richtige Lage der Haltestellen vor oder hinter den Gefahrpunkten.

Am gefährlichsten sind die Stellen, an denen strahlenförmig eine große Anzahl Straßen zusammentreffen. Bei neuen Bebauungsplänen muß dies unbedingt vermieden werden. In eng bebauten alten Stadtvierteln, in denen Durchbrüche geplant sind oder Umlegungen von Straßen und Zusammenlegung von Gebäuden und Neuschaffung großer Baublöcke ausgeführt werden (Frankfurt a. M.), kann bei dieser Gelegenheit viel gebessert werden, indem man einige Straßen, die radial auf einen Straßenknotenpunkt reichen, seitlich durchbricht und mit anderen Straßen vereinigt. Man kann so viele Straßenknotenpunkte auflösen und Haltestellen ersparen. Da diese immer an Punkten stärksten Verkehrs liegen sollen, kann sich oft das Straßenbahnunternehmen dem Verlangen der Öffentlichkeit, dem Druck der Kommunalverwaltung oder den Vertragsvorschriften der Wegeunterhaltungspflichtigen nicht entziehen und muß zum Schaden eines schnellen und guten Betriebes viel zuviel Haltestellen in dichter Folge in den von vielen Nebenstraßen gekreuzten Hauptstraßenzügen anlegen. Dies könnte durch Hilfe der Stadtbauämter und Beachtung bei Bebauungsplänen vermieden werden.

Wo es sich ermöglichen läßt, sollte man auch bei den einfachsten Kreuzungen von nur zwei Straßen versuchen, wenigstens eine rechtwinklige Kreuzung zu vermeiden. Schon bei einer schiefwinkligen ist es meistens den die Hauptstraße kreuzenden Fuhrwerken nicht so leicht möglich, mit großer Geschwindigkeit die Kreuzung zu nehmen, können nun die Einmündungen der Nebenstraßen gegeneinander noch versetzt werden, so wird ein Langsamfahren erst recht erreicht und am vollkommensten, wenn die Fuhrwerke aus versetzten Straßen auf eine Hauptstraße kommen, die in der Mitte eine Promenade (u. U. mit Straßenbahn) und in dieser eine Überfahrt enthält, die zwischen beiden Straßeneinmündungen und nicht in der Flucht dieser liegt.

Es ist auch nicht gleichgültig unter welchen Winkeln sich die Achsen der kreuzenden Straßen schneiden. Es sind hierfür für jeden Ort je nach dem gesamten Verkehr eingehende Überlegungen notwendig. Es können hier nicht nur die Interessen der Straßenbahn befolgt werden, es muß auch festgestellt werden, bei welcher Anordnung die geringste Gefahr für Zusammenstöße von Fuhrwerken vorliegt.

Sind nun aber doch ungünstige Straßenkreuzungen im Stadtbild vorhanden, die sich nicht ohne weiteres beseitigen lassen, so ist nach Verbesserung oder wo auch dies nicht möglich, nach möglichst guten Haltestelleneinrichtungen zu streben.

Als Verbesserung kommen in Betracht: Platzbildungen, Eckabschrägungen, Rettungsinseln.

Ist der Straßenknotenpunkt ziemlich groß und die Straße breit, so lassen sich durch Einfügung von kleinen Platzanlagen, Schaffung von Schmuckplätzen oder Schmuckstreifen usw. bestimmte Verkehrsrichtungen schaffen, die ein unnötiges Kreuzen der Straßenbahngleise durch Fuhrwerke verhindern. Die Anlage einer Insel mitten vor der Einmündung einer Nebenstraße in eine Hauptstraße zwingt die von dort kommenden Verkehrsmittel zur Herabminderung ihrer Geschwindigkeit und zu erhöhter Aufmerksamkeit, der Verkehrsstrom wird geteilt und abgelenkt. Das nächste Mittel ist die Abschrägung der bis an die Straßenecken der Kreuzungen reichenden Häuserfronten. Hierdurch wird die so dringend nötige Übersicht für alle Verkehrsmittel nach den Seiten vergrößert, der Kreuzungsplatz wird vergrößert, die Haltestellen brauchen nicht so dicht an die Hauptstraße herangerückt zu werden, sie können weiter zurückliegen, der Bremsweg bis zum mathematischen Kreuzungspunkt wird verlängert, die Gefahr des Zusammenstoßes wesentlich herabgemindert und nebenbei noch durch die abgeschrägten Hausecken, runde Eckbauten oder davor liegende Schmuckplätze die Ästhetik im Straßenbild gefördert. Häufig auch können Straßenbahngleise, die aus einer Nebenstraße kommend in die kreuzende Hauptstraße nicht einmünden konnten ohne an der Ecke eine Ausschwenkung vorzunehmen (da der kleinste zulässige Halbmesser von 15 m nicht möglich) nunmehr bei abgeschrägter Ecke in einer einfachen Krümmung auf der Innenseite der beiden Straßen geführt werden.

Es empfiehlt sich, die abgeschrägte (neue) Giebelseite eines Eckhauses mit Rücksicht auf die Straßenübersicht, die Ausbaumöglichkeit und die architektonische Wirkung der Ecke nicht unter 7 m lang zu machen. Bei starken Gleiskrümmungen an Straßenecken ist darauf zu achten, daß zwischen innerer Schiene und Bordkante möglichst ein Fahrstreifen von 3,50 m Breite, bei flachen Krümmungen weniger, verbleibt.

Als zweckmäßigster Ort für die Einrichtung der Haltestellen ist bei einfachen Straßenkreuzungen in vollständig geschlossen bebauten Straßenzügen die Stelle vor der Querstraße, etwa 10 m vor der Häuserflucht, in jeder Fahrrichtung anzusehen. Dabei sind Zusammenstöße mit Fuhrwerken, die im Zuge der Querstraße die Hauptstraße kreuzen, kaum möglich, und die Fahrgäste, die in die Querstraße wollen, nehmen den kürzesten Weg vor dem Wagen herum und können einen aus der entgegengesetzten Richtung kommenden Wagen frühzeitig sehen und ausweichen. Auf alle Fälle sollte man aber an solchen Kreuzungen auffällige Warnungsschilder anbringen.

Ist jedoch die Kreuzungsstelle nicht eng von Häusern bebaut, sondern eine Ecke frei gelassen oder mit einem größeren Platz versehen, so empfiehlt es sich bisweilen, die Haltestelle hierher zu legen. Hier kann sich ein starker Verkehr (Ein- und Aussteigen) viel ungestörter vollziehen als an der engen Straßenkreuzung mit oft recht schmalem Bürgersteig, wo ein gefährliches Gedränge von ein- und aussteigenden Fahrgästen, Spaziergängern, haltenden und fahrenden Droschken usw. entstehen kann.

Besondere Rücksicht bei Anlage der Haltestelle ist darauf zu verwenden, daß sie so liegen, daß aussteigende Fahrgäste möglichst vor den Wagen herum gehen müssen und daß sie nicht beim Verlassen des Wagens von einem aus der entgegengesetzten Richtung kommenden Wagen erfaßt werden können.

Wesentlich für die Gefahrerhöhung oder -verminderung ist die Gleislage der Straßenbahn. Straßenbahngleis in der Straßenmitte teilt den Verkehr in zwei Fahrrichtungen, schafft also eine Fahrordnung und Gefahrverminderung auf dem eigenen Fahrdamm. Zusammenstöße mit anderen Verkehrsmitteln, die aus einmündenden Straßen kommen, sind wesentlich seltener wegen der übersichtlichen und von der Einmündung entfernten Lage. Die Gleislage am Bordstein erhöht nicht nur die Gefahr des Zusammenstoßes mit kreuzenden Fuhrwerken, sie behindert auch den Fuhrwerksverkehr vom Fahrdamm zu anliegenden Häusern (Geschäften) und schafft große Gefahren für Fußgänger, die aus den Häusern treten oder den Fahrdamm überschreiten wollen, besonders für am Bürgersteig spielende Kinder.

Wesentlich für die Gefahrverminderung sind zweckmäßig erhöhte Inselflächen. Sie haben verschiedene Größen und Formen, je nach Zweck und Raum. Man kann nach (Roth) unterscheiden:

a) Platzinseln, auf platzartigen Erweiterungen von Straßenknotenpunkten oder auf Plätzen an allen toten Verkehrsflächen. Sie legen in der Regel die Lage der Übergangswege fest und teilen die Verkehrsrichtungen. Sie bilden wesentliche Punkte der Platzeinteilung und haben in der Regel größere Abmessungen.

b) Schutzinseln liegen auf Straßen, Straßenknotenpunkten und Plätzen und trennen die Verkehrsrichtungen. Sie dienen nächst den Platzinseln zu weiterer Unterteilung, sie liegen meistens in Fahrdammitte inmitten des Verkehrs und sind klein, besonders schmal. Sie gewähren dem Fußgänger beim Überschreiten des Fahrdammes Zuflucht und Ruhepause.

c) Straßenbahninseln dienen in erster Linie zum sicheren Aufenthalt der Straßenbahnfahrgäste, sie teilen auch in der Regel den ganzen Straßenverkehr in seine Hauptverkehrsrichtungen. Sie liegen in der Regel unmittelbar vor oder auf Straßenknotenpunkten und auf Plätzen.

Straßenbahninseln sind oft nicht breiter als 1—1,50 m. Ihre Länge entspricht bei schwächerem und mittlerem Verkehr oder geringem Platz etwa der Länge eines Motorwagens mit Anhänger (20—25 m). Ihre Vorderkante steht etwa 5 cm vom unteren Wagentrittbrett ab (1,10 m von der Außenkante der nächsten Schiene), ihre Höhenlage entspricht höchstens der Höhe des Auftritts (0,38 m über Schienenoberfläche), ist bisweilen aber nur, wie bei Platz- und Schutzinseln, 12—20 cm hoch.

Scharfe Unterscheidung zwischen genannten Arten besteht nicht, jede Art dient oft auch dem gleichen Zwecke, wie die andere.

Auf die Auswahl der Lage der Inseln ist große Sorgfalt zu verwenden, eine schlecht angebrachte Insel ist für den Fußgänger- und Fuhrwerksverkehr oft gefährlicher als gar keine.

Nicht zu empfehlen ist die Anordnung von Inseln zwischen den Gleisen der (zweigleisigen) Straßenbahn. Dieser Streifen geht dann für Fuhrwerksverkehr verloren. Auseinanderziehen der Gleise nur an der Insel ist schädlich für Gleislage, Betriebsmittel und Fuhrwerksverkehr.

f) Platzanlagen.

Vom Verkehrstechniker wären für neu zu schaffende Platzanlagen die Forderungen aufzustellen: 1. zweckmäßige Formgebung, 2. reichlich bemessene Fläche, 3. große Übersichtlichkeit der Straßeneinmündungen, 4. gute Platzunterteilung durch Inseln, 5. strenge Verkehrsregelung.

Zu verwerfen ist vor allem die Sternform. Schon bei wenigen einmündenden Straßen ergeben sich Verkehrsstauungen und gefährliche Kreuzungen, bei einer größeren Zahl ist ohne Verkehrsregelung durch besonderes Personal nicht auszukommen (Verkehrskommando von 28 Schutzleuten auf dem Potsdamer Platz in Berlin). Die Linienführung der Straßenbahnen folgt in der Regel den Straßenachsen; befindet sich in der Platzmitte eine Insel, so werden die Gleise ihrer Form entsprechend um sie herumgeführt. Zu achten ist bei der Gleislage auf gute Einteilung der Fahrdammstreifen für Fuhrwerk und Straßenbahn.

Die Rechteckform der Plätze bereitet den Straßenbahnen weniger Schwierigkeiten. Wird die Mitte des Platzes von Schmuckanlagen usw. eingenommen, so liegen die Straßenbahngleise in der Regel unmittelbar an diesen und lassen die den Häuserreihen zugekehrten Fahrdammflächen für sonstigen Verkehr frei. Eine Durchschneidung des Platzes von einer Hauptlinie ist oft möglich und angebracht. Haltestellen, Ausweich-, Abstell- und Rangiergleise legt man in eine Ecke, die dem öffentlichen Verkehr möglichst entzogen ist. Auf die Wichtigkeit der Vereinigung von Straßenzügen vor ihrer Einmündung in den Platz ist an anderer Stelle schon hingewiesen worden.

Ringplätze mit schwachem Verkehr und Richtungsbetrieb für sämtliche Verkehrsmittel sind für Straßenbahnen gut geeignet, wenn an den Einmündungsstellen genügend große Halbmesser (mindestens 20 m) möglich sind. Den Fuhrwerksverkehr erschweren sie allerdings. Verkehrsfeindlich sind jedoch Ringplätze mit sehr starkem Fuhrwerksverkehr, besonders bei zahlreich einmündenden Straßen. Die sich anhäufenden Straßenbahnwagen, die jeden Augenblick durch gleiskreuzende, in den Platz einfahrende oder ihn verlassende Fuhrwerke aufgehalten werden, können zeitweise quer vor die Straßeneinmündungen zu stehen kommen und den ganzen Verkehr zum Stocken bringen. Bei solchen Plätzen sind Verkehrsablenkungen durch Nebenstraßen vorzunehmen oder Platzunterfahrungen anzulegen.

Randstraßen der Ringplätze sind möglichst nur mit einem Gleis zu belegen und auf ihnen Richtungsverkehr (d. h. für alle Wagen, einerlei nach welcher Straße sie bestimmt sind), nur in der einen Platzumfahrungsrichtung einzuführen. Doppelgleise ohne Richtungsverkehr erschweren die allgemeine Verkehrsentwicklung bedenklich. In geringerem Maße gilt dies auch für Doppelgleise mit Richtungsverkehr.

Am besten ist hier auch die Lage des oder der Straßenbahngleise an der Innenseite der Randstraße. Gleise an der Außenseite müssen von allen Fuhrwerken gekreuzt werden, an der Innenseite nicht, außerdem leidet die Übersichtlichkeit. Gleise in Fahrdammitte zerlegen den Fuhrwerksverkehr in einen inneren und einen äußeren und bedingen häufige Kreuzungen durch diese. Die von den Straßen in den Ring einmündenden Gleise sind bis dicht an die Innenseite der Randstraße geradeaus zu führen und erst dann in den Ring zu überführen, damit der Fuhrwerksverkehr möglichst wenig behindert wird, wie dies bei frühzeitigem Abbiegen von der Straßenecke aus oder beim frühzeitigen Auseinanderziehen von Doppelgleisen der Fall ist.

g) Linienenden.

Das Linienende braucht nicht Streckenende zu sein. Das Linienende kann auch in Durchgangsgleisen liegen. Es kann in Kopfform oder in Schleifenform ausgeführt werden.

Linienendpunkte in Kopfform.

Bei eingleisigen Strecken wird zum Umsetzen der Anhängewagen oder zum Abstellen eine Ausweiche eingebaut. Bei regem Verkehr ist sie entsprechend lang zu machen unter Umständen in der Mitte ein Gleiswechsel zwischen Haupt- und Ausweichgleis einzulegen.

Bei zweigleisigen Strecken mit geringem Verkehr und leichten Anhängewagen, die von Hand geschoben und umgesetzt werden können, genügt die Vereinigung der beiden Gleise durch eine einfache Weiche und Anfügung eines Ausziehgleises für den längsten vorkommenden Wagenzug.

Bei regerem Verkehr vereinigt man die Gleise ebenfalls am Ende durch eine Weiche, legt aber in Zuglänge davor schon eine Gleisverbindung mit zwei Weichen ein und bildet so eine sog. Umfahrung.

Ist nicht genügend Länge für ein Ausziehgleis am Linienende vorhanden, so führt man beide Gleise nebeneinander so weit als möglich und verbindet sie eine Zuglänge vor dem Ende durch einen doppelten Gleiswechsel (Weichenkreuz) oder bei sehr starkem Verkehr durch doppelte Gleiswechsel in Zugabstand voneinander.

Will man in einer durchgehenden Hauptstrecke eine Linie endigen lassen, so kann man in sie eine Ausweiche einlegen, in der die Wagen der verkürzten Linie stehenbleiben. Diese Ausweichen können dann je nach Bedarf ebenso ausgebildet werden, wie für Einzellinien oben beschrieben. Bei zweigleisigen Hauptstrecken in breiten Straßen liegt oft zwischen beiden Gleisen eine Promenade oder Platz. Diese sind dann sehr geeignet zur Ausbildung der Linienendpunkte und Abstellgleise. Man kann aus jedem Hauptgleis nach innen eine Ausweiche abzweigen lassen und diese noch durch Weichenstraßen oder doppelte Kreuzungen verbinden.

Oft ist es bei Platzmangel in der Hauptstrecke möglich, in eine Nebenstraße hinein oder auf einen benachbarten Platz die Gleise mit den Linienendpunkten abzuzweigen.

Linienendpunkte in Schleifenform.

Ein vorzügliches Mittel zur reibungslosen Abwicklung des Verkehrs an Linienendpunkten besteht in der Anlage von Schleifen. Man hat diese noch unterschieden nach Betriebsschleifen und Verkehrsschleifen. Die ersten sind in der Regel kleinere, die nur auf Plätzen und bisweilen in sehr breiten Straßen angelegt werden und die nur in einem Sinne umfahren werden. Die letzteren führen um mehrere Häuserblocks herum. Eingleisige Verkehrsschleifen sind besonders häufig dort ausgeführt, wo zwei Gleise in einer Straße keinen Platz finden konnten. Zweigleisige Verkehrsschleifen führen den Verkehr in beiden Richtungen. Sie sollen Fahrgästen den Umweg, der im Umfahren der Schleife liegt, ersparen. Die Verkehrsschleifen verwickeln oft das Linienbild, machen große Umwege, können bei starkem Verkehr kaum Aufenthalte haben, können aber durch solche den ganzen Betrieb unangenehm aufhalten. Die Schleifen haben den Vorteil, daß das Umsetzen der Anhängewagen wegfällt, viel Zeit erspart wird und Gefahren für das wartende Publikum (wie beim Hin- und Herfahren der umsetzenden Wagen) vermieden werden. Sie haben den kleinen Nachteil, daß die Kopfschilder (und eigentlich auch die Seitenschilder) am Wagen umgestellt werden müssen, außerdem, daß sie bei großer Ausdehnung unter Umständen mit Weichen teurer sind als ein einfacher Linienendpunkt in Kopfform, und daß sie viel Platz beanspruchen, da Halbmesser unter 15 m nicht zulässig sind.

Die Schleife kann in einfachster Weise durch die Umbiegung des Hauptgleises entstehen. Sie kann auch von dem weiterführenden Hauptgleis seitlich abzweigen und in dieses wieder zurückführen. Vor der Schleife können die Gleise zweigleisiger Strecken durch Weichenverbindungen verbunden sein, so daß von einzelnen Triebwagen oder bei ganz schwachem Verkehr die Umfahrung der vielleicht sehr ausgedehnten Schleife nicht notwendig wird, sondern ein Umsetzen der Wagen in den Weichenverbindungen stattfindet.

Die Schleifen können mit Ausweichen, Gleisverbindungen und Abstellgleisen der verschiedensten Art verbunden sein. Es können Rumpfgleise in das Innere der Schleife in Verlängerung der geraden Hauptgleise vorgetrieben sein, sie können nach außen von der Schleife abzweigen, es können Ausweichen innen oder außen an das gekrümmte Schleifengleis angesetzt werden, es können mehrere Schleifen konzentrisch ineinander gelegt werden (für jede Linie je ein Schleifengleis) usw.

In Gleisdreiecken findet sich bisweilen eine Schleife oder Schlinge einbeschrieben; diese ist dann so auszuführen, daß sie möglichst andere Gleise nicht kreuzt.

Eine Trennung aller Gleise in Linienendpunkten durch Inselsteige ist sehr zu empfehlen. Auf übersichtliche Anordnung der Haltestellenschilder und der Fahrtrichtungsweiser ist großer Wert zu legen.

Haltestellenaufenthalte.

Die Aufenthalte sind bei Schnellbahnen und Straßenbahnen abhängig von:

1. der Länge des Zuges,
2. von dem Verkehrsandrang,
3. von den Einrichtungen der Betriebsmittel (Ein- und Ausgänge, Höhe der Auftritte), bei Straßenbahnen außerdem von
4. den übrigen Verkehrsverhältnissen der Straße an den Haltestellen (Straßengewühl oder Schutzinsel usw.),
5. den Fahrgästen (je vornehmer, desto langsamer [Damen!], Gepäck, Regenschirme usw.).

Jede Haltestelle verursacht einen Zeitverlust beim Bremsen, eine reine Aufenthaltszeit und einen Zeitverlust für das Anfahren. Dr.-Ing. Giese hat für Straßenbahnen die Summe zu 36 Sekunden für jede Haltestelle berechnet, die reine Haltezeit beträgt durchschnittlich 10 Sekunden.

Höchstgeschwindigkeit, Anfahrbeschleunigung und Bremsverzögerung.

Die Höchstgeschwindigkeit wird durch die Aufsichtsbehörde festgesetzt. (Vgl. Abschnitt D, 2.) Für die Straßenbahnen Groß-Berlins sind z. B. zugelassen:

16 km/St. in den verkehrsreichsten Straßenzügen,

20 km/St. auf den meisten übrigen Innenstrecken und verkehrsreichen Vorortstrecken,

25 km/St. auf eigenem Bahnkörper und auf verkehrsschwachen Außenstrecken,

28 km/St. auf einigen Strecken der Teltower Kreisbahnen,

30 km/St. auf einigen Strecken der Spandauer und der Köpenicker Straßenbahn.

Gleis- und Straßenkreuzungen, Weichen, starke Krümmungen, Klappbrücken, einige stark belebte Plätze und Straßen dürfen nur im Geschwindschrittstempo eines Erwachsenen befahren werden.

Im Kriege sind zum Teil höhere Geschwindigkeiten zugelassen worden.

Die Anfahrbeschleunigung hängt ab von der Stärke der Motoren und dem Verhältnis der Triebachsen zu den Laufachsen. Sie ist deshalb für einzeln fahrende Triebwagen größer als bei Zügen mit Anhängewagen. Auch die Besetzung der Wagen ist wesentlich. Die Werte schwanken sehr nach Wagenbauart, -gewicht, -motorstärke. Der „Ingenieur" gibt folgende Mittelwerte an:

für einzeln fahrende Triebwagen	0,75 m/sec²
für Triebwagen mit 1 Anhänger	0,55 „
für Triebwagen mit 2 Anhängern	0,40 „

Die Bremsverzögerung ist abhängig von der Bauart der Bremsen, der Wagen, der Besetzung, in geringerem Maße von der Fahrgeschwindigkeit und von dem Zustand des Gleises (bei nassen Reibungsflächen beträgt die Bremsverzögerung nur etwa 58 % des Wertes bei trockenen). Die Zeit des Bremsens beträgt durchschnittlich 7—8 Sekunden. Die Bremsverzögerung im Mittel:

bei einzeln fahrenden Triebwagen	1,10 m/sec²
bei Triebwagen mit 1 Anhänger	1,00 „
bei Triebwagen mit 2 Anhängern	0,90 „

h) Unterirdische Linienführung.

Die unterirdische Führung von Schnellbahnen ist eine bekannte, neuzeitliche Einrichtung in den Weltstädten. Sie ist begründet in dem Verlangen nach schnellstem Reiseverkehr, der in dem Oberflächengetriebe in den Großstadtstraßen unmöglich ist und in baulichen Schwierigkeiten und Widerständen von Einwohnern gegen Hoch- und Schwebebahnen.

Für eine andere Bahngattung — Frachtenbahnen — ist ein unterirdisches Netz in Chicago ausgeführt worden. Waren die Schnellbahnen unter die Straßenoberfläche gelegt worden, um ihnen hohe Geschwindigkeiten geben zu können, so war hier die Sachlage umgekehrt, man wollte den schwerfälligen Lastverkehr, der den übrigen Oberflächenverkehr behindert und der die Straße stark beansprucht, aus dem oberflächigen Stadtbild beseitigen. Die Frachtbahnen (etwa 100 km Gleis) verbinden die Kellergeschoße von Bahnhöfen, Warenhäusern, Güterlagern, Fabriken, elektrischen Kraftstationen usw. untereinander. Auch die Post benutzt sie. Auf ihnen werden Kohlen und Baustoffe für Neubauten in die Geschäftsstadt und Asche, Bodenaushub von Neubauten usw. aus ihr herausgebracht.

Verkehrstechnisch hat diese unterirdische Linienführung den Vorteil, die Straßenoberfläche zu entlasten, dagegen den Nachteil, die Linienführung von Schnellbahnen zu erschweren. Die finanziellen Ergebnisse waren lange Zeit recht schlecht. Die Besitzerin geriet wiederholt in Konkurs.

Auch besondere unterirdische Postbahnen oder Posttunnel sind wiederholt in Großstädten geplant worden. Für sie gilt dasselbe wie für Frachtenbahnen.

Außerordentlich viel haben sich Verkehrspolitiker und Stadtverwaltungen der Großstädte mit dem Gedanken befaßt, die Straßenbahn in einzelnen besonders stark belasteten Straßenzügen unter die Straßenoberfläche zu legen (Berlin, Potsdamer Straße, Leipziger Straße, Unter den Linden). Ein besonderes unterirdisches Straßenbahnnetz würde häufig mit Schnellbahnen kollidieren. Man müßte also die Straßenbahnen mit in die Schnellbahntunnel aufnehmen. Dann wäre aber die Straßenbahn illusorisch, denn wo eine Schnellbahn vorhanden ist, braucht man keine langsame Straßenbahn. Ein selbständiges unterirdisches Straßenbahnnetz hat aber seine schweren Fehler. Bei unterirdischer Linienführung ist die Übersichtlichkeit und Bewegungsfreiheit verringert. Eine regelmäßige Wagenfolge ist schwer durchzuführen. Bei dichtem Verkehr kann die Fahrgeschwindigkeit nicht viel höher angesetzt werden als bei Oberflächenverkehr. Bei sehr dichter Wagenfolge und straßenbahnmäßigem Betrieb ist auch eine durchgehende, hauptbahnähnliche Streckensicherung ausgeschlossen, Zusammenstöße von Wagen kommen häufig vor. Bei schwachem Verkehr ist die durchgehende Streckensicherung möglich, der Tunnelbetrieb wird aber dann unrentabel. Linienverkettungen müssen aus Sicherheitsrücksichten unbedingt unterbleiben.

Verkehrstechnisch erfüllt die unterirdische Linienführung nicht mehr die Anforderungen, die an dieses besondere Verkehrsmittel gestellt werden müssen. Der Straßenbahnverkehr soll auf möglichst viel Straßen verteilt werden; hier wird er aber zusammengefaßt. Die Anlage von

Haltestellen für eine große Anzahl von Linien in Tunneln macht besondere Schwierigkeiten. Die Zuwege zu einer unterirdischen Straßenbahn werden immer viel größer sein als auf der Straße, und ein Hauptvorzug der Straßenbahn soll doch ihre bequeme, häufige Benutzbankeit sein. Besonders schwierig wird unterirdisch der Umsteigeverkehr. Bei Betriebsstörungen im Tunnel stauen sich die Wagen vor der Tunneleinfahrt und behindern den Oberflächenverkehr.

Unterirdische Linienführung der Straßenbahn sollte man nur auf kurzen Strecken ausnahmsweise anwenden, und zwar zur Unterfahrung von Verkehrsknotenpunkten ersten Ranges oder bedeutender, verkehrsreicher Straßenzüge (Unter den Linden in Berlin) oder fremder Bahnen (Hauptbahnen), Wasserläufe (Spreetunnel in Berlin-Treptow), Höhenzüge od. dgl.

I. Bautechnische Grundlagen der Linienführung.

1. Bodenverhältnisse.

Auch für elektrische Bahnen ist eine genaue Kenntnis der Bodenverhältnisse von größter Wichtigkeit. Man darf hier nicht nur an Straßenbahnen denken, die in Städten auf alten, festen Straßendämmen erbaut werden. Selbst bei Straßenbahnen können schon Bodenschwierigkeiten entstehen, man denke nur an Bahnanlagen auf zugeschütteten Straßengräben, an Untergrundbahnen mit in Bewegung befindlichen Bodenmassen, an die Senkung des Grundwassers, an die Gefährdung von Überlandbahnen in Bergbau- oder Moorbodengegenden, an die Ausführung elektrischer Bahnen im Gebirge.

Bei der geplanten Führung einer Straßenbahn auf einer bestehenden Straße ist zunächst die Straßenbreite und der Verkehr auf ihr, dann die Befestigung (ob chaussiert, Klein- oder Großpflaster, Bankette usw.), die Entwässerung, Baumpflanzung, Leitungen in, an und über dem Fahrdamm, sonstige Besetzung mit Masten, Kiosken, Brunnen usw., der Unterbau und die Höhenlage zu anliegendem Gelände und Bebauung derselben genau festzustellen.

Die Befestigung der Straßenoberfläche ist stellenweise aufzubrechen und die Konstruktion und Stärke von Straßenober- und -unterbau festzustellen und in die Pläne einzutragen. Es sei darauf aufmerksam gemacht, daß durch jahrzehntelange Auffüllungen die Straßendecke bedeutend gegenüber Eintragungen in alten Plänen gehoben sein kann. Wichtig ist nicht nur die Kostenfrage, wie tief starke Befestigung aufgebrochen werden muß, sondern auch die Feststellung, ob sich für die in die Straßendecke eingelassenen Rillenschienen von bestimmter Höhe ein brauchbarer Unterbau in gutem Zustand, genügender Härte und richtiger Lage mit möglicher Entwässerung bietet.

Es sind Erhebungen anzustellen, ob die Straße nicht durch Bergbau gefährdet ist, ob sie zeitweise überschwemmt wird, ob der Wegeunterhaltungspflichtige Verbreiterung, Begradigung oder Verlegung plant, wie oft und mit welchem Kostenaufwand Unterhaltung und Erneuerung erfolgte. Wenn auch eine Straßenbahn sich der Bodengestaltung möglichst anschmiegen soll, so ist doch z. B. bei alten, ausgefahrenen Straßen mit stark welligem Längsprofil eine Verbesserung oft sehr wünschenswert und für den Betrieb der Bahn und dauernd gute Gleislage sehr wichtig. Würde man die Straßenbahnschienen ohne Rücksicht auf die Straßenoberfläche möglichst durchgehend ohne Knicke verlegen, die Straßenbestigung danach aber verbessern wollen, so würden sich wohl stets Schwierigkeiten wegen Kostentragung, Entwässerung usw. mit den Wegeunterhaltungspflichtigen oder Anwohnern ergeben. Es empfiehlt sich also vor Baubeginn eine örtliche Vereinbarung über die Ausführung mit den zuständigen Stellen.

Im allgemeinen soll bei Straßenbahnen innerhalb eines Fahrdammes Oberkante Schiene mit Oberkante Straße abschneiden. Bei eigenem Bahnstreifen im Fahrdamm oder zwischen zwei Fahrdämmen ist bisweilen das Gleis höher gelegt, damit es nach den niedriger liegenden Fahrdämmen hin entwässert. Dies hat den Nachteil, daß die Schienen bei jeder Straßenkreuzung gesenkt werden müssen und Schwierigkeiten im Pflaster- und Rinnenanschluß entstehen. Diese Ausführung ist also nicht zu empfehlen. Besser ist dann noch eine muldenartige Vertiefung des Bahnkörpers (mit eigener Entwässerung) und Anhebung der Schienen bei Straßenkreuzungen.

Die Straßenkrone sollte in der Nähe von Gewässern mindestens 50 cm über dem höchsten Wasserstand liegen. Es gibt jedoch Straßen, die zeitweise überschwemmt werden. Bei wasserundurchlässigem Boden, wie Fels und Lehm, ist eine Entwässerung des Straßen- und Straßenbahn-Untergrundes durch eine Kiesschicht und Dränage notwendig. Liegt die Straße völlig im Grundwasser, so empfiehlt sich in ganzer Straßenbreite eine Asphaltisolierschicht, die an den Bürgersteigkanten hochgezogen wird, um auch das seitliche Eindringen von Grundwasser in den Fahrdamm- und Straßenbahnkörper zu verhindern. Unter Umständen ergibt sich hier für die Straßenbahn die Notwendigkeit, den Straßendamm zu verlassen und eigenen hochwasserfreien Bahnkörper anzulegen. Es genügt hier allenfalls eine Planumshöhe von 30 cm über Höchstwasserstand. Besonders bei der Durchquerung von Wiesen ist darauf zu achten, daß solche in der Regel zeitweise durch Wasseraufstauung überschwemmt werden. Diese Wasserhöhe ist festzustellen und im übrigen beim Entwurf auf die Einlegung genügend zahlreicher Be- und Entwässerungsrohre in den Bahndamm zu achten. Wichtig ist bei der Anlegung von Be- und Entwässerungsanlagen, daß vorhandene Dränagen nicht gestört werden. Diese liegen meistens 1,50 m tief.

Für Haupt- und Nebenbahnen ist vorgeschrieben, daß die Schienenunterkante mindestens 60 cm über dem höchsten Wasserstand liegt, abgesehen von eingedeichten Strecken (B.-B.-O. § 8).

Bisweilen kann eine Straße (besonders in ländlichen Ortschaften) von der Straßenbahn nicht benutzt werden, weil sie zu ungünstige Steigungsverhältnisse oder zu starke Anrampungen bei Brücken und Durchlässen hat. In Betracht käme bisweilen die Aufhöhung eines Straßenzuges. Abgesehen von den großen Kosten ist dies ein gefährliches Unternehmen. Alle Anlieger werden, wenn dem nicht ganz sicher vorgebaut werden kann, mit Schadenersatzansprüchen wegen behinderter Entwässerung ihrer Grundstücke, Feuchtigkeit ihrer Keller und Erdgeschoßwohnungen, erschwerter Zufahrten usw. hervortreten.

Elektrische Überlandbahnen führt man möglichst in Straßennähe in Geländehöhe. Man vermeidet unnötige Gefällswechsel und große Bodenbewegungen. Die natürlichen Unebenheiten der Linie gleicht man aus durch Auftragen des durch Aushub der Bahngräben gewonnenen Bodens. Bei der Projektierung ist im Längenprofil die Höhe von Überwegen, Querentwässerungen usw. zu beachten.

Bodenschwierigkeiten ergeben sich hauptsächlich durch Moore oder Bergbaugebiete.

Bei Moorboden sind genaue Bodenuntersuchungen sehr wichtig. Die Stärke der einzelnen Bodenschichten, die häufig wechseln, ist genau festzustellen. Wenn der Grundwasserspiegel sehr hoch liegt, so ist unter Umständen seine Absenkung zu versuchen. Entwässerung und Trockenlegung ist zu versuchen, Quellen sind zu fassen, fließende Wässer unter Umständen umzuleiten.

Ist eine Absenkung des Grundwassers zu kostspielig, ein leichter Damm wegen breiartigem Untergrund nicht ratsam, so wählt man die Zusammenpressung des Moorbodens. Zunächst hebt man einen angemessenen Koffer für die Gleiszone aus. Bei meterspurigen Bahnen wird die Breite etwa zu 4 m, bei Normalspur zu 4,80 m zu wählen sein, die Tiefe zu 1,50 bis 3 m, je nach örtlichen Verhältnissen und Untergrund. Der Koffer wird mit Kies ausgefüllt. Nachdem sich die Ausfüllung gesetzt hat, wird nachgefüllt und darüber ein Kiesdamm aufgeschüttet. Die Schuttmasse wird in der Regel das doppelte der zeichnerischen Ermittlung betragen. Bauwerke werden am besten auf einem ähnlichen Kieskoffer mit Holzrost und Betonplatte gegründet.

In Bergbaugebieten gehen Bahnstrecken durch den unterirdischen Abbau von Kohlen häufig zu Bruche; ganze Bahndämme können über Nacht verschwunden sein und das Gleis als verworrenes Gestänge in der Luft hängen. Bei geringen Senkungen sind Schienenbrüche sehr häufig. Auch starke Wasseransammlungen, ja große Seenbildungen an der Erdoberfläche an Stelle der verschwundenen Bahn sind nichts Seltenes. Dagegen ist nur möglich, daß entweder die Kohle unter dem Bahnkörper stehenbleibt (Sicherheitspfeiler), wofür natürlich das Bergwerksunternehmen von dem Bahnunternehmen entschädigt sein will, oder daß man zu Bruch gegangene Strecken durch neue Dammaufschüttungen und unter Umständen neuen Unter- und Oberbau wiederherstellt. In der Regel läßt sich durch Vertragsabschluß vor Baubeginn von den Bergwerksunternehmen kostenlose Überlassung von Schuttmaterial erreichen. Eine Aufschüttung einer um ein bedeutendes Maß gesunkenen Strecke ist nicht möglich, wenn Häuser, die in nächster Nähe stehen, mitgesunken sind. Diese würden durch Höherlegung des Bahnkörpers Wasser bekommen und in ihrer Zugänglichkeit gestört werden. In diesem Falle ist die entstandene Mulde von der Bahn auszufahren.

Die bei kleinen Bodensenkungen und Bodenveränderungen in wagrechter Richtung eintretenden Schäden sucht man durch sorgfältige Oberbauanordnungen möglichst einzuschränken. Der Streit, welche Maßnahmen die geeignetsten sind, ist jedoch noch nicht entschieden, wenigstens was die Stoßanordnung betrifft; die einen sind für verlaschte, die anderen für verschweißte Stöße. Ich empfehle verlaschte Stöße aus folgenden Gründen: Bei geringen Bodenveränderungen genügen die Spielräume an verlaschten Stößen zum Ausgleich der Verwerfungen, stärkere Zerrungen können durch Dilatationsstücke ausgeglichen werden. Bei geschweißten Stößen reißen die Schienen. Bei starken Senkungen läßt das aus kürzeren (Dehnungs-) Ausgleichsvorrichtungsstücken bestehende Gleis die unterirdischen Vorgänge leichter erkennen und zwingt zu schneller Ausbesserung. Die lange, starr geschweißte Strecke verbirgt die Gefahr bis es zu spät ist.

Im übrigen kann man folgende Forderungen an die Ausführung von Straßenbahngleis in Straßendämmen in Bergbaugebieten stellen:

1. Möglichste Unabhängigkeit des Gleises von der Straßendecke,

2. möglichst geringer Widerstand des Oberbaues gegen Erdbewegungen, also keine senkrecht gestellten Flacheisenspurstangen, sondern wagrecht angebrachte oder Rundeisenspurstangen,

3. möglichst schweres Schienenprofil,

4. große Dehnbarkeit und Elastizität der Schienen (Bessemerstahl mit 75—85 kg/mm² Zugfestigkeit und 15—10% Dehnung),

5. bei zu erwartenden starken Bodenbewegungen Ausgleichsvorrichtungen (Dilatationen) in den Schienen,

6. möglichst makadamisierte oder gepflasterte Gleiszone und keine Asphaltzone.

Der Grunderwerb macht in Bergbaugebieten meistens große Schwierigkeiten. Es ist leicht zu verstehen, daß die betreffenden Gesellschaften nur ungern ihr kostbares Gelände verkaufen; leichter ist in der Regel eine Pachtung zu erreichen. Zu beachten beim Entwurf ist § 153 des Allg. Berggesetzes, in dem angeordnet wird, daß vor Festlegung der Linienführung über Bergwerksgebiet die Bergwerksbesitzer von der zuständigen Behörde gehört werden müssen, in welcher Weise unter möglichst geringer Benachteiligung des Bergwerkseigentumes die Anlage auszuführen ist.

Besondere Schwierigkeiten machen die Bodenverhältnisse bei Gebirgsbahnen. Zur Vorsicht mahnen Störungszonen mit unregelmäßigem Schichtbau, mit schiefriger, stempeliger oder griffelartiger Ausbildung des Gesteins, mit deutlichen Bruchlinien, das Auftreten von Mineralquellen, Thermen, Erzführung, Wildbäche, Murgänge, Rutschbahnen, Lawinengänge, Steinstürze usw. Es ist Aufgabe der Linienführung, solche ungünstige Zonen zu vermeiden oder, wenn dies nicht möglich ist, sie so zu schneiden, daß die günstigste Lage erreicht wird — oder schließlich aber besondere Bauvorkehrungen anzuordnen.

Die Forderung des Massenausgleichs kann bei Gebirgsbahnen nicht immer streng durchgeführt werden, einmal wegen der Bodengestaltung und der außerordentlich hohen Kosten der Massenbewegungen, dann wegen der Notwendigkeit, möglichst viel Ortschaften zu berühren. Besonders bei Klein- und Nebenbahnen im Gebirge finden wir reichliche Anwendung der künstlichen Längenentwicklung mittels Ausfahren von Seitentälern, häufige Anwendung von Schleifen, Schlingen und Spitzkehren. Wo das Gebirge noch nicht zur Ruhe gekommen ist, z. B. bei in Abbruch befindlichen Lehnen, empfiehlt sich die Herstellung von Tunneln in möglichst großer Entfernung von der gefährdeten Stelle. Wo noch ein Aufbau des Bodens (Aufschotterung durch Gebirgsmassen) stattfindet, errichtet man Viadukte.

Einschnitte quer zur Windrichtung sind wegen Gefahr der Schneeverwehung zu vermeiden. In jedem Falle sind Dämme vorzuziehen.

Zu empfehlen ist die konservative Bauausführung, bei der alle Bodenformen möglichst geschont und Anschnitte durch Mauern verkleidet werden, vor der operativen, die größtenteils mit Felssprengungen usw. arbeitet.

Wichtig ist die Sicherung des Bahnkörpers durch bergseitige Fanggräben, Schneeschutzanlagen, Schutzdächer gegen Steinschlag usw.

Besondere Sorgfalt ist auf die Bodenuntersuchung bei Untergrundbahnen zu legen. Zwar liegen alle Großstädte, die für den Bau von Untergrundbahnen in Frage kommen, in flachen Niederungen, die aus jüngeren Formationen durch Zertrümmerung und Abschwemmung von Gebirgen entstanden sind und aus Geröll, Kies, Sand, Ton, Lehm, Mergel, bisweilen auch Torf und Moor bestehen. Bedeutungsvoll ist aber trotz der Ähnlichkeit der Bodenverhältnisse in jedem Falle die

Zusammensetzung der Bodenarten, ausschlaggebend für die Bauausführung aber die Höhe des Grundwassers. In Berlin besteht der Boden meist aus Sand, und das Grundwasser steht sehr hoch; in Paris besteht der Boden aus festem Kalkstein oder Mergel bei sehr tiefem Grundwasserspiegel, der selten vom Untergrundbahntunnel erreicht wird; in London besteht der zu durchfahrende Boden fast ausschließlich aus festem, wasserundurchlässigem Ton.

2. Die Straßenbefestigung.

Zur Beurteilung, ob es möglich ist, in einen Straßendamm ein oder mehrere Straßenbahngleise einzubauen, sei es in fester Verbindung mit der Straßendecke (Rillenschienen) oder in abgetrenntem Gleisstreifen (Rillen- oder Vignolesschienen), ob der vorhandene Straßenunterbau für die Schienenauflagerung benutzt werden kann oder nicht, ob und in welcher Weise Entwässerung vorhanden oder herzustellen ist, sind genaue Aufnahmen nicht nur des Querprofils der Straßen, der Ort der Straßendecke usw., sondern auch über die Stoffe der Fahrbahnbefestigung, ihre Stärke und ihren Zustand erforderlich.

a) Chaussierung.

Chaussierte Straßen haben in der Regel eine Packlage von 15—20 cm Stärke, eine Mittellage aus grobem Schotter von 5—7 cm (die aber auch fehlen kann) und eine Decklage aus weniger grobem Schotter von 9—12 cm. Die Gesamtstärke des Steinkörpers beträgt durchschnittlich in Straßenmitte 40—43 cm, an den Seiten 29—32 cm.

Die Höhe der Rillenschienen beträgt 15—18 cm. Darunter sind erforderlich 2—3 cm Splitt und 5—7 cm Kleinschlag zur Unterstopfung und eine Packlage von etwa 18 cm Höhe. Bei 15 cm hohen Schienen ergibt sich eine Deckenstärke von etwa 40 cm, bei 18 cm hohen eine Stärke von etwa 43 cm. Je nach Lage des Gleises in der Mitte der Fahrbahn oder an den Seiten, mit derselben Querneigung wie die Straßenoberfläche oder geringerer, ergibt sich, ob die Straßenpacklage nach Aufbruch der Straßendecke und Einbringung der Schienen liegenbleiben kann (abgesehen davon, ob noch keine Zerstörung eingetreten ist), oder ob sie beseitigt, der Koffer vertieft und neue Packlage gesetzt werden muß. Wie die angeführten Maße zeigen, wird es bei schwachem Verkehr auf Überlandbahnen häufig möglich sein, die vorhandene Packlage zu benutzen. Begünstigend wirkt in der Praxis meist noch der Umstand, daß infolge wiederholter Neubeschotterung der Straßen wesentlich stärkere Deckenmaße (bis zu 75 cm) an Stelle der angegebenen theoretischen gefunden werden. Es ist auch häufig möglich, einen großen Teil des Kofferaushubs nach Siebung zur Wiederherstellung der Gleiszone zu benutzen. Zur Unterstopfung der Schienen wählt man jedoch am besten immer frisches, unverwittertes und unbenutztes Material.

b) Kleinpflaster.

Es sei gleich von vornherein erklärt, daß sich Kleinpflaster in Gleiszonen nicht gut bewährt. Es hat nicht genügend Masse und Gewicht, um den ständigen Schwingungen des Gleises den nötigen Widerstand entgegensetzen zu können. Es ist jedoch häufig in Straßenzügen, in die Gleise eingelegt werden sollen, vorhanden und soll weiter benutzt werden, bisweilen wird es auch von Stadtverwaltungen bei Überwegen und Haltestellen benutzt. Hier wäre, soweit nicht Großpflaster Bedingung ist, Chaussierung vorzuziehen. Wird Kleinpflaster in Straßen, die von der Bahn benutzt werden sollen, gewünscht, so ist besondere Vorsicht zu empfehlen. Genaue Bodenuntersuchung und Querprofilaufnahme ist hier dringend geboten. Häufig ist das Kleinpflaster auf einer chaussierten Straße nachträglich aufgebracht. Die Straßendecke ist dann sehr stark, das Querprofil hat oft außerordentlich starke Querneigung, die unter Umständen für die Gleislage zu stark ist; Oberflächenentwässerung ist oft mangelhaft, Grundentwässerung überhaupt nicht vorhanden, anliegende Grundstücke und Häuser liegen sehr tief. Will man die starke Querneigung mildern, dann muß die Straße an den Seiten aufgehöht und daneben noch ein höherer Bürgersteig hergestellt werden; häufig wird dann eine Stufe nach unten in das Erdgeschoß anliegender Häuser nötig. Da dies meistens nicht zugelassen wird, bleibt nur eine Abtragung und Tieferlegung der Straßendecke übrig.

Die Kleinpflastersteine sind in der Regel quadratisch und haben eine Seitenlänge von 8—10 cm. Sie sitzen in 2—4 cm Kies über 5—8 cm Kleinschlag auf einer 12—15 cm starken Packlage. An Stelle des Kleinschlages und der Packlage findet man bisweilen eine 15 cm starke Betonsohle. Die Deckenstärke beträgt also 25 (bei Beton) bis 35 cm.

Da die Kleinpflastersteine bedeutend niedriger sind als die üblichen Rillenschienen, läßt sich der Straßenunterbau nicht ohne weiteres für den Straßenbahnunterbau benutzen. Die Koffer müssen vertieft und der Unterbau verstärkt werden. Es ist nun nicht angängig, den ganzen Raum zwischen Pflasterunterkante und Packlage- bzw. Schotteroberkante (entsprechend z. B. 16 cm Schienenhöhe + 4 cm Grus = 20 cm) mit Kies oder Sand zu füllen. Die Kleinpflastersteine würden hierin nicht festsitzen. Man muß vielmehr zwischen den Schienen noch eine Lage feinen Grus einschlämmen und einstampfen, so daß nur noch etwa 4 cm Pflasterkies notwendig werden. Kleinpflaster ist in der Anlage teurer, in der Unterhaltung billiger als Schotterdecke.

c) Großpflaster (Reihenpflaster).

Großpflastersteine sind noch in verschiedenen Abmessungen üblich. Zu empfehlen ist ein Normalformat von 13 × 20 × 16 cm im gewöhnlichen Reihenpflaster und zwischen den Schienen, zum Anschluß an diese Binder im Format 13 × 30 × 16 cm. Die Fugen sollen $^1/_2$ cm betragen. Zum Ausguß ist eine elastische Bitumenmasse zu empfehlen (Pflasterkitt). Die Schienenkammern sind am besten mit Beton auszufüllen. Die Pflasterreihen sollen senkrecht zur Gleis- und Straßenachse verlaufen. Auf die Spurstangen im Gleis ist zu achten. Verhau der Pflastersteine ist möglichst zu vermeiden, um Verwerfungen und Umkanten hintanzuhalten. Die einfachste Ausführung einer Steinpflasterstraße besteht aus einem Unterbau von 15—18 cm starker Packlage und einer Schicht Kleinschlag und Kies von 3—10 cm Stärke. Eine andere häufige Bauweise ist die mit einer Betonsohle von 20 cm Stärke an Stelle der Packlage, die auf einer 3—10 cm starken Unterschicht von Kies oder Kleinschlag aufgeführt ist. Da die Pflastersteinhöhe häufig der Schienenhöhe entspricht, läßt sich auch der vorhandene Unterbau benutzen. Bei Neuanlage empfiehlt sich für das Gleis an Stelle des wasserundurchlässigen, geräuschvollen und durch die Schienenschwingungen sehr leitenden Betons die Verwendung von Packlage. Wird jedoch Beton verwendet, so werden elastische Unterlagen für die Schienen erforderlich.

Für Steinpflaster sind die weicheren Gesteinsarten (Sedimentärsteine) den harten vorzuziehen. Die weicheren haben einen gleichmäßigeren Verschleiß und sind weniger geräuschverbreitend.

d) Holzpflaster.

Holzpflaster wird nur auf Beton (15—25 cm stark) verlegt. Die Klotzhöhe beträgt 8—15 cm, die Breite 8—10 cm, die Länge 20—25 cm. Der Unterbau läßt sich also bei der Einlegung von Rillengleis nicht benutzen, muß vielmehr erheblich verstärkt werden, unter dem Schienenfuß mit Unterlage sollen mindestens noch 20 cm Beton vorhanden sein. Als Material sind weiche Hölzer (schwedische Kiefer) zu empfehlen. Die Klotzreihen laufen zwischen den Schienen parallel den Spurstangen, also senkrecht zur Bahnachse, außerhalb der Gleiszone unter 45° gegen die Straßenachse. In Amerika hat man in Holzpflasterstraßen die Gleiszone in Asphalt ausgeführt. Da dieser noch schneller zerstört wird als Holzpflaster, ist ein Vorteil nicht einzusehen. Das Holzpflaster nutzt sich in 3—4 Jahren so weit ab, daß die Schienen bedeutend vorstehen, eine vollständige Pflastererneuerung wird dann erforderlich. Durch das Spuren von Fuhrwerken wird das Holzpflaster dicht an den Schienen ganz besonders abgenutzt, es sind deshalb für rechts und links jeder Schiene zwei Saumreihen aus Hartholz mit der Langseite in der Richtung der Schiene anzubringen, die nicht unter 45° gegen die Bahnachse geneigt sind.

e) Asphaltpflaster.

Holz- und Asphaltpflaster gelten für den Straßenbauer als „geräuschloses Pflaster“. Bei Verwendung in Gleiszonen haben sie nicht nur keinen Anspruch auf diese Bezeichnung, sondern sind oft noch geräuschvoller als weiches Steinpflaster. Wegen der Schwingungen und Hämmerwirkung der Schienen auf der Betonunterlage entsteht ein sehr unangenehmes Geräusch, das bei glatter Asphaltdecke nicht absorbiert, sondern resorbiert und verbreitert wird. Die Decke aus 4—6 cm Guß- oder Stampfasphalt wird auf 15—25 cm Zementbeton aufgebracht. Für Straßenbahngleis muß dieser Unterbau verstärkt werden. Die Befestigung der Schienen, ihre wasserdichte oder entwässerte Lage, ihre Schalldämpfung, vor allem aber die in mäßigen Grenzen zu haltende Ausbesserung des ständiger Zerstörung unterworfenen Asphaltes sind bis heute ungelöste Fragen. Kongresse haben sich mit dieser Frage beschäftigt, und ein heftiger Streit der Straßen- und der Straßenbahnfachleute ist darob entbrannt. Von den meisten Straßenbahnverwaltungen wird die Forderung erhoben, daß auch in Asphaltstraßen, soweit neben den Gleisen noch ein ungehinderter Fuhrwerksverkehr möglich bleibt, für die Gleiszone Steinpflaster auf Packlage zugelassen wird. Eine Anzahl Stadtverwaltungen hat sich hierzu bereitgefunden, neuerdings auch Berlin. Die Auspflasterung soll mit einheitlichem erstklassigen Steinmaterial erfolgen; Kleinpflaster ist zu vermeiden. In geraden Strecken sind geschliffene Granitsteine, Syenit und Schlackensteine gleichwertig. Die äußeren Steinpflasterstreifen sind möglichst drei- bis vierreihig in gutem Verband auszuführen, damit die Schienen bei Reparaturen sicher und bequem unterstopft werden können. Der Übergang vom Steinpflaster zur Asphaltdecke ist mittels eines Gußasphaltstreifens zu bilden, der bei Aufreißen des Steinpflasters die teure Stampfasphaltdecke schützen soll.

3. Der Straßenquerschnitt.

Für die Ausbildung der Straßenquerschnitte sind maßgebend die Anforderungen des Verkehrs, der Ästhetik, der Gesundheitspflege, der Wirtschaftlichkeit, der Bodengestaltung, der zur Verwendung kommenden Straßenbaustoffe.

Die Linienführung elektrischer Bahnen übt in allen Beziehungen einen bedeutenden Einfluß aus. Eine Bahn kann Verkehr an sich ziehen und Straßenzüge entlasten, bei falscher Lage kann sie aber den übrigen Verkehr bedeutend erschweren. Es ist nun Sache des Bahnunternehmers, die Linienführung im Straßendamm, auf getrennten Straßenstreifen, auf dem Straßengraben oder neben der Straße auf besonderem Bahnkörper in jedem Falle unter Berücksichtigung aller Verhältnisse so zu wählen und zu gestalten, daß sie möglichst keine Beeinträchtigung, sondern eine Belebung und Verbesserung des Verkehrs ergibt. Auch die Ästhetik eines Straßenzuges braucht durch eine Straßenbahnanlage durchaus nicht gestört zu werden. Eine Straßenbahn zwischen niedrigen Hecken auf grünem Rasenstreifen geführt, bringt oft eine angenehme Unterbrechung in das oft öde Bild langer, breiter Straßen. Es mag nur nebenbei erwähnt werden, daß ein gefälliges Aussehen der Wagen, eine gute Aufstellung und Formengebung der Maste, eine saubere Gleislage u. a. wesentliche Mittel nicht nur zur Hebung der Ästhetik, sondern auch zur Beliebtheit bei Fahrgästen, zur Hebung des Verkehrs und zur Erhöhung der Wirtschaftlichkeit des Unternehmens sind.

Die öffentliche Gesundheitspflege erfordert eine richtige Straßenbreite durch angemessenen Häuserabstand, zwecks guter Besonnung, ausreichender Belichtung und Ausdünstung der Häuserblocks. Luftauffrischung, Abhaltung von Staub und Wind, Schattenspendung, Ruheplätze werden durch Baumpflanzungen, Rasen- und Pflanzenstreifen angestrebt.

Auch der Bahnbauer hat hieran zu denken. Alte Bäume oder gar ganze Alleen dürfen nicht entfernt werden, solange sie sich irgendwie erhalten lassen (vgl. Umsetzung mächtiger alter Bäume beim Untergrundbahnbau in Berlin), durch Schaffung von Rasenstreifen in der Gleiszone sind die Bestrebungen der Städtebauer zu unterstützen.

Bei der Ermittlung der Wirtschaftlichkeit von Straßen dürfen die Bauverwaltungen nicht zu engherzig sein. Zu schmal angelegte oder aus Sparsamkeitsgründen mangelhaft geführte Straßen können eine schwere, dauernde Verkehrserschwerung nach sich ziehen und vor allem später zu außerordentlich kostspieligen Verbreiterungen oder Durchbrüchen zwingen.

Die ober- und die unterirdische Ausbildung der Straßenquerschnitte muß bei der Führung von elektrischen Bahnen, sei es als Straßenbahn, Hochbahn oder Untergrundbahn, aufs sorgfältigste unter Rücksicht auf alle Anforderungen erfolgen.

Die Form der Straßenoberfläche ist bei beschotterten Landstraßen meistens ein stark gewölbter Kreisbogen, um guten Wasserablauf bei der rauhen Oberfläche und schnelle Trocknung zu erreichen. Für Wagenverkehr ist dies zulässig, da die Fuhrwerke in der Regel in der Mitte fahren und bei seitlichem Ausbiegen ein Rutschen wegen der Rauheit der Decke nicht zu befürchten ist. Eine Straßen- oder Überlandbahn kann aber kaum jemals in die Mitte einer Landstraße gelegt werden, weil die nötige Breite nicht vorhanden ist. Man wird sie auf einen wenig oder gar nicht geneigten Sommer- oder Fußweg (Bankett) oder auf eigenen Bahnkörper neben die Straße legen. Dies läßt sich aber nicht immer durchführen, und es wird stets Teilstrecken geben, wo die Bahn auf die stark geneigte Seite einer Schotterbahn zu liegen kommt.

Es ist nun nicht zulässig, vielmehr betriebsgefährlich, in der Geraden eine Schiene mehr als 2 cm bei Meterspur oder 3 cm bei Normalspur tiefer zu legen als die höher liegende. Ist eine stärkere Querneigung vorhanden, so ist diese nach Aufbruch der Straße und Einbau des Gleises bei Wiederherstellung der Straße zu beseitigen. Kommt eine Gleiskrümmung einseitig auf eine Straßenseite zu liegen, so ist in dem Falle, wo die äußere zu überhöhende Schiene nach der Straßenmitte zu liegt, die Querneigung erwünscht (sie sollte aber möglichst der nach Krümmungshalbmesser und Fahrgeschwindigkeit errechneten nahekommen), durchaus unzulässig ist sie aber, wenn die äußere (eigentlich zu überhöhende Schiene) auf die tiefliegende Außenseite der Straße zu liegen kommt. Hier muß das Gleis mindestens in die Wagerechte gelegt werden, der Straßenquerschnitt ist zu ändern, er darf nicht symmetrisch gewölbt (mit dem Scheitelpunkt in der Mitte) sein, sondern muß den Scheitelpunkt in der Außenschiene erhalten. Solche Änderungen werden auch nötig bei allen Überquerungen der Straßen durch die Bahn. Städtische Straßen erhalten keinen bogenförmigen, sondern einen vieleckigen Querschnitt mit Ausrundung der Brechpunkte, bei dem die Seiten flacher geneigt sind. Es wird hierfür verlangt, daß zwecks guter Entwässerung die Querneigung überall mindestens 1 : 70 betragen soll, sie soll jedoch aus Verkehrsrücksichten nicht größer werden als 1 : 30. Die genauen Maße werden je nach Straßenbreite und Baustoff (Stein-, Holz- oder Asphaltpflaster) festgesetzt. Vom Standpunkt des Straßenbahnbauers sollte die Querneigung nirgends mehr als 1 : 50 betragen. Allerdings ist die Seitenlage des Gleises bei Großstadtstraßen seltener als bei Überlandbahnen. Sie ist hier möglichst zu vermeiden, nicht nur aus Verkehrsrücksichten, sondern auch wegen des Überlaufes des ganzen Straßenwassers und -schmutzes über das Gleis mit allen seinen bösen Folgen.

Wo die Seitenlage von Gleisen ausgeführt wird, ist eine sorgfältige Ausbildung des Oberflächenquerschnittes unbedingt erforderlich. Von der innersten nach der äußersten Schiene wölbt sich die Straße immer mehr ab. Die Neigung ist aber keine gleichmäßige. Die Neigung der Bahnzonen ist meistens geringer als die Neigung der zwischen Gleisen und Straßenrand (bzw. Mittelpromenade) liegenden Straßenstreifen. Es entstehen eine Anzahl Abstufungen. Nicht selten trifft man in diesen sogar Gegengefälle, das ein Überfließen des Wassers vom Gleis nach der Straßenrinne verhindert. Bei geringem Längsgefälle der Straßen und der Schienen stockt die Entwässerung, es bilden sich Pfützen neben und über den Schienen, die Ursache für vorzeitige Zerstörung des Ober- und Unterbaues werden.

Die Ausbildung der unterirdischen Straßenquerschnitte, der bisher sehr wenig Aufmerksamkeit gewidmet wurde, hat eine ganz außerordentliche Bedeutung. Schon bei ländlichen Straßen, die nur eine Wasser-

oder Gasleitung enthalten, kommen beim Bau einer Straßen- oder Überlandbahn schon Schwierigkeiten vor. Die Vorschriften der Erdstromkommission über den Schutz von Gas- und Wasserröhren gegen abirrende Ströme sind streng zu beachten. Einbau von Isolierungen ist wohl immer nötig, oft auch Rohrverlegungen. Dazu kommen oft noch Post- und Telegraphenkabel u. a. Alle diese Leitungen liegen meistens planlos durcheinander, sie benutzen bald die rechte, bald die linke Straßenseite, liegen bald hoch, bald tief, bald einzeln, bald zu Bündeln, überschneiden und verzweigen sich. Dieser Zustand verschlimmert sich noch bei Anlage von Kanalisation. Es kommt dann vor, daß Leitungen, die verlegt werden müssen, Einsteigschächte kreuzen und in sie eingemauert sind. In Großstädten muß beim Bau von Untergrundbahnen das ganze ungeheure unterirdische Versorgungsnetz entwirrt, geordnet und umgelegt werden.

Man hat deshalb in Großstädten die Notwendigkeit der zweckentsprechenden unterirdischen Ausbildung der Straßenquerschnitte mit Bereitstellung ganz bestimmter Raumgebiete für die Leitungen erkannt. Es gibt jetzt z. B. Normalien für die Unterbringung der Versorgungsleitungen für Berlin und Normen für die Lage der unterirdischen Leitungen für Frankfurt a. M. Der Grundsatz ist aufgestellt: Alle Versorgungsleitungen sind möglichst unter die Bürgersteige zu verweisen und der unterirdische Raum des Straßenfahrdammes von ihnen vollständig frei zu halten. Allerdings läßt sich dies bei großstädtischen Netzen erst bei Bürgersteigbreiten von 5 m an durchführen, beim Kanalisationstrennsystem oder bei Anlage von Sonderleitungen sogar erst von etwa 7 m ab. Bei Mittel- und Kleinstädten liegt die Kanalisation in der Regel in Straßenmitte, die übrigen Leitungen sind in den Bürgersteigen untergebracht. Bei Anlage einer Straßenbahn in Straßenmitte wird sehr oft das Verziehen der Kanalisationseinsteigschächte erforderlich, damit sie zwischen die Schienen zu liegen kommen. Dies könnte bei entsprechender Anlage vermieden werden.

4. Die Gleislage.

a) In der Straße ohne Abtrennung.

Die Linienführung einer Bahn in einer Straße läßt sich nicht festlegen ohne genaue Erhebungen über den örtlichen Verkehr, seine Zusammensetzung aus Fußgängern, Fuhrwerken, Kraftwagen, Radfahrern usw., seine besondere Eigenart, z. B. landwirtschaftliche Fuhrwerke oder Kraftwagenstraßen, und die Art seiner Abwicklung, zeitweises Anschwellen und Nachlassen. Auch Anpflanzungen und Anbauten haben Einfluß (Hauseingänge, spielende Kinder).

Für die Straßenbreite bestimmend sind in erster Linie die Breitenabmessungen der Verkehrsmittel. Für den Verkehr auf Kunststraßen (nicht städtischen Straßen) schreibt in Preußen die Verordnung vom 17. März 1839 9 Fuß (2,57 m) als breiteste Ladung vor. Die Größtmaße der Fuhrwerke für städtische Straßen können die Polizeiverwaltungen auf Grund des Gesetzes vom 11. März 1850 über Polizeiverwaltung festsetzen, viele Städte haben als solches 2,50 m festgesetzt. In Wirklichkeit schwanken die Breitenmaße der Wagenkörper zwischen 1,40 und 1,75 m, die Spurweiten (von Mitte Felge bis Mitte Felge) zwischen 1,35 und 1,45 cm, am häufigsten findet sich eine Wagenbreite von 1,60 m mit 1,36 m Spurweite. Autoomnibusse haben eine Breite von 1,8—2,20 m, Straßenbahnwagen in der Regel 2,10 m mit Abweichungen bis 2,70 m (Kölner Vorortbahnen).

Zu der Wagenbreite ist noch ein Lichtraum zur Sicherheit der Wagenführer bei Begegnungen zuzuschlagen, andererseits kann damit gerechnet werden, daß ein Fuhrwerk nach der Bürgersteigseite ausweichen kann, so daß der Wagenkasten nach dort übersteht. Man ist danach übereingekommen, allgemein für Fuhrwerke und Straßenbahnen eine Verkehrseinheit von 2,50 m zugrunde zu legen, ein einspuriger Fahrdamm soll also mindestens 2,50 m breit sein, ein zweispuriger 5 m usf. Daraus wieder folgt, daß eine Straßenbahn in der Regel nicht in Straßen unter 5 m Breite möglich ist (1 Einheit für Fuhrwerke, 1 für Straßenbahn) und daß von 5—7,50 m das Gleis an eine Seite des Fahrdammes zu legen ist. Es kommen in Altstädten Fälle vor, wo auf kurzen Strecken auch in engeren Straßen als 5 m eine Bahn verlegt ist, dann erfolgt für die Zeit der Durchfahrt eine Straßensperrung; Signalanlagen (an Ein- und Ausfahrt aufleuchtende rote Lampen) sind dann unbedingt erforderlich.

Straßenbreiten unter 7,50 m (meistens 5 m) sind besonders häufig zu finden bei Land- und Dorfstraßen. Bei Dorfstraßen genügt nicht eine Erhebung darüber, ob und wieviel Wagen sich begegnen können. Man muß feststellen, welche Straßen von den landwirtschaftlichen Fuhrwerken am meisten benutzt werden, welches die Zufuhrstraßen zum Bahnhof sind und in welchen Straßen gewohnheitsgemäß Fuhrwerke, z. B. zum Heu- oder Getreideabladen, längere Zeit stehenbleiben. Es wird dann öfter die Umleitung der Bahn oder des Fuhrwerksverkehrs erforderlich. Die Ausgestaltung der Straßenoberfläche ist auch sehr wichtig. Oft zieht sich eine Entwässerungsrinne mitten durch die Straße, Bürgersteige sind nicht vorhanden oder zu schmal, beim Bau einer Straßenbahn wird ein Umbau der Straßenoberfläche meistens von den Wegeunterhaltungspflichtigen verlangt. Viele Wegeunterhaltungspflichtige, z. B. die Verwaltung der Rheinprovinz, verlangen, daß das Bahnunternehmen, wo irgend möglich, alle Straßen, die unter 7,50 m breit sind, samt Kunstbauten auf seine Kosten auf 2 Verkehrseinheiten für Fuhrwerke und für Straßenbahn verbreitert; es entstehen dann bedeutende

Kosten für Straßenbauarbeiten, Grunderwerb, Verrohrung, Entwässerung, Leitungsumlegung, Hausabbrüche, Veränderungen an Hauseingängen und Einfahrten usw.

Bei dreispurigen Fahrdämmen (7,50 m breit) ist die Mittenlage der Bahn bei eingleisigem Betrieb das Richtige, sofern nicht besonderer Bahnkörper angelegt werden kann. Zwei Gleise wird man nur ausnahmsweise und notgedrungen in solch schmale Straßen einlegen; sie kommen dann seitwärts an die Bordsteine zu liegen, der Fuhrwerksverkehr spielt sich in Straßenmitte ab, zum Ausweichen müssen vorübergehend die Gleise befahren werden.

Es ist wohl zu unterscheiden zwischen Fahrdammbreite und Straßenbreite, ferner zwischen Straßenbreiten bei Fahrdämmen ohne und bei solchen mit Straßenbahn.

Einspurige Fahrdämme sollten möglichst nicht unter 2,30—2,50 m Breite haben, um die Durchfahrt breiter Feuerwehrleitern zu ermöglichen.

Bei der Festlegung mehrspuriger Fahrdämme für Fuhrwerksverkehr kommt es darauf an, welche Bauart von Fuhrwerken berücksichtigt wird, wieviel Zwischenraum gewählt wird (40 cm min., von vielen Fachleuten 60—80 cm vorgeschlagen) und ob das Straßenprofil durch Baumkronen eingeengt wird oder nicht. Das Maß von 2,50 m als Normalie für die Wagenbreite zuzüglich Zwischenraum ist im allgemeinen ein richtiges Mittelmaß. Nicht zweckmäßig ist es aber, dieses Maß ein für allemal auf die Fahrdammbreite zu übertragen. Für den einspurigen Fahrdamm und schmale Straßen sprechen vor allen Dingen die für den Bürgersteig verbleibenden Flächen ein gewichtiges Wort mit; es genügt unter Umständen die Breite von 1,60—1,70 m. Für den zweispurigen Fahrdamm trifft das Maß als Mittelzahl von $2 \cdot 2{,}50 = 5{,}00$ m ziemlich zu; doch haben auch Breiten von 4,20—6,00 m volle Berechtigung. Die dreispurige Bahn kann schon mit 6,50 m anfangen und hört bei 8 m noch nicht auf. Infolge der verschiedenen Wagenarten und der wechselnden Häufigkeit der Fuhrwerke hört bei etwa 7 m das Maß von 2,50 m für bahnlose Dämme auf als Normalie volle Richtigkeit zu behalten. In beschränktem Maße ist schon von 6,50 m und vollständig von etwa 8 m an jede Vergrößerung der Breite für den Fahrdamm um 0,50 oder 1,00 m wirtschaftlich und verkehrstechnisch wichtig, da sie eine ungefähr linear wachsende Belastung ermöglicht oder die Verkehrssicherheit erhöht dadurch, daß sie größere Zwischenräume zuläßt. Nicht ganz stimmen diese Folgerungen bei Fahrdämmen mit elektrischen Straßenbahnen. Ein einspuriger Fahrdamm muß mindestens Wagenbreite (2,10 m) haben und rechts und links muß auf Bürgersteigen noch gefahrloses Gehen ohne Gefahr der Berührung möglich sein (etwa je 1 m Breite).

In zweispurigen Fahrdämmen sollte möglichst nur ein Gleis verlegt werden; werden zwei eingebaut, so ist durch häufige Gleisverbindungen dafür zu sorgen, daß die Straßenbahn haltende schwere Fuhrwerke umfahren kann.

Das Maß von 5 m ist bei häufigem Vorkommen breiter Fuhrwerke (Heuwagen, Möbelwagen) recht knapp; 5,50—6,00 m wären zu empfehlen.

Dreispurige Fahrdämme mit einem Gleis in der Mitte können mit 7,50 m Breite auskommen, bei reichlichem Platz sind 8 m besser.

Im übrigen richten sich die Fahrdammbreiten nach Wagenbreite und Zwischenraum. Hierfür sind 40 cm als Mindestmaß behördlich vorgeschrieben; bei 2,10 m Wagenbreite also ein Mittenabstand von 2,50 m; neuerdings ist jedoch ein Mittenabstand von 2,70 m häufig; Frankfurt a. M. u. a. gebraucht 3 m. Man kann auch hier mit 4 × 2,50 = 10,00 m Dammbreite auskommen; sie ist jedoch auch etwas knapp. Demnach wäre einheitlich für ein- bis vierspurige Fahrdämme mit eingebauten Gleisen die Einheitsverkehrsbreite von 2,75 m vorzuschlagen. Darüber hinaus kann diese wieder verringert werden, weil bei zahlreichen, verschiedenartigen Verkehrsmitteln leichter ein Ausgleich und ein reibungsloser Verkehr erfolgt.

Die Breite der Bürgersteige wird häufig im Verhältnis von 1 : 4 bis 1 : 5 Fahrdammbreite bemessen. Diese Zahlen können jedoch nur einen Anhalt bieten; in jedem Falle ist die Breite nach den besonderen Verkehrsansprüchen festzustellen.

Für die ganzen Straßenbreiten, je nach Art der Straßen, hat man auch schon Normalien aufzustellen versucht. Es sind z. B. folgende Abmessungen für großstädtische Straßen von der „Kgl. Kommission für den Londoner Verkehr" vorgeschlagen worden:

Mindestbreite der Straßen letzter Ordnung	12 m
„ „ „ III. „	18 „
„ „ „ II. „	24 „
„ „ „ I. „	30 „
„ „ Hauptstraßen	42 „

In Deutschland wurden vorgeschlagen für:

1. Wohnstraßen:	
a) Nebenstraßen	8 m
b) örtliche Aufschließungsstraßen	8—17 „
2. längere Verkehrsstraßen (Geschäftsstraßen)	17—30 „
3. Ausfall- bzw. Zubringerstraßen (Radial- u. Promenadenstraßen	30—50 „

Die Festlegung der Straßenbreiten zwischen den Fluchtlinien, die Bestimmung der Vorgartentiefe und die Feststellung des Höhenplanes erfolgen auf Grund des Fluchtlinienrechtes, das auf dem Gesetze betr. die Anlegung von Straßen und Plätzen in Städten und ländlichen Ortschaften vom 2. Juli 1875 beruht, das durch einige spätere Vorschriften abgeändert und ergänzt ist, und zu dem verschiedene Ausführungsanweisungen und Ministerialverfügungen ergangen sind. Die Mitwirkung der Verkehrstechniker auf diesem Gebiete ist dringend erforderlich.

Von 10 m Fahrdammbreite ab können zwei Straßenbahngleise Platz finden. Sie liegen dann entweder mit mindestens 2,50 m Mittenabstand symmetrisch in Straßenmitte oder bei jeder Bordsteinkante ein Gleis. Zwei Gleise an einer Seite kommt nur ausnahmsweise und dann meistens nur bei Anlage einer Ausweiche vor. Die beiderseitige Seitenlage ist zu verwerfen. Der Straßenbahnverkehr behindert die Aufstellung von Lastwagen am Bordstein zum Ein- und Ausladen von Gütern und das Halten von Droschken. Die Oberflächenentwässerung nach dem Rinnstein hin erfolgt in und über das Gleis, versickert zum Teil neben den Schienen, gefriert im Unterbau und sprengt ihn. Die Herstellung einer Abzweigung aus dem seitlich liegenden Gleis in Nebenstraßen wird schwierig. Nach derselben Seite hin wird die Krümmung häufig so eng, daß eine Ausschwenkung angelegt werden muß; nach der abgewandten Seite hin kommen die Schienen bei der Straßenüberquerung in verschiedene Querprofile zu liegen, Umpflasterungen und Rinnenveränderungen werden erforderlich. Bei großstädtischen Geschäftsstraßen, in denen oft Wagen vor den Häusern halten müssen, kann man nicht mit Fahrdammbreiten unter 15 m auskommen, d. h. $2 \times 2{,}50$ m für zwei Gleise in Straßenmitte und an jeder Seite $2 \times 2{,}50$ m für haltende und fahrende Fuhrwerke.

Gegen die Mittenlage des Gleises spricht bei breiten, verkehrsstarken Straßen der Umstand, daß die Fahrgäste den Fahrdamm überqueren müssen und Gefahr laufen, von Fuhrwerken, Autos oder Radfahrern überfahren zu werden. Einen gewissen Schutz bieten hier Rettungsinseln. Ist die Straße jedoch sehr breit (etwa über 50 m) und der Fahrdamm nicht gegliedert, so wird eine Seitenlage des Gleises der Mittenlage bisweilen vorzuziehen sein.

Bei Landstraßen empfiehlt sich die Mittenlage des Gleises nicht, weil dieser am wenigsten gekrümmte Verkehrsstreifen für Fuhrwerke bestimmt ist und weil bei Verdrängung des Fuhrverkehrs von der Mitte auf die Seite diese, die in der Regel unbefestigt (Bankett- oder Sommerweg) ist, ausgepflastert werden müßte.

Zwecks Erhaltung von Baumbeständen ist man häufig gezwungen, mit einem vorgeschriebenen Zwischenraum von 40 cm zwischen Wagenkasten und Baumkante (1,45 von Mitte Gleis) auszukommen. Die Baumkronen müssen dann sehr stark beschnitten werden. Um das zu verhindern, sucht man möglichst 3 m von Gleismitte zu schaffen. Von Bordsteinkante stehen die Bäume meistens 70 cm ab, gefordert werden neuerdings 1 m. In der Nähe des Straßenbahngleises sind bei Neuanlagen rasch wachsende Kugelulmen oder Kugelakazien zu empfehlen. Der Abstand von Baum zu Baum beträgt durchschnittlich 7—8 m, von Hauswänden 5—7 m.

Für das ungetrennt im Fahrdamm liegende Gleis können folgende Forderungen aufgestellt werden:

1. Möglichste Abstufung des Verkehrs. In der Mitte der schnellste, Kraftwagen, und nach den Seiten folgend die langsameren, Straßenbahn, Omnibusse, Fuhrwerke, Fußgänger.
2. Möglichst gefahrlose Betriebsmöglichkeit für Straßenbahn und Fahrgäste, durch Anlage von Rettungsinseln, polizeiliche Fahrvorschriften, Verkehrskommandos usw.
3. Möglichst keine Erschwerung der Entwässerung der Straßenoberfläche und keine Überschwemmung der Gleise.
4. Möglichst seltener Lagenwechsel der Gleise.
5. Möglichst großen Abstand von Anbauten (mindestens 5 m).
6. Schonung von Baumpflanzungen und sonstigen Anlagen.

Schon von 10 m Fahrdammbreite ab wird es bisweilen möglich sein, mehrere Dämme, Bankette oder abgetrennte Bahnkörper herzustellen.

Mehrere Dämme werden meistens durch eine Mittelpromenade getrennt. Es liegen dann entweder beide Gleise an einer Seite der Promenade nebeneinander oder je ein Gleis an jeder Seite. Da die Promenade meistens am Rande mit Bäumen besetzt sind, sei hier darauf aufmerksam gemacht, daß man mindestens 3 m Abstand der Außenkante Baum von Gleisachse annehmen muß, um die starke häßliche Beschneidung der Bäume zu verhindern. Bei der beiderseitigen Seitenlage wird die Anlage von Ausweichen und Gleiswechseln erschwert. Man findet auch dreiteilige Fahrbahnen. Vom Standpunkt des Straßenbahnbauers ist jede Straßeneinteilung zu verwerfen, die nicht bei hinreichender Straßenbreite einen eigenen Bahnkörper für die Bahn vorsieht.

Frühzeitige und genaue Berücksichtigung ist bei neuen großstädtischen Straßen der Anlage von Schnellbahnen zu schenken. Je nach Ausführung als Schwebebahn, Hochbahn (Ständerbahn, einstilig oder zweistilig), Damm-, Einschnitt- oder Unterpflasterbahnen haben diese ihre Einwirkung auf die Breitenabmessungen der Straße. Die Frage, wieviel Gleise, wieviel Bahnhöfe und an welchen Stellen und in welchen Abmessungen vorgesehen werden sollen, müssen geklärt werden.

Die Führung einer Untergrundbahn ist zwar auch in engsten Straßen unter Unterfahrung von Gebäuden und Anordnung der nötigen Sicherheitsbauten möglich, bei neuen Straßen wird man sie jedoch vollständig betrennt von der Berührung mit Häusern und Versorgungsleitungen in einem besonderen Straßenstreifen unterbringen. Als kleinsten Querschnitt für eine Straße mit Untergrundbahn schlägt Blum (Der Verkehr, die Grundlage der Weltstadtentwicklung) eine solche von 36 m Breite (einschl. Bürgersteige) mit drei Fahrdämmen vor. Die äußeren Fahrdämme dienen dem Fuhrwerks-, der innere dem Straßenbahn- und Schnellbahnverkehr.

Wesentlich schwieriger wird die Führung von Hoch- und Schwebebahnen in engen Straßen. Zwar beanspruchen sie mit ihren Stützen nur wenig die Straßenoberfläche, sie entziehen jedoch den Häusern Licht und Luft und bringen ein großes lästiges Geräusch in das schon geräuschvolle Straßenleben. Auch Einwendungen vom ästhetischen Standpunkte werden erhoben, doch meistens zu Unrecht. Die Einsprüche gegen ihre Anlage sind deshalb so außerordentlich zahlreich und ihr Erfolg meistens sicher, daß sie nur in sehr breiten Straßen Aussicht auf Durchführung haben. (Dem Einspruch Berliner Einwohner gegen A. E. G.-Hochbahn in 34 m breiter Straße wurde stattgegeben.) Blum schlägt bei einstiliger Hochbahn mit zwei Gleisen und bei zwei Straßenbahngleisen auf einem Mittelstraßendamm für Schnellverkehr 43 m Breite für die ganze Straße vor. Nimmt man einen Hochbahnbahnhof von rund 10 m Höhe und rund 14 m äußere Dachbreite an, so ergibt sich eine Straßenbreite von 48 m, wenn vom Bahndach unter 30° Licht bis ins Erdgeschoß der angebauten Häuser fallen soll.

Damm- und Einschnittbahnen können nur für Außenbezirke mit weitläufiger Bebauung in Betracht kommen. Die Einschnittbahnen werden dann am besten so angelegt, daß bei fortschreitender Bebauung ihre Umgestaltung in eine Untergrundbahn und die Benutzung ihrer Überdeckung als Fahrdamm für Straßenbahnen, Promenaden u. a. mit einfachsten Mitteln möglich ist.

Die Erbauung von Halbeinschnittbahnen als „Schnellstraßenbahnen" kann als Halbheit nicht empfohlen werden. Die sog. „Schnellstraßenbahnen" dürften sich nicht als Mittelglied zwischen Schnellbahn und Straßenbahn einführen. Die Straßenbahnen müssen durch möglichst durchgehenden eigenen Bahnkörper und gute Betriebseinrichtungen zu höheren Leistungen befähigt werden. Wo dieses nicht mehr möglich ist und ein Verkehrsbedürfnis vorliegt, sind Schnellbahnen (zunächst Einschnitt- oder Dammbahnen, sodann Hochbahnen) zu erbauen; bei mangelnder Ertragsfähigkeit haben die öffentlichen Körperschaften in Tätigkeit zu treten.

b) In der Straße auf besonderem Bahnstreifen.

Theoretisch ist bei 7,50 m Straßenbreite und einem Gleis ein abgetrennter Bahnstreifen in Straßenmitte möglich. Es ließe sich durchführen bei Kleinstädten und ländlichen Ortschaften. Der Fuhrwerksverkehr wird dann ein getrennter Richtungsverkehr. Da jedoch das Überholen nur mit großen Schwierigkeiten an gepflasterten Übergangsstellen möglich ist, kann diese Anordnung erst bei zwei Verkehrseinheiten jedes Fahrdammes und einer Verkehrseinheit für die Straßenbahn, also bei 12,50 m Straßenbreite und Mittenlage des Gleises ausgeführt werden. Der abgetrennte Bahnstreifen ist jedoch bei 7,50 m Straßendammbreite schon möglich, wenn das Gleis neben dem Bordstein innen verlegt wird, es bleiben dann 5 m für Fuhrwerksverkehr neben dem Gleis.

Besonders häufig ist die Anlage eines besonderen Bahnstreifens im Straßenfahrdamm in breiten Großstadtstraßen zu finden.

Meistens liegen die beiden Gleise in Straßenmitte nebeneinander. Ihr Bahnkörper ist besonders ausgebildet. Der Oberbau besteht aus Vignolesschienen oder bei zahlreichen Übergängen aus Rillenschienen auf Holz- oder Eisenbetonschwellen. Der Bahnkörper ist eingedeckt mit Kies oder Rasen, abgetrennt wird er vom übrigen Straßendamm rechts und links durch Hecken, Gitter oder schwach erhöhte Bankette (Inseln). Schienenoberkante liegt in der Regel etwas tiefer als die benachbarte Fahrdammitte. Der auf den Bahnstreifen kommende Niederschlag wird von dem Rasenbelag aufgenommen (wasserdurchlässiger Unterbau für Weiterleitung des Überschusses zu empfehlen!); das von den Fahrdämmen kommende Oberflächenwasser wird von Einfallschächten quer vor den Bahnstreifen aufgefangen (Berlin, Hardenbergstraße).

Nicht selten ist jedoch auch die Verlegung je eines Gleises in besonderen Streifen zwischen Bürgersteig und Fahrdamm. Bei unübersichtlichen Großstadtstraßen mit lebhaftem Verkehr, vielleicht noch schmalem Bürgersteig und Verdeckung der Bahn durch Alleen ist diese Anordnung jedoch nicht zu empfehlen (Berlin-Steglitz, Schloßstraße). Das Gleis wird bald nach dem Heraustreten aus dem Laden oder Haus überquert, laufende, unaufmerksame Kinder und alte schwerhörige Leute werden bei starkem Betrieb leicht überfahren, die aus Nebenstraßen kommenden Fuhrwerke kreuzen sehr bald die Bahn, ohne vorher genügend Übersicht gehabt zu haben. Der Vorteil des leichten Einstieges vom Bürgersteig her, ist nicht hoch anzuschlagen. Die am Bürgersteig wartenden Fahrgäste und der vorbeiziehende Menschenstrom behindern sich gegenseitig. Wo irgend möglich, muß man für Wartende getrennte Inseln fordern. Vermindert oder ganz aufgehoben werden die Nachteile des seitlichen Bahnstreifens, wenn außer dem Bürgersteig seitwärts noch einigermaßen tiefe Vorgärten liegen, wenn die Bäume genügend Abstand von der Bahn haben (bzw. umgekehrt) und wenn eine besondere übersichtliche Ausbildung der Straßeneinmündungen durchgeführt und passende Rettungsinseln angelegt sind.

Bei breiten Landstraßen ist es bisweilen möglich (solange kein eigener Bahnkörper auf Graben oder außerhalb der Straße zulässig) das Gleis in einem Sommerweg oder Bankett unterzubringen. Oft verlangt leider der Wegeunterhaltungspflichtige, daß dann Rillenschienen verlegt und die Bahnzone ausgepflastert wird. Man sollte jedoch stets versuchen, einen eigenen Bahnstreifen mit Vignolesgleis auf Holzschwellen durch einen Bordstein von dem übrigen Straßendamm abgetrennt und mit Kies eingedeckt anzulegen, bei nicht zu hohen Kosten auch unter Schaffung von Verbreiterungen auf der anderen Straßenseite, Vorgärtenaufkauf oder sonstigen Entschädigungen.

Bei der Linienführung auf einem Bankett ist zu berücksichtigen, daß meistens Bäume entfernt oder hoch entschädigt werden müssen, daß Post- oder Starkstromleitungen versetzt werden müssen (wenn dies nicht möglich, muß eine andere Gleislage gewählt werden), daß im Bankett häufig Rohrleitungen oder Kabel liegen, die wegen starker Zugänglichkeit oder Gefahren der abirrenden Ströme zu verlegen sind. Auch genügt oft die Bankettbreite nicht und es muß der daneben liegende Graben verrohrt oder verändert werden oder anstoßendes Gelände erworben werden. Alle diese Umstände sind sorgfältig zu erwägen, vergleichende Kostenberechnungen sind anzustellen und danach die Linienführung zu wählen. In den meisten Fällen wird bei Überlandbahnen zunächst nur ein Gleis zur Ausführung kommen, die Möglichkeit eines zweiten Gleises ist aber auch schon beim Entwurf möglichst ins Auge zu fassen. Es empfiehlt sich im allgemeinen, das zweite Gleis nicht auf der anderen Seite der Straße, sondern neben dem ersten Gleis vorzusehen. Erstens ist diese vereinigte Anordnung für Bau und Betrieb einfacher und billiger, zweitens erfordert sie weniger Gesamtplanumsbreite und bildet allenfalls für Querverkehr nur nach einer Seite neben der Straße ein Erschwernis.

c) Auf besonderem Bahnkörper an der Straße oder getrennt von ihr.

Wenn das Gleis nicht mehr im Fahrdamm selbst eingebaut ist, dann kann es auf eigenem Bahnkörper auf dem verrohrten Straßengraben, auf eigenem Gelände sich dem Graben anschmiegend oder ganz getrennt von einer Straße zwischen Häuserblocks oder im Freien liegen.

Die Führung auf verrohrtem Graben ist dann angebracht, wenn der Fahrdamm selbst nicht genügend Platz für die Gleisanlage bietet und Gelände außerhalb des Grabens wegen zu nahen Anbaues, zu teurem Grunderwerb oder zu schwierigem Gelände- oder Bodenverhältnissen nicht in Betracht kommt. In Fällen, wo eigener Bahnkörper auf oder neben dem Graben möglich ist, ist festzustellen, ob die Verrohrung des Grabens, Herstellung einer Straßenrinne mit Bordsteinen und sonstige Nebenanlagen einschl. Anlagekosten, Unterhaltung und laufenden Abgaben sich niedriger und für den Betrieb vorteilhafter stellen als abgetrennter eigener Bahnkörper. Dabei sind Bodenbewegung, Bordstein-, Rinnen- und Durchlaßherstellung sowie das Entfernen oder Ausästen von Straßenbäumen und die mannigfaltigen Nebenarbeiten am Straßenkörper, Vorgärten, Hauszuwegen u. a. Zufahrten gebührend in Rechnung zu stellen. Auf die durch Frost und Fuhrwerke häufig eintretenden Zerstörungen der Rinne und Bordsteine, die bei ganz abgetrenntem Bahnkörper wegfallen, und die immer wiederkehrenden Baumausästungen sei besonders hingewiesen.

Bisweilen sind die Straßengräben infolge anderweitig vorhandener oder leicht zu schaffender Entwässerung zwecklos geworden. Eine Verrohrung ist dann nicht erforderlich, sie werden einfach zugefüllt.

Es ist stets genau festzustellen, wieweit der Straßengraben zur Straße gehört, wieweit man also ohne Grunderwerb, also lediglich mit Zustimmung der Wegeunterhaltungspflichtigen unter Umständen unter Zahlung von Abgaben bauen kann. Bei tiefliegendem anstoßenden Gelände reicht der Böschungsfuß des angeschütteten, eigenen Bahnkörpers oft über den jenseitigen Grabenrand hinaus auf fremdes Gelände; dieses wäre dann käuflich zu erwerben oder zu pachten. Wechselt infolge starker Windungen der Straße und sehr verschiedener Tiefenlage des Grabens bei Landstraßen häufig Bahnkörper auf Graben mit mehr oder weniger auf fremdem Gelände liegendem, so empfiehlt sich dann meistens ein gänzliches Verlassen des Grabens und Anlage eines besonderen Bahnkörpers neben der Straße auf eigenem Grund und Boden. Um in diesem Falle jedoch nicht zu große Trennstücke zwischen Straße und Bahnplanum liegen lassen zu müssen, empfiehlt sich auch hier bei Klein- und Nebenbahnen die Linienführung dem Straßenlauf möglichst anzuschmiegen. In Ortschaften wird bisweilen eigener Bahnkörper außerhalb des Straßenkörpers angelegt, wenn eine spätere Verbreiterung, Anlegung mehrerer getrennter Fahrdämme, Promenade usw. geplant ist, kurz unter Berücksichtigung eines späteren Straßenausbaues.

Bei Bestimmung der Höhenlage des besonderen Bahnkörpers getrennt neben der Straße ist zu beachten, daß einerseits Schienenoberkante wegen Entwässerung, Überdeckung von Durchlässen und Sicherheit gegen Schneeverwehungen nicht zu tief, andererseits wegen Zufuhrmöglichkeit zu Anbauten und anliegendem Gelände, wegen Höhenlage der Überwege und der Übergangsstellen von dem eigenen Planum auf die Straße, Kreuzung von fremden Bahnen usw. nicht zu hoch liegen darf.

Da die Zufahrten von tiefer liegenden Gebäuden oder Grundstücken neben der Straße meistens schon ziemlich stark angerampt sind, wird man sich mit Schienenoberfläche möglichst danach richten und diese je nach örtlichen Verhältnissen 20—50 cm tiefer legen müssen als Straßenkrone (Mitte). Es kann dann der Fall eintreten, daß Boden an der Außenseite des Straßengrabens für das Bahnplanum abgetragen werden muß und der Graben weniger als 40 cm Tiefe behält. Dieser ist dann zu vertiefen. Die Regulierungen von Straßengräben nehmen oft einen bedeutenden Umfang an und dürfen keineswegs bei der Projektierung unbeachtet bleiben. Die Rampen der Überwege dürfen nicht steiler gemacht werden als 1 : 10. Die Überwege sollen die Bahn möglichst rechtwinklig, jedoch nicht spitzer als 30° kreuzen. Sie müssen übersichtlich liegen und dürfen auf mindestens 20 m von der Bahnachse nicht durch Bäume, Hecken oder Sträucher verdeckt werden. Schranken werden für Kleinbahnen nur an besonders gefährdeten Stellen vorgeschrieben, bei Nebenbahnen sollen in der Regel (!) bei Geschwindigkeiten über 30 km oder sehr starkem Straßenverkehr Schranken angebracht werden.

Anlieger an unregulierten und zur Besetzung mit Häusern nicht bestimmten Wegen können keine Schadenersatzansprüche erheben, wenn die Höhenverhältnisse bei der späteren Verkehrsentwicklung nicht beibehalten werden (Reichsger. VII, 205/13).

Der eigene Bahnkörper (an oder neben dem Straßenkörper) sollte, wo nur irgend möglich, mit Vignolesschienen auf Holzschwellen und Packlage oder Kiesbett ausgeführt werden. Über seine Zulässigkeit z. B. bei beiderseits bebauten Straßen entscheidet die Genehmigungsbehörde. Selbst wenn auf ihm z. B. infolge großer Nähe von Hauseingängen nur ganz geringe Fahrgeschwindigkeit (8 km) zugelassen wird, bietet seine Anlage doch noch viele Vorteile gegenüber Rillengleis in der Straßendecke.

Der eigene Bahnkörper hat folgende Vorteile aufzuweisen:

1. Einfachere Bauausführung, unbelästigt vom Straßenverkehr, Vermeidung von Verkehrsstockungen, leichtere Absperrung der Baustellen und Verhinderung von Unfällen besonders bei Nacht, Vermeidung von Straßenaufbrüchen, freieres Arbeiten und von der Straßendecke unabhängiges Gleisausrichten.
2. Billigere Bauausführung, falls kein teurer Grunderwerb erforderlich ist.
3. Wegfall von laufenden hohen Abgaben an Wegeunterhaltungspflichtige nebst sonstigen schweren Auflagen.
4. Leichte, unbehinderte Instandsetzungsarbeiten zu jeder Zeit.
5. Gute und schnelle Entwässerung.
6. Vermeidung von Schädigungen fremder Leitungen durch abirrende Ströme.
7. Vermeidung von Erdstromverlusten.
8. Herabsetzung der Reibungswiderstände auf den Schienen.
9. Außerordentlich erleichterte bzw. ganz ersparte Reinigung der Bahnzone.
10. Vermeidung des Zufrierens von Weichen u. ä.
11. Schonung der Betriebsmittel.
12. Erleichterte Gleisumbauten und Linienverlegungen.
13. Zulässigkeit hoher Fahrgeschwindigkeit.
14. Angenehmeres, weicheres Fahren.
15. Staubfreiheit bzw. leichte Staubbekämpfung.
16. Wegfall von Verkehrszusammenstößen.

Eine von Straßen ganz getrennte Linienführung zeigen die Vollbahnen. Städtische und Stadtschnellbahnen verlaufen bald im Zuge von Straßen, bald haben sie vollbahnähnliche Linienführung.

Ist man gezwungen, einen eingeschnittenen Weg, Wasserlauf oder eine Bahn zu kreuzen, so wird man meistens ein vorhandenes Bauwerk zur Überschreitung mitbenutzen. Auf ihm ist dann Rillengleis zu verlegen, während vor und hinter ihm eigener Bahnkörper vorhanden ist. Bei schmalen Bauwerken wird oft eine Verbreiterung und Verstärkung verlangt. Auch die Herstellung eines eigenen Bauwerkes für die elektrische Bahn kann in Betracht kommen. Die örtlichen Verhältnisse und eine Kostengegenüberstellung müssen das Richtige ergeben.

Bei Straßenunterführungen sind Signalanlagen, Fahrverbote, Bestimmung verschiedener Durchfahrten nur für die bestimmte Verkehrsart (Bahn oder Fuhrwerke) üblich.

Bei Inanspruchnahme von bergbaulichem oder Staatsgrundbesitz mit landwirtschaftlichem oder Forstbetrieb haben die Genehmigungsbehörden diese Stellen anzuhören (§ 153 des allg. Berggesetzes; Erl. d. M. d. ö. A. u. d. M. f. Landwirtsch., Domänen u. Forsten).

Durch die Anlage des eigenen Bahnkörpers werden fast stets eine große Anzahl Überwege von den Grundstücken zur Straße gekreuzt. Eine Zusammenfassung einer gewissen Anzahl in einem gemeinsamen, dem Bahnkörper entlang führenden und von diesem durch einen Bahngraben getrennten Parallelweg ist anzustreben.

Quellennachweis.

Althoff, Die Straßenbreite in ihrer Abhängigkeit vom Verkehr.
Alexander-Katz, Über preußisches Fluchtlinienrecht.
Arndt, Allgemeines Berggesetz.
Arnold, Wechselstromtechnik.
Baltzer, Die elektrische Stadtbahn in Berlin.
Bau- und Betriebsvorschriften für Straßenbahnen mit Maschinenbetrieb.
Bell-Rasch, Stromverteilung für elektrische Bahnen.
Benischke, Die wissenschaftlichen Grundlagen der Elektrotechnik.
Berthold, Die Verwaltungspraxis bei Elektrizitätswerken und elektrischen Straßenbahnen.
Biedermann, Die technische Entwicklung der Eisenbahnen der Gegenwart.
— Das Eisenbahnwesen.
Birk, Der Wegebau, IV. Teil, Linienführung der Straßen- und Eisenbahnen.
Bloss, Das Eisenbahngleis auf starrem Unterbau.
Blum, Städtebahnen.
— Der Verkehr, die Grundlage der Weltstadtentwicklung.
— Der Wiederaufbau unseres Verkehrswesens.
Boshart, Straßenbahnen.
Boye, Schalttafelbau.
Brix, Die ober- und unterirdische Ausbildung der städtischen Straßenquerschnitte.
Buchwald, Straßen- und Kleinbahnen.
— Die Berechnung von Straßenbahn- und Schwellenschienen.
Dahlander, Versuche mit elektrischem Betrieb auf schwedischen Staatseisenbahnen.
Devin, Wirtschaftliche Betriebs- und Verwaltungsfragen städtischer Straßenbahnen.
Dietrich, Die Straßenbahnen, IV. Band, Handbuch der Ingenieurwissenschaften.
Döry, Einphasenbahnmotoren.
Eberstadt, Handbuch des Wohnungswesens und der Wohnungsfrage.
Eger, Das Kleinbahngesetz mit Kommentar.
— Gesetz über Enteignung von Grundeigentum.
Eisenbahntechnik der Gegenwart. Bd. II, 1 Linienführung und Bahngestaltung.
Elster, Wörterbuch der Volkswirtschaft.
Ertel, Handbuch für den Bau und die Unterhaltung der Oberleitung elektrischer Bahnen.
— Die Entwicklung des großstädtischen Wohnungs- und Verkehrswesens in den letzten Jahrzehnten.
v. Frauendorfer, Die Wohnungsfrage eine Verkehrsfrage.
Fritsch, Handbuch der Eisenbahngesetzgebung.
Frost, Elektrische Tertiärbahnen.
Geitel, Schöpfungen der Ingenieurtechnik der Neuzeit.
Genzmer, Die städtischen Straßen.
Gerlach, Die elektrische Untergrundbahn der Stadt Schöneberg.

Giese, Tarifvorschläge für Verkehrsmittel.
— Schnellstraßenbahnen.
— Das zukünftige Schnellbahnnetz von Groß-Berlin.
Goedecke, Sachwert und Ertragswert usw.
Günther, Die kommunalen Straßenbahnen Deutschlands.
Guillery, Handbuch über Triebwagen für Eisenbahnen.
Handbuch der Ingenieurwissenschaften I, 1 Vorarbeiten, I, 4 Straßenbau und Straßenbahnen, V, 1 Bahn und Fahrzeug, V, 2 Oberbau, V, 3 Gleisverbindungen, V, 7 Schmalspurbahnen.
Haselmann, Die Aachener Kleinbahnen.
Hermann, Elektrotechnik, IV. Bd., Die Erzeugung und Verteilung der elektrischen Energie.
Hermes, Finanzierung und Rentabilität deutscher Straßenbahnen.
Herzog, Elektrische Apparate und Apparateanlagen.
— Elektrisch betriebene Straßenbahnen.
Herzog und Feldmann, Ströme und Spannungen in Starkstromnetzen.
Hilse, Straßenbahnkunde.
Himbeck und Bandekow, Wie baut und betreibt man Kleinbahnen?
Hoppe, Wie stellt man Projekte usw. für Licht- und Kraftanlagen auf?
Kayser, Die belgischen Kleinbahnen.
— Die Bahnen der Stadt Köln.
Kemmann, Verkehrssteuer und Schnellbahnen.
Klingenberg, Bau großer Elektrizitätswerke.
Klose, Der Stadtstraßenbau.
Knelles, Die Berechnung von Gleis- und Weichenanlagen.
Koehne, Grundriß des Eisenbahnrechts.
Kratochwil, Elektrisierungsvorsorge in Österreich.
Kretzschmar, Das formelle Grundbuchrecht.
Kreuter, Linienführung der Eisenbahnen und sonstigen Verkehrswege.
Kummer, Die Maschinenlehre der elektrischen Zugförderung.
— Die Wahl der Stromart für größere elektrische Bahnen.
Laudien, Stromtarife.
Liebmann, Der Landstraßenbau.
— Die Klein- und Straßenbahnen.
Link, Erdbau.
Löwe, Straßenbaukunde.
Majerczik, Die Berechnung elektrischer Freileitungen nach wirtschaftlichen Gesichtspunkten.
Mattersdorf, Städtische Verkehrsfragen.
Meyer, Enteignung von Grundeigentum.
Müller, Der Einfluß der neuzeitlichen Verkehrssteigerung auf die Durchbildung und Gestaltung der Straßenbahnschienen.
Müller und Mattersdorff, Die Bahnmotoren für Gleichstrom.
Petersen, Die Verkehrsaufgaben des Verbandes Groß-Berlin.
— Zeichnerische Darstellung von Ertragsberechnungen für wirtschaftliche Unternehmungen der Städte.
Roedder, Die Fortschritte auf dem Gebiete der elektrischen Fernbahnen.
— Die Fortschritte im Bau elektrischer Lokomotiven.
Roeder, Gesetz über die Besteuerung des Personen- und Güterverkehrs.
v. Röll, Enzyklopädie des gesamten Eisenbahnwesens.
Roth, Die Verkehrsabwicklung auf Plätzen und Straßenkreuzungen.
Sattler, Elektrische Traktion.

Schau, Eisenbahnbau.
Scheuermann, Wichtige Fragen bei neuzeitlicher Gestaltung von Stadtstraßen.
Schiemann, Straßenbahnen.
Schimpff, Wirtschaftliche Betrachtungen über Stadt- und Vorortbahnen.
— Die Straßenbahnen in den Vereinigten Staaten von Amerika.
Schöningh, Die Geschichte und wirtschaftliche Bedeutung der Kleinbahnen im rheinisch-westfälischen Kohlenrevier.
Schmid, Anlage und Bau von Ortschaften.
Schmitt, Der städtische Tiefbau im allgemeinen.
Schulz, Die elektrischen Maschinen.
Siemens & Halske, Von den Siemens-Firmen ausgeführte Hoch- und Untergrundbahnen.
— Die elektrische Untergrundbahn der Stadt Schöneberg.
Singer, Die Bodenuntersuchung für Bauzwecke.
Spängler, Die städtischen Straßenbahnen Wiens.
Stadelmann, Der Schalttafelwärter.
Stadtbauliche Vorträge von Brix und Genzmer:
I. Über preußisches Fluchtlinienrecht (Alexander-Katz).
II. Zeichnerische Darstellung von Ertragsberechnungen usw. (Petersen).
III. Die ober- und unterirdische Ausbildung der städtischen Straßenquerschnitte (Brix).
Statistisches Jahrbuch für das Deutsche Reich.
Thomälen, Kurzes Lehrbuch der Elektrotechnik.
Trautvetter, Elektrische Straßenbahnen und straßenbahnähnliche Vorort- und Überlandbahnen.
Vater, Wärmekraftmaschinen.
— Die neueren Wärmekraftmaschinen.
Verein Deutscher Eisenbahnverwaltungen, Grundzüge für den Bau und die Betriebseinrichtungen der Lokalbahnen.
Verein Deutscher Eisenbahnverwaltungen, Technische Vereinbarungen über den Bau und die Betriebseinrichtungen der Haupt- und Nebenbahnen.
Verein Deutscher Elektrotechniker, Normalien, Vorschriften und Leitsätze.
Verein der techn. Oberbeamten deutscher Städte usw., Vorläufige Grundsätze für die Herstellung und Unterhaltung von Stampfasphaltstraßen.
Wattmann, Beziehungen zwischen Straßenbahn und Bebauungsplan.
Wegele, Die Linienführung der Eisenbahnen.
Weicht, Bau von Straßen und Straßenbahnen.
Weil, Die Entstehung und Entwicklung unserer elektrischen Straßenbahnen.
Weiß, Die Tarife der deutschen Straßenbahnen.
Weyrauch, Wasserversorgung der Ortschaften.
— Wirtschaftlichkeit technischer Entwürfe.
Wietz und Erfurth, Hilfsbuch für Elektrotechniker.
Zacharias, Des Elektroingenieurs Taschenbuch.
— Bau und Betrieb von Straßenbahnen.
— Elektrische Verkehrstechnik.
Zehme, Die Betriebsmittel der elektrischen Eisenbahnen.
Zimmermann, Die Bedingungen einer dauerhaften Schienenstoßverbindung.

Zeitschriften und Druckschriften.

A.-E.-G.-Mitteilungen.
Annales des ponts et chaussees.
Bayerisches Industrie- und Gewerbeblatt.
B.-B.-C.-Mitteilungen (Brown, Boveri & Cie.).

Berichte der Internationalen Straßenbahn- und Kleinbahnkongresse.
Der Industriebau.
Deutsche Bauzeitung.
Deutsche Straßen- und Kleinbahn-Zeitung.
Dinglers polytechnisches Journal.
Eisenbahntechnische Zeitschrift.
Electric News.
Electric Railway Journal.
Elektrische Kraftbetriebe und Bahnen.
Elektrotechnik und Maschinenbau.
Elektrotechnische Rundschau.
Elektrotechnische Zeitschrift.
Engineer.
Engineering news.
Engineering record.
Fördertechnik und Frachtverkehr.
Génie civil.
Glasers Annalen für Gewerbe und Bauwesen.
L'industrie des tramways et chemins de fer.
L'ingegneria Ferroviaria.
Mitteilungen des Material-Prüfungs-Amtes.
Österreichische Eisenbahnzeitung.
Österreichisch-ungarisches Eisenbahnblatt.
Organ für die Fortschritte des Eisenbahnwesens.
Polytechnische Rundschau.
Railroad gazette.
Schweizerische Bauzeitung.
Schweizerische elektrotechnische Zeitschrift.
S. S. W.-Druckschriften (Siemens-Schuckert).
Stahl und Eisen.
Statistisches Jahrbuch für das Deutsche Reich.
Technik und Wirtschaft.
The Railway News.
Verkehrstechnische Woche und eisenbahntechnische Zeitschrift.
Weltwirtschaft.
Zeitschrift des Österreichischen Ingenieur- und Architekten-Vereins.
Zeitschrift des Vereins Deutscher Ingenieure.
Zeitschrift des Vereins Deutscher Eisenbahnverwaltungen.
Zeitschrift für Architekten und Ingenieure.
Zeitschrift für Bauwesen.
Zeitschrift für Kleinbahnen.
Zeitschrift für Transportwesen und Straßenbau.
Zentralblatt der Bauverwaltung.

Sachverzeichnis.

GPSR Compliance

The European Union's (EU) General Product Safety Regulation (GPSR) is a set of rules that requires consumer products to be safe and our obligations to ensure this.

If you have any concerns about our products, you can contact us on ProductSafety@springernature.com

In case Publisher is established outside the EU, the EU authorized representative is:

Springer Nature Customer Service Center GmbH
Europaplatz 3
69115 Heidelberg, Germany

Batch number: 10683525

Printed by Printforce, the Netherlands